VOLLSTAENDIGES

HANDBUCH

DER

ORYKTOGNOSIE

von

HENRICH STEFFENS.

Vierter Theil.

HALLE.

IN DER CURTSCHEN BUCHHANDLUNG.

1824.

EINLEITUNG.

Indem ich, nach einer langen Reihe von Jahren, durch mannichfaltige andere Arbeiten geſtört, dieſes Handbuch ſchlieſse, fühle ich vor Allem die Verpflichtung, auf den gegenwärtigen Stand der Oryktognoſie Rückſicht zu nehmen. Ich verſuchte daher, durch Supplemente dieſen letzten Theil des Werks ſo vollſtändig zu machen, daſs die Beſitzer derſelben mit allen neuen Entdeckungen bekannt würden. Ich glaube behaupten zu können, daſs, wenn man die weſentliche Beſchränkung, die ſchon entſchieden in der Benennung liegt, gehörig erwägt, man nichts Bedeutendes vermiſſen wird, und daſs die Käufer des Handbuchs nunmehr ein ſolches beſitzen werden, ausgearbeitet, wie man es mit Recht in der gegenwärtigen Zeit fordern darf.

Da nun aber durch dieſe nothwendige Erweiterung dieſer letzte Theil ſo angeſchwollen iſt, daſs er die übrigen an Umfang bedeutend übertrifft, ſo befinde ich mich in einer eigenen Verlegenheit. Es war nehmlich meine Abſicht, in dieſem letzten Theile eine kritiſche Ueberſicht über das Studium der Oryktognoſie zu liefern. Aber ſelbſt, wenn die nothwendige Erweiterung des beſchreibenden Theils einen gröſsern Raum gelaſſen hätte, würde es, bey dem gegenwärtigen Stand dieſer Doctrin der Mineralogie kaum möglich ſeyn, eine ſolche kritiſche Ausarbeitung mit dieſem Werke zu verbinden. Die Oryktognoſie theilt das jetzige Schickſal aller Theile der Naturwiſſenſchaft. Nach einer Zeit der ordnenden Ruhe, in welcher man im Besitz gewisser einfacher Ansichten sich sicher glaubte, ist eine Zeit grosser Gährung eingetreten. Eine Fülle von Entdeckungen, unerwartete Erweiterungen in Regionen, die die oryktognostische Forschung bis dahin kaum berührten, oder ihr völlig fremd waren, haben die ordnenden Bande hier locker gemacht, dort völlig gelöst, und über die Principien, die wir, bey einer neuen Anordnung zu befolgen haben, hat man sich noch keinesweges geeinigt. So nothwendig wie nun auch eine kritische Untersuchung in einer solchen Zeit seyn möchte, so ist es dennoch einleuchtend, dass sie, ohne eine grosse Ausführlichkeit, völlig nutzlos seyn würde. Die Materialien zu einer solchen Kritik und zwar solche, deren tiefgreifende Bedeutung entschieden ist, erfordern und verdienen eine umständliche Prüfung.

Kaum war Werner, der unsterbliche Gründer des mineralogischen Studiums gestorben, als, mehr als billig, die Grundsätze seiner Schule erschüttert wurden.

Hauy, dessen grosse Verdienste leben werden mit der Doctrin, dessen erster, wahrer Stifter er war, hinterliess mit einer, in mancher Rücksicht wichtigen neuern Bearbeitung seiner Mineralogie, eine ausführliche Darstellung seiner krystallometrischen Lehre, zu einer Zeit, als diese selbst durch eine einfachere, lebendigere, tiefere — in Deutschland wenigstens — schon verdrängt war. Dass die naturgemässere Ansicht, die Weiss's Lehre zu Grunde liegt, das Uebergewicht erhalten muss, ist desto entschiedener, je mehr sie in allen Theilen von dem Erfinder, der auch in den übrigen Zweigen der Mineralogie Meister genannt werden muss, ausgearbeitet und glücklich angewandt wird. Mit dem Versuch, ein künstliches System in die Mineralogie einzuführen, überrascht uns einer der ersten und gründlichsten Mineralogen unserer Tage. Das krystallometrische Werk von Hausmann, die schätzenswerthen Bemühungen von Bernhardi, von Leonhard u. m. fordern unſere Aufmerkſamkeit. Drey verſchiedene mineralogiſche Schulen haben ſich in Berlin, in Freiberg, in Göttingen gebildet, obgleich alle von Werth, dennoch in manchem Weſentlichen abweichend. — In der Chemie ſind die frühern Anſichten erſchüttert, die ganze zerlegende Kunſt hat eine Wendung genommen, die auf das oryktognoſtiſche Studium einen groſsen Einfluſs haben muſste. Die Schule des Berzelius hat auf dieſe Weiſe eine Gewalt über die Oryktognoſie ausgeübt, die ſich nicht mehr abweiſen läſst. Strohmeyers Analyſen, vor Allem Mitſcherlichs wichtige Entdeckung, ſind für die zukünftige Ausbildung dieſer Doctrin von groſser Bedeutung. — In der Geognoſie iſt es, als wollte das alte Chaos wieder mächtig werden. Die ſchon erloſchene Centralgluth hat ſich wieder angezündet und droht das bis dahin gewaltige Waſſer zu verdampfen.

Alle dieſe mannichfaltigen Regungen habe ich nicht unbeachtet gelaſſen, manche alte Unterſuchung, die ich geſchloſſen glaubte, muſste von Neuem aufgenommen werden, manche alte Anſicht, die mir hinlänglich begründet ſchien, muſste ich aufgeben. Aber wie vermag ich von ſolchen vieljährigen Bemühungen einen kurzen Bericht abzuſtatten? Es iſt um ſo weniger möglich, da eben eine kritiſche Unterſuchung, von einem jeden Punkte aus auf alles aufmerken muſs, dem wechſelſeitigen Einfluſs, den die verſchiedenen Doctrinen auf einander ausüben, nicht überſehen darf, ja den oft verborgenen Zuſammenhang aller Anſichten, mit irgend einer ſo und anders geſtalteten Grundanſicht mühſam hervorheben muſs.

Ich habe daher beſchloſſen, dieſe Arbeit, die mir um ſo wichtiger iſt, da ſie als Einleitung zu einem gröſsern Werke dienen ſoll, abgeſondert von dieſer Schrift vorzunehmen und beſchränke mich hier auf einige wenige kurze Betrachtungen über Gattungsbeſtimmung und Claſſification, die mir nothwendig ſcheinen.

Daſs die Kryſtalliſation die feſten, unveränderlichen Punkte in der Oryktognoſie beſtimmt, iſt entſchieden. Was durch die Kryſtalliſation getrennt iſt, iſt völlig getrennt, und unter allen Kennzeichen, die eine reine Scheidung begründen, iſt keines, welches ſich mit dieſem vergleichen lieſse. Es wäre, glaube ich, ſehr wünſchenswerth, wenn irgend ein Mathematiker ſich entſchlöſſe, die Foſſilien ganz und durchaus nur als geometriſche Körper zu behandeln, und uns ein conſequent einſeitiges kryſtallometriſches Syſtem gäbe, indem er von allen übrigen Kennzeichen abſtrahirte. Ganz, wie dieſes zu wünſchen wäre, iſt es keinesweges geſchehen, und ſelbſt Hauy ſtellt ſich, in ſeinem geometriſchen Werk zu ſehr auf einen allgemeinen Standpunkt, berückſichtigt in ſeinem mineralogiſchen Werk zu ſehr andere Verhältniſſe. Daſs ein ſolches geometriſches Syſtem kein oryktognoſtiſches ſeyn könnte, iſt freilich gewiſs, aber es würde den reinen Gewinn, der für die Oryktognofie in diefer Richtung zu hoffen ift, anfchaulicher machen, und befonders für die Darftellung eine gröfsere Einfachheit herbeiführen. — Berzelius hat auf diefe Weife den chemifchen Standpunkt viel confequenter aufgefafst und durchgeführt, als Hauy den geometrifchen.

Alfo, das ift entfchieden, was durch geometrifch kryftallographifche Beftimmung gefondert ift, das bleibt rein gefondert, und wir haben alfo fo viele Abtheilungen, wie wir verfchiedene Kryftallfyfteme haben, d. h. wie wir Kryftalle haben, deren Flächen fich untereinander auf eine beftimmte geometrifche Geftalt beziehen, auf diefe fich zurückführen, aus diefer fich ableiten laffen. Mögen wir nun diefe Abtheilungen nennen, wie wir wollen, fie find da, und müffen anerkannt werden, und ohne allen Zweifel find folche fefte Punkte des Unabänderlichen ein grofser Gewinn für die Wiffenfchaft. Aber dennoch ift die confequente Durchführung dieſes Princips unanwendbar — denn was die Kryſtallometrie vereinigt, darf nicht vereinigt bleiben. Zwar iſt Hauy's Annahme fertig liegender Kerngeſtalten in den Kryſtalliſationen, um welche durch Abnehmen (Decreſcenzen) auf den Ecken und Kanten und durch Ausfüllungen leerer Räume durch integrirende Moleculs, ſich Flächen aufbauen, wohl auf immer verſchwunden, und ich darf hoffen, daſs mir keiner zutrauen wird, daſs ich einer ſo ultra-atomiſtiſchen Anſicht je gehuldigt habe, wenn ich mich auch der, in der Mineralogie ſchicklich gewordenen Sprache derſelben bediente. Weiſs hat bewieſen, daſs man bei einer jeden Kryſtallfläche einen correſpondirenden Durchgang annehmen muſs. Dieſe oft mannichfaltigen Flächen weiſen auf mehrere einfache Geſtalten hin, die, wie mit einander ringend, die ganze innere Struktur des Kryſtalls in Anſpruch nehmen, und um die ſiegende Geſtalt, welche den übrigen als Grundlage der Anordnung dient, herauszufinden, mufs man alle unter fich vergleichen. Zwar ift es gewifs, dafs, wenn man bey einer folchen forgfältigen Vergleichung die primitiven Flächen, die fich auf eine Grundgeftalt beziehen, herausfindet, und zwar fo, dafs diefe Geftalt entweder bey einerley Winkel des Durchfchneidens eine conftante Differenz der Dimenfionen zeigt, oder bey einerley Dimenfionen eine conftante Differenz der Winkel, dafs, wenn die verfchiedenen Flächen beim 4f. Drchg. (8 Fl.) z. B als je zwey und zwey, einer andern beftimmt verfchobenen Säule angehörig betrachtet werden können (Weifs's zweygliedriges Syftem), oder wenn zwey Durchgänge als einer Säule, der dritte (fchief angefetzte) als einer zweyten angehörig betrachtet werden kann (Weifs's zwey- und eingliedriges Syftem) u. f. w, dafs, fagen wir in folchen Fällen, wo eine oder mehrere beftimmte Differenzen der Dimenfionen, der Winkel oder beider fich erkennen laffen, dann eine Eigenthümlichkeit der Kryſtalliſation hervortritt, die mit der Eigenthümlichkeit des Foſſils überhaupt zuſammenfällt, und einen höchſt wichtigen, ja feſtgegründeten Anhaltspunkt für die nahe Verwandtſchaft ſolcher Foſſilien abgiebt. Aber dieſes findet ſchon bey einer ganzen höchſt wichtigen Abtheilung kryſtalliniſcher Formen keine ſichere Anwendung — bey allen denjenigen nehmlich, die gemeinſchaftlich das Teſſularſyſtem darſtellen. Auch hier kann man zwar bald den eigentlichen Würfel, bald das Tetraeder, das Octaeder, das Rhombendodecaeder, das Trapezoeder u. ſ. w. herausheben, aber dadurch wird nur eine quantitative, keine wahrhaft qualitative Differenz begründet — und nicht allein der Granat und Magneteiſenſtein, die verſchiedenſten gediegenen Metalle untereinander gehören in dieſer Rückſicht dem nehmlichen Kryſtalliſationsſyſtem zu — wie denn Hauy — nach ſeiner Anſicht — Kupferkies und Fahlerz ohne irgend einen kryſtallographiſchen Grund, trennen muſste

— ſondern auch die ſeltnern, wie es ſcheint wirklich eigenthümlichen ſecundairen Formen dieſes Syſtems, wie z. B. das Pentagonal dodecaeder, das Icoſaeder, wiederholen ſich bey beſtimmt verſchiedenen Gattungen, wie bey Schwefelkies und Glanzkobold.

Die Kryſtallographie muſste daher, inſofern ſie die wirklich eigenthümlich fixirten Bildungen erkennen wollte, eine anderweitige Stütze ſuchen, die ſie in der Chemie fand. Was die Chemie ſcheidet, was für ſie als weſentliche Verſchiedenheit gilt, muſs als hinlänglicher Grund zur Sonderung auch in der Oryktognoſie angenommen werden. — Dieſes iſt ein ſo allgemeiner, unerſchütterlicher Satz, wie der oben, von dem Standpunkte der Kryſtallometrie aus, angenommene Ja ſelbſt weiter ſcheint dieſer zu reichen, denn ſogar, was die Kryſtallometrie vereinigt, muſs, fordern es die Erfahrungen der Chemie, getrennt werden, es war ja eben die anerkannte chemiſche Differenz, die den Kryſtallographen zwang, die Hülfe der Chemie zu ſuchen. Aber auch hier ſehen wir die nehmliche Schwierigkeit uns entgegentreten. — Der Oryktognoſt darf nicht alles vereinigen, was die Chemie vereinigt. Kalkſpath und Arragon, Schwefelkies und Strahlkies, Augit und Tafelſpath geben hinlängliche Beweiſe. — Ja noch mehr, der Oryktognoſt darf nicht trennen was die Chemie noch trennt — ſo wäre es dem Oryktognoſten nie erlaubt, den Turmalin mit Berzelius in mehrere Gattungen zu trennen. Mitſcherlichs Entdeckung iſt auch deſswegen ſo wichtig, weil, indem ſie uns auf ein wichtiges Geſetz aufmerkſam macht, ſie uns doch zugleich zwingt, auf die Geſtalt zu achten, weil ſie eben dadurch eine jede Abweichung unverholen aufdeckt und mit dem Geſetz auch die Grenzen des Geſetzes kund thut. — Da ich mich in dieſer Schrift ſelber bey mehrern Gelegenheiten ausführlich über das Verhältniſs der Chemie zur Oryktognoſie und ihrer Anwendung zur Gattungsbeſtimmung geäuſsert habe, werde ich hier nur das Allgemeinſte erwähnen.

Meine Behauptung nun iſt kürzlich folgende: weder die Kryſtallographie für ſich, noch die Chemie für ſich, noch beide in Verbindung mit einander vermögen die Fülle des Eigenthümlichen in der Foſſilienbildung zu erſchöpfen. Die erſte Hälfte meiner Behauptung darzuthun, halte ich für überflüſſig. Der Verſuch, ein conſequent chemiſch - oryktognoſtiſches Syſtem zu begründen, kann man als miſslungen betrachten, und ein mathematiſch-kryſtallometriſcher iſt in ſeiner Conſequenz gar nicht da. Freilich muſs der Kryſtallograph wie der Chemiker eine gegenſeitige Uebereinſtimmung poſtuliren, etwa wie man im täglichen Leben eine Uebereinſtimmung zwiſchen Theorie und Praxis poſtulirt — aber in der That, dieſe Poſtulate ſind in beiden Richtungen gleich leer und gleich erfolglos Nicht mit Unrecht könnte man die Kryſtallographie die ſtarre Form der Vergangenheit, das rein dem Geſetz hingegebene Product, die Legitimität der Oryktognoſie nennen — wie man die Chemie die für die Wiſſenſchaft eröffnete Zukunft, den Verſuch der Regeneration des Products, das aufgeſchloſſene Bewuſstſeyn, die Revolution der Wiſſenſchaft nennen könnte. Allerdings ſetzt ein jedes Kryſtalliſationsſyſtem einen eigenthümlichen Bildungsproceſs voraus, vermöchte die Chemie uns dieſen anſchaulich zu machen, dann iſt jeder Streit überflüſſig, ja er iſt undenkbar. Mitſcherlichs Entdeckung iſt eine ſehr ſchätzenswerthe Andeutung — aber nicht mehr. Schon daſs ſie bis jetzt nur das einſeitige Verhältniſs wechſelnder Baſen zu einer Säure feſthält, iſt eine ohne allen Zweifel nicht naturgemäſse Beſchränkung. Aehnliche iſomorphe Subſtanzen werden ſich wahrſcheinlich auch auffinden laſſen, wo ein feſtes Verhältniſs derſelben Baſen zu wechſelnden Säuren ſtatt findet. Ja, das Verhältniſs von Säure zur Baſe iſt ſelbſt in der neuern Chemie durchaus ſchwankend geworden. Hat doch ſelbſt Berzelius den in der Verzweiflung ergriffenen Salto mortale des Dulong, der den Waſſerſtoff als Säureprincip annimmt, billigen können. Bis man dahin kommt, die fixe Idee von Säuren an ſich, und Baſen an ſich, völlig aufzugeben, bis man in der Chemie allgemein die Anſicht, die der Elektrochemie ſo nahe liegt, anerkennt, daſs Säuren und Baſen durchaus relative Begriffe ſind, die lediglich durch die gegebenen Verhältniſſe zweier ſpecifiſch verſchiedener Subſtanzen gegeneinander beſtimmt werden — grade wie + und — E — wird es in dieſem Theil der Chemie nicht Tag werden. Aber eben dieſe Relativität würde, in einem jeden einzelnen Falle, für die Rolle, welche die Subſtanzen bey ihrer wechſelſeitigen Einwirkung ſpielen, einen feſten Geſichtspunkt abgeben, wenn gleich dieſelbe Subſtanz, in einem Wechſelverhältniſs die Rolle einer Säure, in einem andern die einer Baſe über ſich nehmen muſs, wie dieſes ſchon in vielen Fällen anerkannt iſt.

Doch — verlaſſen wir dieſen Gegenſtand, um die zweite Hälfte unſerer Behauptung genauer zu betrachten. Wir widerholen ſie, nur noch ſchärfer, ſchneidender. — Geſetzt es gelänge dem Chemiker das Räthſel der Kryſtallbildung völlig zu löſen — eine ſtarke Vorausſetzung — geſetzt Kryſtallographie und zerlegende Kunſt feierten den Tag ihres endlichen vollendeten Bündniſſes, ſo würde dennoch, behaupten wir, aus dieſem Bunde kein der Fülle der eigenthümlichen Bildung erſchöpfendes Princip hervorgehen, ja nicht hervorgehen können — und zwar aus folgenden Gründen:

Die Abſicht der Oryktognoſie ſoll dahin gehen, jeden eigenthümlichen Bildungsproceſs, als dargeſtellt durch eigenthümliche Producte, zu betrachten; ſie kennt keine Producte, die an ſich etwas wären, denn, wie alle Bildungsproceſſe, ſind alle Producte der anorganiſchen Natur von einem höhern Leben ergriffen, welches ihnen allein die Bedeutung leiht. Es ist zwar eine herrliche, ja, wenn sie dem Menschen zuerst entgegentritt, Erstaunen erregende Erscheinung, dass die Natur, wie in dem Gang in der Bahn der Weltkörper, so bey der Bildung der kleinsten Krystalle, die nehmliche strenge in Maass und Zahl zu fassende, mit Sicherheit zu berechnende Gesetzmässigkeit. verfolgt — wenn aber diese grosse Entdeckung uns bis dahin führt, dass wir den Calcul als Ziel unserer Betrachtung ansehen, dass uns am Ende alle Mannichfaltigkeiten der immer wechselnden Formen nichts geben, als neue mathematische Aufgaben, dann sollte man wenigstens gestehen, dass von einer Oryktognosie nicht mehr die Rede ist. Wenn aber das erste Erstaunen überwunden ist, wenn wir uns eine Zeitlang mit der strengen Regelmässigkeit der Gestalt in allen Richtungen beschäftigt haben, dann kehrt die Frage nach der Bedeutung derselben immer dringender zurück, ja das Bedürfniſs der Löſung dieſes Räthſels wird uns eben jetzt wichtiger ſcheinen. Daſs wir aber durch immer genauere Entwickelung der in einer jeden mathematiſchen Aufgabe liegenden Unendlichkeit, dieſer Löſung nicht näher treten, iſt völlig entſchieden und bedarf keines Beweiſes. Haben uns die kryſtallographiſchen Syſteme des Kalkſpaths, des Feldſpaths, des Schwerſpaths, der Hornblende, des Augits, der *Natur* dieſer Subſtanzen, ihrem eigentlichen Weſen näher gerückt? Können wir auch nur die Hoffnung begründet nennen, durch ſie über dieſe irgend einen Aufſchluſs in irgend einer Zukunft zu erhalten? Vielleicht erwartet man dieſen durch die Chemie. Aber auch in dem unmöglichen Fall, daſs dieſe es vermöchte alle Producte der anorganiſchen Natur, wie zu zerlegen, ſo wieder zu erzeugen — weiſs ſie denn die Form derjenigen Subſtanzen, die ſie wirklich zu erzeugen vermag, im geringſten begreiflich zu machen? Wo giebt es eine

Brücke — einen Uebergang von dem Verhältniſs der Beſtandtheile — und wenn dieſe Verhältniſslehre auch noch viel weiter und geſetzmäſsiger als bis jetzt ausgebildet würde, zum Bedingenden der Geſtaltung? Sie iſt da — der Kryſtallograph kann ſie und alle ihre Modificationen dem Calcul unterwerfen, ſie entſteht ſelbſt unter unſern Augen, und der Chemiker kann die Verhältniſſe herbeiführen, unter welchen ſie ſich erzeugen muſs — wie aber nun mit dieſen Verhältniſſen dieſe und keine andere Geſtalt verbunden iſt, das iſt ein Problem, welches offenbar in einer der Chemie wie der Kryſtallographie unzugänglichen Region liegt — diejenige, aus welcher eben die Fülle aller eigenthümlichen Productionen, wie aus einem unverſiegbaren Born entquillt. — Ob wir dieſes Problem jemals löſen werden, ob der Elektromagnetismus eine Andeutung einer ſolchen zukünftigen Löſung enthält, das mag hier unentſchieden bleiben. — So viel iſt aber gewiſs, weder die Kryſtallographie noch die Chemie vermag es, ſich der Quelle des Eigenthümlichen zu nähern — wie ſollte denn in ihnen das Princip des Eigenthümlichen geſucht werden können? Und wo ſollen wir es denn ſuchen, wenn nicht hier? Es bleibt uns nichts anders übrig alles *dieſes* — was freilich nur ſehr uneigentlich ein eigentliches Princip, im ſtrengern Sinne des Worts, wohl aber eine leitende Regel genannt werden kann. *Alles was die anorganiſche Natur wiederholt, auf den entfernteſten Punkten, unter den nehmlichen zu erkennenden Umſtänden, in den nehmlichen, wohl von andern zu unterſcheidenden und unter ſich durch beſtimmte Kennzeichen zu verbindenden Formen erzeugt, iſt ein eigenthümliches Product,* und muſs als ein ſolches anerkannt und in der Oryktognoſie behandelt werden. Dieſe Regel war in der That von jeher das leitende Princip für die Oryktognoſie, ein ſchönes Talent ergötzte ſich mit den mannichfaltig, ſcheinbar willkührlichen Formen, hinter welchen die ſtete, gleichförmige Wiederholung ein ſtilles Geſetz mehr enthüllte als verbarg. Das war das ſchöne, bewundernswürdige Talent des unſterblichen Werner. — Es droht zu erlöſchen in der doppelt einſeitigen Syſtemſucht der Kryſtallographie und der Chemie, die alles in den dürftigen, alle lebendige Anſchauung tödtenden Formeln von beiden Seiten immer mehr und mehr einſchnürt, und dem was den frühern ſo wichtig, ſo bedeutend ſchien, kaum einen dürftigen Platz als Spielart gönnt. Die Fülle des wahrhaft ja unverändert Eigenthümlichen iſt nicht mit der Kryſtalliſation allein gegeben, das beweiſen eine Menge beſondere Geſtalten, Abſonderungen, die nicht zur Kryſtalliſation gedeihen können, die Glaskopfſtruktur und viele andere Fälle. — Selbſt Maſſen, zu deren Weſen es gehört, derb zu ſeyn, ſtellen ſolche wahrhaft eigenthümliche Punkte dar, wie Obſidian, Opal, Feuerſtein, Jaſpis, ſehr wahrſcheinlich Uranpecherz und mehrere.

Lehrt uns die Chemie, dafs eine Menge folcher Subftanzen reiner Kiefel find, dann antworten wir — ihr könnt freilich in diefen Formen nichts als den Kiefel erkennen — wir aber fehen in dem, was euch nur fo erfcheint, eine Welt mannichfaltiger Bildungen, und wollen, ja müffen fie recht beftimmt herausheben. Dafs wir nun diefe eigenthümlichen Bildungen Gattungen nennen, kann uns keinesweges vorgeworfen werden. — Der Gattungsbegriff wird entweder auf das Lebendige angewandt, wo er feinen Urfprung aus der Begattung, wie fchon Blumenbach bemerkt hat, nicht verleugnet, oder es ift ein blofs logifcher Begriff, wo er das Allgemeine ausdrückt, unter welchem die verfchiedene Art und Weife derfelben Begriffseinheit fubfumirt wird. Nun ift der Opal z. B. keinesweges eine Art oder Weife des Quarzes, denn er ift ganz und gar von dem Quarz verfchieden. Auch ift es keinesweges gleichgültig, ob eine Menge Subftanzen, als ſelbſtſtändige Gattungen frey und rein geſondert betrachtet, oder als Arten in irgend eine Unterabtheilung hineingezerrt werden. Mag es den neuern Zoologen nicht mit Unrecht vorgeworfen werden, daſs ſie die Zahl der Gattungen — der Generum — unnöthig, ja bis zur Unbequemlichkeit vervielfältigen — in der Oryktognoſie iſt es anders. Die Gattungen ſind erſtens eben die, durch die Natur ſelbſt geſonderten Bildungen, deren freies ſelbſtſtändiges Daſeyn, in reiner Sonderung anzuſchauen, wir durch keine chemiſche oder kryſtallographiſche Hypotheſe uns wollen verkümmern laſſen — dann aber iſt auch die Zahl der Gattungen im Ganzen ſo geringe, daſs ſie unter wenigen Abtheilungen, die den natürlichen Anſchauungen einigermaſsen entſprechen, leicht zu überſchauen ſind. — Die vielen Unterabtheilungen, die wieder in andere, und dieſe oft wieder in neue zerfallen, zerſtreuen vielmehr den Ueberblick und verwirren anſtatt zu ordnen, weil ſie uns eine Menge Eintheilungsprincipien aufdringen, die ſämmtlich willkührlich ſind, und weil wir uns durch eine Menge, lediglich ſubjective Anſichten hindurch arbeiten müſſen, die keinesweges mit dem Gegenſtande ſelbſt gegeben ſind, um endlich mühſam zu dieſem zu gelangen. Nichts aber iſt dem frei anſchauenden Sinn beſchwerlicher, ja für den Anfänger ſchädlicher.

Daſs ich bey den Beſchreibungen der alten Wernerſchen Methode treu geblieben bin, mag man mir verzeihen. Ich kann den Nutzen der Abweichungen noch immer nicht einſehen. Indem ich in dieſer Rückſicht nichts Neues einzuführen ſtrebte, hatte ich den bedeutenden Vortheil, daſs ich keine Propädeutik meiner Schrift voranzuſchicken brauchte. — Ein jeder, der nach der wohlhergebrachten Wernerſchen Art, in den erſten Anfangsgründen der Oryktognoſie unterrichtet iſt, kann mein Handbuch brauchen. Man hat mir dieſes, daſs ich den propädeutischen Theil der Oryktognosie ausliess, öffentlich vorgeworfen. Ich weiss nicht, welches Vergnügen man darin findet, dasselbe immer von Neuem abgedruckt zu sehen. Meine Propädeutik würde ein wahrer Nachdruck seyn, und die redliche Verlagshandlung würde sich mit Recht dagegen auflehnen können. Von dem Zoologen, von dem Botaniker hört man solche seltsame Forderungen nicht, und das ist wahrlich kein geringer Vorzug dieser Doctrinen der Naturbeschreibung. Persoon liess vor seinem Enchiridion nicht die Philosophia botanica wieder abdrucken, und meine Schrift ist ein Handbuch, kein Lehrbuch. Dass man bey den so vielen neuen Lehrbüchern sich erst durch die Quaal neuer Kunstwörter und Formeln hindurch arbeiten muss, ist, wie ich erfahren habe, ein Grund, warum viele sich gar nicht mit der Oryktognosie mehr befassen mögen, und dass in dieser Rücksicht eine Propädeutik mir überflüssig ward, nenne ich einen entschiedenen Vor zug meiner Schrift. Ein ſehr competenter Richter — Weiſs nehmlich — hat ſchon nach der Erſcheinung des erſten Theils getadelt, daſs ich bey der Beſchreibung der Kryſtalle, jede einzelne Form nach Hauy benannt und beſchrieben habe, anſtatt, auch hierin der Wernerſchen Methode treu, die verſchiedenen Flächen und ihre Beziehungen gegeneinander, im Zuſammenhange zu bezeichnen. Er hat ohne allen Zweifel Recht, und hätte ich die Schwierigkeiten gleich anfangs gefühlt, welche die Befolgung der einmal von mir gewählten Methode mit ſich führt, ich hätte ſie gewiſs verworfen. Indeſſen habe ich doch den Zuſammenhang der Kryſtallflächen untereinander, bey einer jeden Varietät, beſonders der mehr verwickelten Syſtems, angedeutet, und durch die Darſtellung ward die erleichternde Citation der Abbildungen möglich, die für viele Anfänger doch etwas bequemes hat. Formeln habe ich nicht gebraucht. In Monographien, wo ſie zugleich entwickelt werden, haben ſie ihren unleugbaren Nutzen, beſonders wenn man ſich, mehr als jetzt, über ihren Gebrauch geeinigt hat, in Handbüchern vergröſsern ſie die Schwierigkeit des Gebrauchs, anſtatt zur Erleichterung zu dienen.

Was die Claſſification betrifft, ſo habe ich nur noch Weniges zu ſagen. An ein natürliches Syſtem habe ich gar nicht gedacht. — Ich glaube, daſs diejenigen, die davon reden, ſich niemals deutlich gedacht haben, was ein natürliches Syſtem in der Oryktognoſie bedeutet. Daſs einzelne Gruppen ſich naturgemäſs zuſammen ordnen laſſen, iſt freilich unleugbar, aber dieſe ſtehen meiſt wieder iſolirt und das organiſche Band, welches ſie alle unter einander verknüpfen und zu einem wahren Syſtem runden ſollte, fehlt *nothwendig*. Ich habe eine Claſſification gewählt, die ſich hoffentlich, durch ihre Einfachheit wenigſtens, empfehlen wird. Sie iſt freilich jetzt, am Schluſſe der Schrift, eine andere geworden, als die in der Schrift ſelbſt befolgte, aber dieſes wird man mir kaum vorwerfen, wenn man ſich erinnert, daſs der unſterbliche Werner faſt alle Jahre ſein Syſtem umänderte. Die Unbequemlichkeit, die daraus für den Gebrauch des Handbuchs entſtehen kann, iſt, glaube ich, leicht gehoben. Der gröſste Theil der Foſſilien bleibt in derſelben Ordnung, und ich erſuche die Leſer nur, wenn ſie über ein Foſſil Auskunft zu haben wünſchen, die Claſſification zuerſt zu befragen — da werden die Foſſilien alle nachgewieſen.

Die Grundlage der Claſſification, die ohne darauf Anſpruch zu machen, ein natürliches Syſtem zu ſeyn, dennoch die gröſsern Verhältniſſe und Anſchauungen der Natur feſtzuhalten ſucht, iſt kürzlich folgende: Den Anfang machen die gediegenen Metalle, als die am reinſten geſonderten Gebilde der Natur, dann folgen die geſchwefelten Metalle, dann die oxydirte Metallreihe, oder diejenigen Foſſilien, in deren Geſtaltung die Gewalt der

Metallität ſich noch erkennen läſst. — In der darauf folgenden Kieſelreihe, macht die Reihe der Edelſteine, die, indem eine jede Gattung eine andere Grundform mit ihren Modificationen in groſser Reinheit zeigt, ſo wie durch Glanz, Durchſichtigkeit und Härte, die reinſte Sonderung darſtellen, den Anfang. Auf dieſe folgt der Quarz, der, mit einer groſsen Mannichfaltigkeit von Bildungen eine bedeutſame Einförmigkeit der Kryſtalliſation verbindet. Von dem darauf folgenden Glimmer gilt das nehmliche. Die Hornblende als Familie, mit ihren Gattungen und endlich der Feldſpath, eben ſo betrachtet, eröffnen ſchon eine Reihe mannichfaltiger Kryſtalliſationen, die dennoch eine gewiſſe Verwandtſchaft nicht verleugnen. Quarz, Glimmer, Hornblende und Feldſpath ſind aber zugleich die Hauptmaſſen aller Gebirgsbildung der Kieſelreihe. Den Schluſs dieſer Reihe machen, als beweglichere Erzeugniſſe, die Zeolith- und Hallith-Familie. Die Kalkreihe bleibt unverändert wie die Kohlenreihe; und diese letztere um so mehr, da sie die einzige, wirklich natürlich geordnete ist, in welcher die Reihefolge der Bildung, des geschichtlichen Hervortretens, mit der Reihefolge der Gattungen zusammenfällt, was nur hier möglich ist.

Dass die Gattungen immer eine, dieser Classification entsprechende Stelle einnehmen, wage ich nicht zu behaupten; für den Gebrauch aber, und wenn man sie aufsuchen will, möchte durchaus keine grosse Unbequemlichkeit entstehen, da einerseits die Menge der Gattungen nicht so gross ist, andererseits der Zweifel, in welcher Classe man ein Fossil zu suchen hat, nur zwischen zweyen, höchst selten zwischen dreyen schwanken kann.

Ich darf diese Einleitung nicht schliessen, ohne mehreren Freunden für ihre Theilnahme an diesem Werke zu danken. Vorzüglich finde ich mich aber verpflichtet, zwey Freunde zu nennen, den Hrn. Prof. Germar in Halle, dem ich nicht allein ſchätzbare Beiträge verdanke, ohne deſſen Unterſtützung und aufopfernde Freundſchaft der Druck einer ſolchen Schrift in der Ferne kaum möglich geweſen wäre, und den Hrn. Dr. und Rendanten Müller in Breslau, dem ich nicht allein die Kenntniſs mehrerer neuen Gattungen — Cronſtedtit, Pyrodmalith, ſo wie die Kunde von dem Vorkommen des Rothbleierzes in Moldawa verdanke, ſondern auch ſonſt manche wichtige Aufklärung. Seinen ſehr intereſſanten Aufſatz über die Hyalithe in Leonhards Taſchenb habe ich bey dieſem Artikel im Supplement anzuführen vergeſſen.

CLASSIFICATION.

Die erste Chiffer bezeichnet den Theil, die zweite die Seitenzahl der Schrift — S. das Supplement.

ERSTE CLASSE.

Gediegene Metallreihe.

ZWEITE CLASSE.

geſchwefelte Metallreihe.

Schwefel.

Seite.

1. Schwefel 3 125; S. 680
2. Rauſchgelb 3 138; S. 681

Kieſe.

3. Schwefelkies 3 149; S. 681
4. Strahlkies 3 165; S. 682
   * Spärkies 3 173
5. Arſenikkies 179; S. 685
6. Leberkies (?) 3 202; S. 686
7. Magnetkies 3 202; S. 686
8. Kupferkies 3 211; S. 686
9. Glanzkobold 3 258
10. Speiskobold 267
11. Koboldkies 280
12. Zinnkies 341

Glanze.

13. Kupferglas 3 223
   * Buntkupfererz 216
   * Weiſskupfererz 220

Seite.

14. Kupferſchwärze 230; S. 686
15. Silberkupferglaserz 3 232
16. Fahlerz 318
17. Tennantit S. 692
18. Kupferwismutherz 3 337
19. Nickelſpiesglanzerz 338
20. Glaserz 234
21. Sprödglaserz 382
22. Silberſchwärze 242
    Biegſames Glaserz 244
23. Bleiglanz 245
24. Grauſpiesglanzerz 282; S. 690
25. Rothſpiesglanzerz 3 293
26. Weiſsgültigerz 302; S. 691
27. Schwarzſpiesglanzerz 302; S. 691
28. Wismuthglanz 3 312
29. Nadelerz 314
30. Wismuthbleierz 317

DRITTE CLASSE.

Oxydirte Metallreihe.

VIERTE CLASSE.

Kieſelreihe.

Kieſelige Efflo-reſcenzen.

A.

B.

KIESELIGE GATTUNGEN

deren Stelle zweifelhaft iſt.

FÜNFTE CLASSE.

Kalkreihe.

SECHSTE CLASSE.

Kohlenreihe.

OXYDIRTE METALLREIHE.

OXYDIRTE METALLREIHE.

I.

MAGNETEISENSTEIN (Fer oxydulé H.)

1) GEMEINER MAGNETEISENSTEIN Wr.

a) BLÄTTRIGER GEMEINER MAGNETEISENSTEIN Hausmann. *Eisen* - Schw., *stahlfarbig angelaufen — derb, eingesprengt*, kryſtalliſ.

1) Primitiver (F. oxyd. primitif. T. LXXIV. f. 117.) vollk. Oct. Neig. d. Stfl. gegeneinander 109° 28′ 16″. De L'Isle 3. S. 178.

a) Keilförmig De L'Isle var. 1.

b) Segmentförmig De L'Isle var. 2.

2) Rhomboedriſcher. Kerng verlängert in der Richtung der Axe zweyer Flächen, indem diese verschwinden.

3) Entkanteter (*emarginé* f. 118.) die K. bald ſtarker bald ſchwächer abgeſt. De L'Isle.

var. 4. Neig. d. Abſtgfl. gegen die Stfl. 144° 44′ 8″, bildet, wenn die Abſtgfl. wachſen den Uebergang zum

4) Dodecaedriſchen (dodecaedré f. 119.) dem Granatdodecaeder. Die Spuren vom Oct. sind gewöhnlich noch durch die Abstgfl. der 3kant. Ecken und Bildung aus dem Oct., auch wo diese Abſtgfl. fehlen, durch eine Streifung parallel mit den groſsen Diagonalen der Rhomben zu erkennen.

5) Enteckter var. 1. an allen Ecken bald ſchwächer, bald ſtärker abgeſt., bildet den Uebergang in den

6) Würflichen, bei welchem die Abſtg. der Ecken die Reſte d. Oct. erkennen laſſen. Sehr ſelten auch vollk. Würfl. geſtreiſt wie der Schwefelkies, äuſserſt selten an zwey diagonal entgegenſt. Fl. zgſchrſt. In Arendal nach Hausmann.

7) Säulenförmiger var. 4. als Oct. mit ſtark abgeſt. Ecken d. gemeinſch. Grundfl. betrachtet, wenn dieſe Abſtgfl. ſo anwachſen, daſs eine 4ſ. S. 4ſ. zgſp., ſo daſs die Zſpgfl. auf d. Stk. aufgeſetzt ſind, daraus entſteht. (Eine Annäherung zur Hyacinthkryſtalliſation). Wr.

8) Tetraedriſcher var. 1. wenn 4 Fl. wachſend, die übrigen verdrängen. Die Spuren bleiben als Abſtg. der Ecken übrig. Wr.

9) Tafelförmiger var. 1. wenn 2 Fl. wachſend, die übrigen verdrängen. Eine 6ſ. T. die Spuren bleiben, als wechſelſeitig ſchief angeſetzte Endfl. übrig.

10) Gerückter (transpoſé) entſteht, wenn zwey Segmente von var. 1. auf die bey dem Spinell (1ter Th. S. 25.) angeführte Weiſe einen Zwillingskryſtall bilden.

Kr. *klein*, *ſehr kl.*, ſelten von *mittlerer Gröſse* — *eingew.* (porphyrartig, wie der Granat, im Glimmer- oder Chloritſchiefer) — *druſenartig zuſammen gewachſen* — *glänzend* und *ſtrkgl.* — innw. *weniger* — *Metallgl.* — Brch. *blättr.* 4*ſ.* *Drchg.* parallel mit den *Stſl. des Oct.* — doch nicht immer deutlich zu erkennen, gewöhnlich *uneben von kleinem und ſeinem Korne* — Brchſt. (bey den deutl. blättr.) *octad.* ſonſt *unbeſtck. ziemlich ſtmpſk.* — Der derbe *grob-*, *klein-* bis *ſeink. abgeſ.*, zuweilen *grad- und krummſchaal.* — behält *im Striche die Farbe* — *ritzt den Fluſspath, ritzb. durch Quarz* — *ſpröde* — *l. zrſprb. oft weniger* — 4,600 Kirv. 4,683 Gellert, 4,760 Kl. 4,820 Karſten — ist magnetiſch.

Unſchmelzbar vor dem Löthrohr. Eiſenoxydul (Sauerſtoff im Minimo). Nach Berzelius macht der Sauerſtoffgehalt 29,5, welches nach den meiſten Analyſen zu viel ſeyn würde, wenn nicht mancher, ſelbſt kryſtalliſirter Magneteiſenſtein eine Miſchung von Eiſenoxyd und Eiſenoxydul bildete, was Berzelius (Annales des mines. V. S. 140.) bemerkt, aber auch früher von Bucholz (Gehlens Journ. 3. S. 106.) bemerkt wurde. Die Beimiſchung von Kieſel (2, 0) in den Octaedern von Pitſch, von Talk (0, 5) in denen von Traverſella nach Gärtner, so wie von Talk (0, 16) in einem ſpäthigen Magneteiſenſtein von Schweden ſcheint zufällig.

Den Alten war der natürliche Magnet frühe bekannt. In dem alten, dem Orpheus zugeſchriebenen Werke von den Steinen (λιθικα) wahrſcheinlich von Onomakritus, kommt er unter dem Nahmen Μαγνητης vor. Bey Theophraſt und Plinius wird er Ηρακλειαλιθος genannt, wie Euſtatius verſichert, nach der Stadt Magneſia in Lydien, die auch Heraclea hieſs. Beim Ariſtoteles heiſst er einigemal vorzüglich ἡ λιθος, bey ſpätern Schriftſtellern Μαγνήσια, μαγνήσσα, σιδηρίτης, σιδηραγωγος. Plinius (XXXVI. 16.) äuſsert ſein Erſtaunen über die anziehende Kraft des Magneten, und Lucrez (VI. V. 1400) kannte ſchon das Abſtoſsen, das Durchwirken durch andere Körper und die Mittheilung. (Gehlers Wörterb. 3. S. 115.).

Die Mineralogen unterſchieden in frühern Zeiten den retractoriſchen von dem attractoriſchen Magneteiſenſtein, verſtanden unter jenen denjenigen, der nur von den Magneten angezogen wird, unter dieſen denjenigen, der ſelbſt anzog. Ein Unterſchied, der von keiner Bedeutung iſt, denn theils kann jedes retractoriſche Eiſen im obigen Sinne auch attractoriſch werden, d. h. Polarität erhalten, ja iſt polariſch, so wie es angezogen wird, theils würde man, wie Hauy bemerkt, ohne allen Zweifel bey durch den Magnet angezogenen Magneteiſenſtein Spuren der Polarität entdecken, wenn man mit hinlänglich ſchwachem Magnete operirte. Die Erfahrung, daſs die Magneteiſenſteine nur in obern Teufen und ſelbſt hier ſelten magnetiſch ſind, gröſstentheils aber es erſt auf den Halden und der Luft ausgeſetzt werden, beweiſt, wie die berühmt gewordenen Erfahrungen der neueſten Zeit, daſs der magnetiſche Gegenſatz erſt durch das Hineintauchen in die allgemeinen Operationen der Natur erregt wird.

Werner nimmt nur zwey Arten des Magneteiſenſteins an, den gemeinen nehmlich und den magnetiſchen Eiſenſand, andere aber, wie zuerſt Karſten und nach ihm Hausmann, der um die beſtimmte Sonderung und Bezeichnung des Umfanges und der Abtheilungen dieſer ganzen

Gattung entschiedene Verdienste hat, sondern den blättrigen Magneteisenstein als eine eigene Art. Und ohne allen Zweifel mit Recht. Denn nicht allein verhält sich der blättrige Magneteisenstein zum dichten, wie der Bleyschweif zum Bleyglanz, sondern auch die fremde Beymischung, besonders von Titan, ist dem dichten eigen. Auch die eigenthümliche Art des körnigen Magneteisensteins wird mit Recht von der blättrigen getrennt. Die Krystallisation des Magneteisensteins ist höchst regelmäfsig und interessant. Sie enthält alle einfachen Varietäten des regelmäfsigen Octaeders in seinen Uebergängen zum Würfel, Granatdodecaeder und Tetraeder in grofser Reinheit und Bestimmtheit. Die Uebereinstimmung sowohl des Octaeders als Tetraeders und der Hemitropie mit der Krystallisation des Spinells und Automoliths ist merkwürdig und da das letzte Fossil in dem weichen Talkschiefer eben so eingewachsen ist, wie der Magneteisenstein in dem Chloritschiefer, so läfst sich auf ein ähnliches Vorkommen des Spinells wohl schliefsen. Zumahl da John Dovy's, freilich nur flüchtige Untersuchung der ceylanischen Gebirge, der Wernerschen Vermuthung, als wenn der Spinell in der Flöztrappformation vorkäme, nicht günstig ist. Der körnig abgesonderte blättrige

Magneteisenstein, den man mit der unten beschriebenen körnigen Art nicht verwechseln darf, besonders wenn er stark metallisch glänzend ist, scheint den Rest der Krystallisation anzudeuten.

Fundort. Diese Art ist wohl ausschliesslich den Urgebürgen eigen und kommt fast in allen vor. Am häufigsten finden sich die Krystalle eingewachsen in Chloritschiefer, drusenförmig angehäuft in Höhlen von derbem blättrigen Magneteisenstein, seltener in Kalkspath. Der derbe bildet beträchtliche Lager unter den nehmlichen Umständen, wie der dichte Magneteisenstein, bey welcher Art wir auch das Vorkommen genauer angeben werden. Die schönsten Krystalle finden sich im Zillerthale im Salzburgischen im Chloritschiefer, in den mächtigen Magneteisenstein-Lagern bei Arendal und Kragenoe in Norwegen, in Smaland (Taberg) in Wermeland (Nordmarken) in Schweden, zu Berggieshübel (Schmalzgrube) in Sachsen, zu Presnig in Böhmen, zu Schmalenberg in dem Harzeburger Forst am Harze. Die seltenen würflichen Krystalle kommen in einem Serpentinlager in Graubad in der Gulsen in Obersteiermark vor, und, wie oben erwähnt, der vollkommne Würfel in Arendal nach Hausmann. Die geognostische Verwandschaft dieser Art mit dem Chloritschiefer ist merkwürdig, so wie das ganz ähnliche

Vorkommen der gemeinen Granaten, der überhaupt in vieler Rücksicht geognostisch dem Magneteisenstein verwandt zu seyn, ja selbst die Arten desselben auf eine merkwürdige Weise zu wiederholen scheint.

Cronstedt, S. 223, §. 810. Eisenerz, das roh von den Magneten gezogen wird, zum Theil. Wallerius, gen. 53. spec. 332. Ferrum mineralisatum crystallisatum. Minera Ferri crystallisata u. spec. 323. Ferrum mineralisatum, minera ferrum attrahente et polor mundi ostendente, Magnes 2. S. 235. Syst. Nat. XII. 3. S. 136. 2) Ferrum (tessulare) crystallisatum, retractorinm, solitarium. 3) F. (crystallinum) crystallisatum retractorium confestum adhärens. 7) F. (hepaticum) retractorium nigrans, subscintillans, fragmentis subcubicis? 10) F. (commune) retractorium, nigrans, particulis subgranulatis, inaequalibus. Kirvan. 2. S. 195. gemeiner magnetischer Eisenstein zum Theil. Hauy 4. S. 12. Fer oxydulé (zum Theil) Tabl. compar. F. oxydulé lamellaire. Reufs. 2. 4. S. 38. gemeiner Magneteisenstein (zum Theil). Mohs 3. S. 356. eben so. Brochant 2. S 235. eben so. Karsten Titaneisen (zum Th.) tabell. Uebers. S. 63. Brogniart. 2. S. 158. Hausmann Handb. S. 246. Breithaupt. 3. 2. S. 217. (zum Theil). Leonhard Handb. S. 351. spätiges Magneteisen.

b) KÖRNIGER MAGNETEISENSTEIN Hausmann. *Eisen*-Sch., dem dunkeln *Stahl*-Gr. sich hinneigend mit einem *blaulichen* Anstrich. Wird in der Luft *dunkler* — *derb* — *ſchimmernd* oder *wenigg l.* — Brch. *uneben.* — *Höchſt ſeinkörnig abgeſondert.* Die Abſndrgſl. *glänzend.* Im Groſsen zuweilen mit *dick* - und *gradſchalig, unter ſchiefen Winkeln einander durchſetzenden* Abſndrg., wodurch die Maſſen im Groſsen ſcharf rhomboidaliſch getheilt ſcheinen. Dieſe Abſonderung von *ſehr groſs* (am häufigſten) bis zur Stärke von einem Zoll und darunter.

Dieſe Art iſt von Hausmann beſtimmt und der magnetiſche Eiſenſand, als eine Unterart, mit ihm verbunden. Er ſcheint in der That zu verdienen, daſs er für die Betrachtung geſondert wird, und es iſt mehr als wahrſcheinlich, daſs der magnetiſche Eiſenſand ihm ſeinen Urſprung verdankt. Hausmann bemerkt (Reiſe nach Skandinavien. 4. S. 77.) daſs in den rhomboidaliſchen Abſonderungen, deren Flächen als Durchgänge betrachtet, noch ein vierter wahrgenommen wird, welcher jenen in diagonaler Richtung durchſetzt, und daſs dieſer 4ſ. Drchg. vollkommen übereinſtimmt mit der kryſtalliniſchen Struktur des magnetiſchen Eiſenſteines, ſo daſs viele abgeſonderte Stücke die Neigungswinkel 109° und 71° zeigten. Wir haben in den vieleckigen Körnern des blättrigen Magneteiſenſteins die Störung der Kryſtalliſation durch die wechſelſeitige Anziehung erkannt; je mehr diese wächst und die kleinen Krystalle in die Einheit einer grössern Masse hineinzieht, desto mehr wächst auch das Streben, in dieser Masse die Krystallisation im Grossen, wenn auch nicht völlig auszubilden, doch auf eine rohe Weise, den nehmlichen Gesetzen folgend, anzudeuten.

Fundort. Peersberg und mehrere Orte in Schweden. In Dannemora in mächtigen Lagern in einem in Granit sich verlaufenden Gneus, durchdrungen von Chlorit, der schuppig, und als Schiefer, auch in eigenen Massen vorkommt. Ohne allen Zweifel gehören mehrere feinkörnige Magneteisensteine hierher, wie mehrere von Schumacher erwähnte. (Verz. der norw. Miner. S. 131.)

Waller, Minera ferri nigra, granularis. Spec. 324. c. 2. S. 237. Hausmann Handb. S. 247 und vielleicht noch mehrere oben angeführte Stellen.

c) MAGNETISCHER EISENSAND Wr. *dunkel Eisen*-Schw. in *groben, kleinen* und *feinen eckigen* Körnern, selten mit Spuren von octaedrischer Krystallis. gewöhnlich *lose* auch *eingewachs.* Oberfl. *rauh, schwachschimmernd* — innw. *glänzend* bis *strkgl. Metallgl.* — Brch. *zieml. vollk. kleinmuschl.* — Brchst. *unbest. eck. zieml. schrfk.* St. *schwarz.* — 4,6 virginischer Kirvan,

4, 590 von Andernach, 4, 613 von Teneriffa, 4, 870 von Puy, nach Cordier.

Unſchmelzbar. Eiſenoxydul, 79, 0, Titanox, 15, 0, Manganox, 2, 6, Chromox. und eine Spur von Thon 1, 0, Verl 1, 5 von Niedermennich bey Andernach. Eiſenoxydul, 79, 4, Titanox, 14, 8, Magneſiumox, 1, 6, Chromox. eine Spur von Thon, 0, 8, Verl. 3, 6 von Teneriffa. Eiſenoxydul, 83, 0, Titanox, 12, 5, Magneſiumox, 4, 5, Thon, 0, 6, Verl, 0, 3, von Puy. Dieſe Analyſen von Cordier. Eiſenoxydul, 85, 50, Titanox, 14, 00, Magneſiumox, 0, 50, vom Ufer der Oſtſee. Kl. Thomſon will in dem Eiſenſand aus dem Deefluſſe kein Magneſium, wohl aber neben 1, 5 Thon, Spuren von Kieſel und neben dem Titanox. Spuren von Arſenik (?) gefunden haben.

Dieſe übereinſtimmenden Analyſen des magnetiſchen Eiſenſandes aus den verſchiedenſten Gegenden, ſo wie der Bruch überzeugen von der Verſchiedenheit und Nothwendigkeit der Trennung dieſer Art von dem blättrigen magnetiſchen Eiſenſtein. Dahingegen ſcheint er allerdings dem körnigen Magneteiſenſtein, wenigſtens zum Theil, ſeinen Urſprung zu verdanken und wäre vielleicht gar nicht von dieſem zu trennen, wenn er nicht auch eingeſprengt vorkäme. Die Beymiſchung von Titan- oder Magnesiumoxyd scheint dieser Art, und wahrscheinlich auch Hausmanns körnigen Magneteisenstein wesentlich zu seyn, wodurch beide Arten den Uebergang zum Titaneisen bilden, dahingegen scheint die blättrige Art aus einem Eisenoxydul zu bestehen und eine jede Beimischung nur zufällig zu seyn.

Fundort. Geognostisch muss man wahrscheinlich zwey verschiedene Arten des magnetischen Eisensandes unterscheiden, obgleich beide, den Bestandtheilen nach, sehr mit einander übereinstimmen. Die erste besteht aus Magneteisenstein, der eingesprengt in Körnern vorkommt, in mehreren, auch Urgebirgsmassen, und welche, wie die Schnarcher am Harze beweisen, sowohl als der eingesprengte Magnetkies, den Gebirgsmassen Polarität mittheilt, so im Granit, Chloritschiefer, Schillerfels (Gabbro), Grünstein, am häufigsten wohl in dem Urtrapp. Auf diese Weise mag ein groser Theil des nordischen magnetischen Eisensandes entstanden seyn. — Ausserdem kommt aber, auf eine ähnliche Weise, durch Zerfallen der Gebirgsmassen Eisensand erzeugend, der Magneteisenstein eingesprengt vor im Grünstein des Flöztrapps und zwar in grossen Körnern, wie zu St. Albano und Frascati bey Rom nnd in Auvergne, ja in den Laven des Vesuvs und der Inſel Iſchia. — Aus dieſen eingeſprengten ſchon in der Gebirgsmaſſe getrennten und eingewachſenen Körnern entſteht alſo der Eiſenſand, wie der Goldſand. — Die zweyte Entſtehungsart aber muſs wohl der unter b) beſchriebenen Art des Magneteiſenſteins zugeſchrieben werden. Und auf dieſe Art mag vieler magnetiſche Eiſenſand in Norden entſtanden ſeyn. Es mag freilich ſchwer ſeyn, aus dem magnetiſchen Eiſenſand, wie er loſe gefunden wird, die Entſtehungsart zu erkennen, und die erſte Art iſt ohne allen Zweifel die häufigſte, ja man kann wohl ſchlieſsen, daſs dieſe immer ſtatt gefunden hat, da wo man den Eiſenſand äuſserſt fein zertheilt findet. Die Gebirgsmaſſen, aus welchen die eingeſprengten Eiſenkörner losgeriſſen ſind, laſſen ſich an den Begleitern erkennen. So enthält der Eiſenſand Glimmer und Feldſpath, wenn er aus dem Granit entſtanden iſt (wie zuweilen in den bayerſchen Flüſſen Inn, Iſar, Donau), Granat, Zirkon, Hornblende, wenn er aus dem Urtrapp herrührt, wie in Siberien, an der norwegiſchen Küſte, in Grönland, wo nach Giſeke, aller Sand eiſenhaltig iſt, Olivin, Augit u. ſ. w. wenn er aus der Flötztrappformation entſtanden, wie bey Andernach, in Auvergne u. ſ. w., Leuzite und Bimſtein, wo er aus den Laven ausgewachſen iſt, wie beim Veſuv, auf Sicilien u. s. w. Merkwürdig ist der Eisensand, der an der Ostseeküste, und zwar immer an bestimmten Stellen ausgeworfen wird. Ich fand im Holsteinischen zwey solche Niederlagen, eine in der Nähe von Rendsburg, wo die Eyder ihn zu gewissen Zeiten, immer an der nehmlichen Stelle auswirft, eine andere in der Nähe von Kiel (bei Düsternbröck) wo er von dem Kieler Hafen ausgeworfen wird. Dieser Sand ist von rothen Quarz, aber auch von rothem Granat und hellgrünen Körnern, die, irre ich nicht, von Allochroit herrühren, begleitet. Der Eisensand bey Warnemünde an der pommerschen Küste ist ganz von der nehmlichen Beschaffenheit und hat die nehmlichen Begleiter, die an das Vorkommen des Eisensteins bei Drammen in Norwegen errinnern (vergl. 1r Th. S. 98. und geognost. geol. Beitr. S. 114.). Der rothe Sandstein rührt wahrscheinlich von dem alten Sandsteine her, der von Norwegen in die Ostsee hineinragt, das Eisen aber ist aus dem Urtrapp, der auch, wie der alte Sandstein mit Titaneisen auf Bornholm vorkommt. (siehe Oersted und Esmarch Beretning om en Undersögelse over Bornholms Mineralogie. Kiobenhavn 1819.) Es bleibt immer zweifelhaft, ob nicht mancher magnetische Eisensand wahres Titaneisen enthält, die schwarzen, unebenen, glänzenden Körner der Oftſeeufer ſcheinen mir eher dieſes als Körner von wirklichem magnetiſchen Eiſenſtein zu ſeyn.

Waller. Minera colore ferreo, granularis ſpec. 323. S. 235. Kirvan magnetiſcher Sand. 2. p. 199. Hauy fer oxydulé arenacee. 4. S. 16. fer oxydulé titanifère. Tabl. comp. S. 94. Reuſs 2. 4. S. 48. ſandiger Magneteiſenſtein. Mohs 3. S. 393. Brochant. 2. S. 241. Karſten. S. 94. tabell. Ueberſ. S. 63. Broguiart. 2. S. 158. Hausmann Handb. S. 247. Breithaupt. 3 2. S. 223. Leonhard Handb. S. 352.

d) DICHTER MAGNETEISENSTEIN Wr. *Eiſen-* und *bräunl.*-Schw. — *derb* — *eingeſpr.* — Aeuſserlich *glänzend* bis zum *ſchimmernden*, innw. *ebenſo. Metallgl.* — Brch. *uneben von kleinem und feinem Korne*, ſeltener *muſchl.* — Brchſtk. *unbeſt eck. ſtumpfk.* — *Strich unverändert.*

Iſt der Titangehalt weſentlich? Der Speſſarter enthält nach Klaproth 22 Pr. C.

Der dichte Magneteiſenſtein iſt durch die häufig vorkommende bräunlich - ſchwarze Farbe, geringern Glanz und Bruch zu unterſcheiden, bildet einen Uebergang in den feinkörnig abgeſonderten und iſt unter allen Arten die häufigſte.

Fundort. Da dieſe Art mit den beiden erſten Arten vorkommt, und die mächtigſten Lager bildet, ſo werden wir das Vorkommen des Magneteiſenſteins im Ganzen betrachten. Am häufigſten, ja faſt ausſchlieſslich findet man den Magneteiſenſtein in den Urgebirgen, wo er in mächtigen Lagern die faſt Gebirgsmaſſen bilden, vorkommt. Nur von dieſen Lagern reden wir hier. Das Vorkommen auf Gängen und in Neſtern iſt ſehr ſelten. Nach Hausmann findet man ihn ſo im Uebergangsporphyr bey Feiringen in Norwegen. Die mächtigen Lager kommen ſeltener im Urkalk, häufiger im Gneis, Glimmer- und Thonſchiefer, im Sienit, Grünſtein und Hornblendeſchiefer vor. Die mächtigen Lager in Arendal ſind von Epidot, Granit, Feldſpath, Hornblendo, Quarz, Augit, Kokkolith, Malacolith begleitet, ſetzen in Gneus, Glimmer- und Thonſchiefer, im Serpentin und Sienit auf. Eine ganz ähnliche Formation findet man in dem ſchleſiſchen Gebirge bey Schmiedeberg, wo Gneisgranit mit Glimmerſchiefer wechſelt. Auf ähnliche Weiſe findet man ihn in Schweden, wo er öfters ganze Gebirge impraegnirt. So den Taberg. Auſser den genannten Foſſilien kommt er häufig, ſo in Tyrol, aber auch in Schweden und Norwegen mit Asbeſt, Strahlſtein, Kalkſpath, Fluſsſpath, Apatit, Kupfer-Schwefel-Arſenikkies u. ſ. w. vor. Die letzt genannten Foſſilien begleiten auch groſtentheils die sächſiſchen Eiſenſteinlager. Da es kaum ein Urgebirge giebt, in welchem nicht ſolche Lager vorkommen, ſo wollen hier nur einige der auffallendſten erwähnen. So kommen die mächtigen Lager bei Cogne im Thale Aoſta in Piemont im Serpentin vor, die Lager bey Ortez in der Nähe im Granit und Urkalk (D'Aubiſson). Mehrere Gegenden der Schweiz, Sardinien, Korſika, Ungarn, auſser Europa Siberien, China, beſonders aber Nordamerica, enthalten Eiſenſteinlager, deren Verhältniſſe mehr oder weniger unterſucht ſind. Im Ganzen genommen, und obgleich der Magneteiſenſtein in bedeutender Menge auch in den tropiſchen Gegenden — wie in Mexico, in der Andeskette, in Braſilien, wo in dem Hauptgebirge Serra do Mar, der Granit wie der Taberg in Schweden, von Magneteiſen durchdrungen iſt — vorkommt, iſt es dennoch unzweifelbar, daſs die Menge des Eiſens und beſonders des magnetiſchen Eiſenſteins gegen Norden am häufigſten iſt.

Cronſtedt. Stahldichtes magnetiſches Eiſenerz mit mattem Bruch. §. 209. 1. 1. Eiſenerz, das roh vom Magneten gezogen wird und ein ſchwarzes Pulver giebt. 1) Stahldichtes. Waller. Spec. 313. a) Magnes, colore nigreſcente, compactús, S. 235. Spec. 324. a) Minera ferri nigra, ſolida. Syſt. Nat. XII. 3. S. 137. Ferrum (retractorium) nigrans, subscintillans, compactissimum. Kirvan mit dem gemeinen Magneteisenstein. Hauy. 4. S. 15. fer oxydulé amorphe. Reuſs. 2. 4. S. 38. gemeiner Magneteisenstein und S. 58. zum Theil. Mohs mit dem gemeinen Magn. Eisenst. Brochant eben so. Karsten gleichfalls. Tabell. Uebers. eben so. Brogniart eben so. Hausmann Handb. S. 248. Breithaupt mit dem gemeinen. Leonhard Handb. S. 352.

e) ERDIGES MAGNETEISEN Leonhard, (ochriges Hausmann. Fer oxydulé fuligineuse Hauy) — *Bläul.* ins *Eisen*-Schw. zuweilen durch rothen Eisenocker *gefleckt* — *derb, eingesprengt.* — Besteht aus *staubartigen Theilen* — Meist *loose*, selten in *mehr oder weniger festen Massen zusammengebacken* — *Matt auch schwachschimmernd* — Brch. *feinerdig, zerreiblich, färbt stark ab.*

Zuerst von Leonhard angeführt und verdient als eine eigene Art betrachtet zu werden. Es ist mir wahrscheinlich, daſs Schuhmachers Eisenschwärze (Verzeichn. S. 135.) hierher gehört.

Fundort. Grube alte Birke bey Elberfeld im Siegenschen auf einem Brauneisensteingang mit Thon. Mit Magneteisen in Ehrenfriedersdorf. Bey Johanngeorgenstadt mit erdigem Manganerz, Strahlstein und Chlorit. Schumachers Eisenſchwärze bei Arendal in Norwegen. Wahrſcheinlich an mehrern Orten mit Magneteiſen, nur bis jetzt nicht beobachtet.

Tabell. Ueberſ. S. 68. Hausmann Handb. S. 249. Leonhard Handb. S. 364.

FASRIGER MAGNETEISENSTEIN. Karſten. Eine Mittelfarbe zwiſchen *lichte ſtahl-* und *bläul.* Gr. zuweilen dem *eiſen*-Schw. nahe — *derb* — *wenigſchimmernd* ohne Metallgl. — Brch — *zart, büſchelf.* u. *ſternf. auseinand. l. faſr.* im Ganzen Spuren von *ſchiefrigen* — Brchſt. *unbeſteck. nicht ſnd. ſcharfk.* — *grob* u. *kleinkörnig abgeſ.* — etwas *härter als der gewöhnliche* Magneteiſenſtein (Schumacher) — *ſpr.* — 3,3 Schumacher — 3,75 Gärtner.

Eiſenoxydul und Eiſenox. 70,74, Kieſel 14,50, Talk 7,26. Gärtner. Wir haben dieſe Abänderung des Magneteiſens deswegen nur anhangsweiſe angeführt, weil die undeutlichen Stücke, die wir vor Jahren ſahen, uns keine hinlängliche Unterſuchung erlaubten, ſo daſs uns das Foſſil nur aus der obigen Beſchreibung bekannt iſt, nicht aber deswegen, weil wir, mit Hausmann und Leonhard glauben, daſs ſie nicht, als eine eigene Abänderung verdient beſonders aufgeführt und beſchrieben zu werden. Wenn es auch bewieſen iſt, daſs ein inniges Gemenge von asbeſtartigem Strahlstein und Magneteisenstein allmählich dem letztern Fossil eine bläulich graue Farbe, einen fasrigen Bruch und eine grösere Härte zu ertheilen vermag, so hört doch deswegen da, wo dieses Gemenge in eine Mischung übergeht, so dass ein wirklich oryktognostisch einfaches Mineral entsteht, dieses nicht auf, ein Gegenstand oryktognostischer Betrachtung zu seyn. Ein mechanisches Gemenge und eine chemische Vereinigung sind freilich nicht bloss den Graden nach, sondern auch specifisch von einander verschieden, aber dennoch kann ein Minimum des Gemenges in einem Maximo der chemischen Vereinigung für die Erscheinung Uebergänge bilden, die bei vielen chemischen Processen sich zeigen. Dürfen wir behaupten, dass wir die Grenze, wo das erste verschwindet, wo das zweyte allein hervortritt, genau zu bestimmen wissen? Ja findet nicht fast immer eine wahre chemische Vereinigung auch da statt, wo das mechanische Gemenge noch keinesweges verdrängt ist? Nur zu geneigt sind wir, wo wir einmal Begriffe fixirt haben, diese in ihrer logischen rohen Trennung auf die Natur überzutragen. Ich erinnere hier an zwey Fossilien, die in dieser Rücksicht ein interessantes Factum darbieten, Prasem und Katzenauge. (Siehe 1r Th. S. 113 und S. 122.). Bekanntlich ward der Praſem, als eine Verbindung des Strahlſteins und Quarzes, eben ſo das Katzenauge, nachdem man die, im erſten Theil angeführten Verhaltniſſe bei Treſeburg im Harzgebirge entdeckt hatte, als eine ähnliche Verbindung des Asbeſts mit dem Quarz anerkannt. Nun zeigt aber die chemiſche Analyſe ſowohl in dem Strahlſtein, als in dem Asbeſt Talkerde, in dem Praſem aber fand Bucholz, in dem Katzenauge Klaproth keine Spur von Talkerde. Hausmann ſchlieſst daraus, daſs man keinesweges die genannten Foſſilien, als aus einer innigen Verbindung des Quarzes mit Strahlſtein und Asbeſt betrachten darf, ja er behauptet, daſs man die Gemenge, die deutlich und entſchieden vorkommen, nicht als den Uebergang in den Bildungen des Praſem und des Katzenauges betrachten darf. Was den Praſem betrifft, ſo zeigt ſich dieſer Uebergang zu klar, als daſs er auf irgend eine Weiſe abgeleugnet werden kann. Man ſieht unwiderſprechlich den Strahlſtein immer deutlicher in die Struktur des Quarzes hineingehen, man nimmt auf die deutlichſte Weiſe wahr, wie dann der büſchelförmig auseinander laufend ſtrahlige Bruch verſchwindet, wie die keilförmige Abſonderung des Quarzes immer entſchiedener ſich bildet — die mit der Farbe die Hauptkennzeichen des Praſems ausmachen. —

Wenn nun wirklich mit dieser Veränderung ein Verschwinden der Talkerde verbunden wäre — wenn nehmlich nicht dieses Verschwinden nur ein scheinbares, durch die Methode der Analyse veranlaſstes ist, dann würde es ein Problem für die Chemie seyn, es zu erklären, aber keinesweges eine Aufforderung für den Oryktognosten, den deutlichen und klar zu erkennenden Uebergang abzuleugnen. Dieses letztere ist ein festes, unumstoſsliches Factum, die Producte der Chemie ein Erzeugniſs einer, bey allen Fortschritten schwankenden menschlichen Kunst. Gilt dieses nun entschieden für den Prasem, dann hebt sich die Schwierigkeit für das Katzenauge von selbst, denn daſs dieses durch Beimischung von Asbest entsteht, ist wenigstens höchst wahrscheinlich, und die Unterschiede zwischen dem ostindischen und europäischen lassen sich aus der völlig reinen chemischen Mischung des letztern erklären. Wir hielten diese Bemerkung hier, wo sie uns so nahe liegt, für wichtig, denn immer mehr werden interessante Verhältnisse der Bildung, die früher die Aufmerksamkeit auf sich zogen, aus der Mineralogie verdrängt und in die Einseitigkeit der Chemie und der Krystallographie bis zur völligen Vernachläſsigung hineingezogen.

Fand-

Fundort. Butzberg in Schweden, Langoe in Norwegen (Schumacher Verz. S. 131) aufserdem soll diese Art, wenn sie es wirklich ist, in Nordamerica, Ostindien und Neuspanien — am letzten Ort mit Kupferkies Gänge im Gneis bildend — vorkommen.

Karsten. S. 64. Reufs. 2. 4. S. 46. Tabell. Uebers. S. 63. Hausmann Handb. Anmerk. S. 250. Leonhard Handb. S 353.

QUARZEISENSTEIN. *Bläul.* - Schw. in das *Eisen* - Schw. — In *runden, derben Knollen* — *schimmernd, zwischen demant*- und *halbmetallischen* Glanz — Brch. *uneben von f. K.* mit Spuren *vom Schiefr.* — Brchst. *unbest. eck. schrfk.* — *ritzt den Quarz* — 3,89 — bewegt den Magnet.

Dieses Fossil ist eine innige Durchdringung von Magneteisenstein und Quarz und die vorangehende Betrachtung mag uns entschuldigen, dass wir es, als eine eigene Abänderung des Magneteisensteins anführen. Man kann diese Beimischung keineswegs als ein blosses Gemenge betrachten, und auffallend ist die bedeutende Härte, denn es ritzt selbst den klarsten Bergkrystall. Es hat eine auffallende Aehnlichkeit mit manchen für Schmirgel geltenden Fossilien und wir haben besonders deswegen auf diese Mischung aufmerksam machen wollen, weil wir uns überzeugt halten, dass unter dem Schmirgel in Mineraliensammlungen öfters Fossilien vorkommen, die hierher zu rechnen sind. Eine flüchtige Analyse hat uns von der Mischung überzeugt, und das magnetische Eisen macht zweydrittheil der Mischung aus.

Fundort. Wir fanden den Quarzeisenstein in zerstreuten Knollen eingewachsen im Glimmerschiefer hinter Schmiedeberg.

Allgemeine Bemerkung über die ganze Gattung. Der Magneteisenstein steht unter den Eisenerzen sehr isolirt, und bildet, was sehr merkwürdig ist, gar keinen Uebergang in die grosse Familie, die mit Eisenglanz anfängt und deren Glieder so genau zusammenhängen. Dahingegen bildet sich ein deutlicher Uebergang in die folgende Gattung und durch sie tritt der magnetische Eisenstein in eine Verbindung mit der Titanfamilie, deren Grenzen nicht leicht auf eine scharfe Weise zu bestimmen sind. Denn in der That möchte mancher magnetische Eisensand zur folgenden Gattung zu rechnen seyn, wie wir schon oben erwähnt haben.

2.

TITANEISENSTEIN Hausmann (Menakan und Iſerin Wr. Titane oxydé ferrifère granuliforme Hauy). *Eiſen* - auch *gräul.* - zuweilen *pech*-Schw. auch ins *Bräunl.* — In mehr oder weniger *abgerundeten*, auch *eckigen Körnern* nur als Sand — Oberfl. *rauh* — *äuſserl. ſchimmernd* und *weniggl.* von einem Mittel zwiſchen *perlmutter.* und *metalliſchem* Glanz, innw. dem *Metallgl. näher*, *weniggl.* — Brch. *vollk. muſchl.* zuweilen Spuren vom *blättr.* — *Behält im Strich die Farbe* — *halbhart ins Harte* — *ſpr.* — 4,5 — 6. 4,6 Klaproth.

Der Wernerſche Iſerin Eiſenoxydul 72 Titanox. 28, Kl. Werners Menakan Eiſenoxydul 51, Titanox. 45,35, Manganox. 0,25, Kieſel 3,54 Kl. Eiſenoxydul 49, Titanox. 40, Kieſel 11,00 Chenevix.

Der Wernerſche Iſerin und Menakan gehören offenbar zuſammen, die Aehnlichkeit im Vorkommen, in Farbe, Glanz und Härte, wird von der geringen Differenz im Bruch nicht ſo überwogen, daſs eine Trennung nothwendig wäre. Der Titaneiſenſtein wird aber von Rechtswegen, als eine Mittelgattung zwiſchen Rutil und Magneteiſenſtein geſondert und wo der Titangehalt zunimmt, ist ohne allen Zweifel der Durchgang der Blätter mit dem des Rutils übereinstimmend. Bey dem Wernerschen Menakan dahingegen, wo der Eisenoxydulgehalt zunimmt zeigt sich der muschliche Bruch und dieser bildet den Uebergang in den dichten Magneteisenstein.

Fundort. Im Isergrunde in der Gegend von Marklissa in der Lausitz an der Grenze des Riesengebirges und von Flensberg in Böhmen. Auch im bohmischen Mittelgebirge, begleitet von Pyropen. Bey Menakan in Cornwallis. Im Deeflusse Aberdeenshire aus zerstörtem Granit (wenn es nicht magnetischer Eisensand ist), in Botanybay in Neuholland, auf der Insel Providence. Ob der Titaneisenstein ursprünglich in den Urgebirgen oder in Flöztrappgebirgen, wie das Vorkommen in der Lausitz und im Mittelgebirge wahrscheinlich macht, oder vielleicht in beiden vorkommt und aus diesen ausgewaschen ist, bleibt noch ungewiss.

Kirvan 2. S. 398. Hauy 4. S. 400. Tabl. comp. S. 115. zum Theil. Reuss 2. 4. S. 54. Menakan. S. 598. Iserin. Mohs 3. S. 250. Iserin. S. 252.' Menakan. Brochant S. 478. Iserin. S. 468. Menakan. Karsten S. 56. tabell. Uebers. S. 81. Brogniart 2. S. 99. Hausmann Handb. S. 251. Breithaupt 4. 1. S. 247. Menakan. S. 258. Iserin. Leonhard Handb. S. 354.

MENAKEISENSTEIN W r. Ein Mittel zwifchen *eifen* - Schw. und *ftahl* - Gr mit einer Hinneigung zum *dunkel - röthl.*-Br. — *derb* — *glänzend* und *weniggl.* von *halbmetallifchem* Glanze — Brch. *eben* zum Theil ins *unebene von feinem* K. Schwache nur bei Lichte zu erkennende Spuren von *blättrigem* Brch. mit *mehrfachen* Drchg. — Brchftk. *unbefteck.* — Der derbe meift *grob-* und *klein eckigkörnig abgef.* — *undrchftg.* — *behält im Striche Farbe und Glanz* — *hart* (etwas weniger als Feldfpath) — *fpr.* — *nicht fndrl. fchwer zrfprgb.* — 4,75 Breithaupt — kaum magnetifch.

Titanhaltiger magnetifcher Eifenftein.

Diefe von Werner kurz vor feinem Tode beftimmte Gattung habe ich, fo wie fie bey Breithaupt befchrieben wird, aus Achtung für jenen unfterblichen Lehrer angeführt. Andere Mineralogen — Leonhard z. B. — haben ihrer gar nicht erwähnt. Auch geftehe ich, dafs ich keinen Grund finde, fie von dem Magneteifenftein zu trennen, der offenbar öfters titanhaltig ift. Breithaupt behauptet, dafs fie von einem geübten Auge durch die Farbe zu unterfcheiden fey. Aber eine kleine Modification der Farbe kann doch keine Sonderung einer beftimmten Gattung begründen. Er führt die geringere Schwere an; aber das von ihm selbst angegebene specifische Gewicht fällt innerhalb der Grenzen der 3. 2. S. 220 angegebenen Modificationen des specifischen Gewichts des Magneteisensteins und den äusserst schwachen Magnetismus findet man bey vielen unzweifelbaren Magneteisensteinen.

Fundort. Egersund in Norwegen ist der Ort, wo das eben beschriebene Fossil vorkommt.

Breithaupt. 4. 2. S. 140. Eisentitan (?) Schumacher Verz. S. 118.

3.

CHROMEISENSTEIN. Wr. (Fer chromaté H.) Aus dem *eisen*- zuweilen ins *pech*-Schw. häufiger in *stahl*-Gr. — *derb, eingesprengt* — innw. *weniggl.* von *unvollk. Metallgl.* — Brch. *uneben von kl. u. f. K.* zuweilen *ins klein und unvollk. muschl.* — Soll auch als regelmäss. Octaeder, also blättr. mit 4f. Drchg. vorkommen. — Brchstk. *unbest. eck. nicht sndrl. scharfk.* — *Anlage zur körnigen Absndrg.* — *giebt einen braunen Strich* — *ritzt den Apatit, wird vom Quarz geritzt* — *spr.* — *l. zrsprgb.* — 4,052 Tessart, 4,111 Breithaupt, 4,355 Hattchett. Folgt, pulverisirt, dem Magnete.

Unschmelzbar. Mit Borax giebt er ein grünes Glas. Eisenoxydul 34,7, Chromox. 43,0, Thon 20,3, Kiesel 2,0 der von Bastide de la Charrade, nach Vq. Eisenoxydul 33,0, Chromox. 55,5, Thon 6,0, Kiesel 2,0, der von Krieglach nach Kl. Eisenoxydul 34,0, Chromox 53, Thon 11,0, Kiesel 1,0, Mangan 1,0, der siberische nach Laugier.

Werner hat diese Gattung zuerst fixirt, und offenbar verdient sie als eine solche betrachtet zu werden. Farbe, Glanz, Bruch und der vorzüglich charactorisirende Strich sondern sie hinlänglich. Nach der Andeutung in Mohs neuester Schrift (Charaktere der Ordnungen u. s. w.) muss man schliessen, dass er eine, und freilich unbekannte, von der krystallinischen des Magneteisensteins völlig abweichende Struktur gefunden hat und auf allen Fall darf man wohl voraussetzen, dass die in der obigen Beschreibung erwähnten Oktaeder nur beygemengtem wahren Magneteisenstein gehören. Für die Sonderung der Gattung spricht auch das Uebereinstimmende der oben angeführten Analysen, die mit Chromeisenstein aus den verschiedensten Gegenden angestellt sind.

Fundort. Meist im Serpentin, der bekanntlich Chromium, wenn auch nur in geringer Menge, enthält. So in Steyermark bei Krieglach, in Frankreich, an oben angeführtem Orte, in Schlesien bey Grochau, ohnweit Warthe; in Siberien, Ufer des Wiarga am Uralischen Gebirge, in Nordamerica (Baltimore und Maryland).

Hauy 4. S. 142. Tabl. comp. S. 99 u. 283. Reuss 2. 4. S. 625 Eisenchrom. Karsten eben so. S. 74 tabell. Uebers. S. 69. Breithaupt 3. 2. p. 226. Hausmann Handb. S. 252. Leonhard Handb. S. 354.

Anhang. Craitonit. Bournon. *Sammt*-Schw. krystallisirt.

1) Primitiver. Kerngest. ein sehr spitziges Rhomboeder, dessen Winkel 162 und 18°, theilbar durch eine Fl. perpendiculair auf die Axe. Bournon Tab. 17. f. 329.

2) Abgestumpfter. no. 1. als dpp. 3s. Pyr betrachtet, die Spitze abgest. Die Abstpfg. wächst, bis eine niedrige 6s. Tafel mit abwechselnd aus- und einwärts gehenden Endfl. (die Reste des Rhomboeders) daraus entsteht f. 330. 331. 332.

3) Entkanteter. no. 2. die Stk. der 3s. P. abgest. f. 333.

4) Ringfacettirter. no. 2. die K. der Abstgsfl. und der Endfl. abgest. f. 334.

5) Enteckter. no. 2. die Ecken der Abstgfl. und Stfl. abgest.

6) Zugeſchärfter. no. 2. dieſelben, Ecken zgſchrft.

7) Zugeſpitzter. no. 2. dieſelben Ecken dpp. zgſchrft., ſo daſs eine ſehr ſtumpfe 4ſ. Zſpg. entſteht. Die Kryſtalle *ſehr klein, ſehr glänzend* (unvollk. Metallgl.).

Brch. *blättr.* Querbr. *muſchlich* — *ritzt den Fluſsſpath,* aber nicht das Glas — ſpecifiſche Schwere unbeſtimmbar.

Nach Berzelius titanhaltiges Eiſen.

Dieſe Gattung ward zuerſt von Bournon beſtimmt. Zwar hat Berzelius nach ſeiner Unterſuchung den Craitonit nur für titanhaltigen blättrigen Magneteiſenſtein erklärt, da es ſich aber kaum glauben läſst, daſs ein ſo gewandter Cryſtallograph, wie Bournon, ſich auf eine ſo grobe Weiſe täuſchen konnte, da die Gattung auch von Iameſon anerkannt iſt, da die ganze Reihe von Cryſtalliſationen, wie ſie angegeben iſt, mit der völlig in ſich geſchloſsnen Cryſtalliſationsſuite des Magneteiſenſteins durchaus unvereinbar iſt, ſo darf uns die chemiſche Miſchung nicht irre leiten, vielmehr müſſen wir die Aufmerkſamkeit der Mineralogen für dieſe höchſt merkwürdige Gattung, die wir hier nur anhangsweiſe anzuführen wagen, die uns nur aus der Bournonſchen Beſchreibung bekannt iſt, in Anſpruch nehmen. Die Benennung iſt dem Dr. Crichton zur Ehre gewählt und nach der franzöſiſchen Ausſprache ſeines Nahmens geſchrieben.

Fundort. Bis jetzt nur mit Anatas, mit deſſen Kryſtallen er verwechſelt ward, in der Dauphinee gefunden.

Bournon Collect. S. 430. Iameſon 3. S. 357. Mohs Charaktere im Anhang. S. 215. Leonhard Handb. S. 354 (auf die Autorität des Berzelius als titanhaltiger blättriger Magneteiſenſtein).

4.

EISENGLANZ. Wr. (fer oligiſte. H.).

a) GEMEINER EISENGLANZ. *Stahl*-Gr. und *Eiſen*-Schw., zuweilen ins *Röthliche* ſchielend. Häufig *ſtahlfarbig, taubenhalſig, pfauenſchweifig, regenbogenfarbig* angelaufen, zuweilen mit überraſchender Pracht und Glanz der Farben, wie beſonders der Elbaer — *derb, eingeſpr.* — und kryſtalliſ.

1) Primitiver (primitif. Tabl. comp. — Traité. Tab. 74. f. 122.) ein ſehr wenig ſpitziges Rhomboeder mit Winkeln von 87° 9′ und 92° 51′ Kerng. integr. Molec. eben ſo.

2) Baſiſirter (baſé f. 123.) var. 1. als dpp. 3ſ. P. betrachtet, die Endſp. ſtark abgeſt. Neig. der Abſtgfl. gegen die Stfl. 123° 14′.

3) Imitirender (imitatif. f. 127.) var. 2. alle Ecken abgeſt. Wenn die Abſtgfl. die urſprünglichen verdrängten, würde ein Rhomboeder, dem urſprünglichen ähnlich daraus entſtehen. Neig. der Abſtgfl. gegen die Rhomboidal-Fl. 113° 32', gegen die Abſtgfl. var. 2. 123° 14'.

4) Segmentförmiger (ſegminiforme). De L'Isle. 2. p. 188. die gleichwinkliche 6ſ. T. mit abwechſelnd ſchief angeſetzten Endfl. Entſteht aus var. 2. wenn die Abſtgfl. der Endſpitzen wachſen.

5) Imitirend ſegmentförmiger (f. 128.) eine gleichwinkliche 6ſ. T. mit zgſchrften Endfl. Entſteht aus var. 4., wenn die Abſtgfl. var. 2. von der nehmlichen Gröſse ſind, die Abſtgfl. var. 3. aber mit den ſchief abwechſelnd ſchief angeſetzten (primitiven) von gleicher Gröſse werden.

6) Aequivalenter (equivalent. f. 133.) var. 5. als niedrigere dpp. 6ſ. P. mit abgeſt. Endſp. betrachtet, die Ecken der gemeinſchaftl. Grundfl. ſchwach abgeſt. Neig. dieſer Abſtgfl. gegen die der Endſp. var. 2. 90°.

7) Niedrig ſäulenförmiger, var. 5. mit abgeſt. Kanten, die meiſt ſehr ſchwach, in ſeltenen Fällen aber ſo angewachſen, daſs eine niedrige 6ſ. S. daraus entſteht, ſo daſs die Pyr. Fl. als Abſtgfl. der Endk. erſcheinen. Wr.

8) Unisenärer (unisenaire H. bei Lucas Tabl. method. 377.), var. 2. mit zgschrften Ecken der zickzackförmigen gemeinschaftlichen Grundfl. Neig. dieser Zschrfgfl. gegen die Fl, des Rhomboeders 154° 13′.

9) Uniternärer (uniternaire f. 130.). De L'Isle 3. var. 11 u. 12 eine stark abgest. fast tafelförmige dpp. 6s. P. an den abwechselnden Stk. abgest. Entsteht aus var. 8., wenn die Zschrfgfl. der Ecken so wachsen, dass sie die ursprünglichen Fl. des Rhomboeders fast verdrängen. Neig. der Fl. derselben Pyr. gegeneinander 128° 26′ der Fl. beider Pyr. gegeneinander 120° 52′ der Pyr. Fl. gegen die Abstgfl. der Endsp. 119° 34′.

10) Trapezischer (trapezien f. 129.). De L'Isle. 3. var. 9. eine spizwinkl. dpp. 6s. Pyr. mit abgest. Endsp. var. 8., wo die primitiven Fl. ganz verdrängt sind.

11) Progressiver (progressif. f. 184.), var. 9. mit abgest. Ecken der gemeinschaft. Grundfl. Neig. dieser Abstgfl. gegen die der Endsp. 90°.

12) Birhomboidaler (birhomboidale. f. 125.) var. 1. als dpp. 3s. Pyr. betrachtet, an beiden Endsp. mit 3 Fl. sehr stumpf zgsp., die Zspgfl. auf die Stfl. aufges. Neig. der Zspgfl. gegen die primitiven Fl. 144° 8′.

13) Binoternairer (binoternaire. fig. 131 und 32. De L'Isle var. 5, 6 u. 7.) var. 12 an den Ecken der im Zickzack liegenden Grundfl. ſtark zgſchrft, die Zſchrfgfl. auf die benachbarten Stfl. einer und derſelben Pyr. gerade aufgeſ. Eine Verbindung von var. 12. und var. 8.

14) Subtractiver (ſoustractif) var. 13., wenn die Zſchrffl. var. 8 ſo wachſen, daſs var. 9 daraus entſteht, die primitiven Fl. alſo nur als Abſtgfl. der Stk. einer ſtumpf 3ſ. zugeſp. 6ſ. Pyr. erſcheinen, auſserdem die Ecken der gemeinſchaftlichen Grundfl. abgeſt. Eine Verbindung von var. 11 und 12.

15) Flach pyramidaler, var. 12, wenn die primitiven Fl. ganz verſchwunden ſind, ſo daſs eine ſehr flache dpp. 3ſ. Pyr. die Stfl. der einen auf die der andern aufgeſ. daraus entſteht (ſelten) Wr.

16) Linſenförmiger. Es entſteht durch Zurundung der pyr. Fl. var. 15, eine ſphäriſche Linſe.

17) Hemitropiſcher. Breithaupt bemerkte eine Hemitropie von var. 8. Von zwey der Axe nach in einander geſchobenen Kryſtallen war der obere gegen den untern um ein Sechstel herumgedreht (Altenberg).

Die Kryſtalle *mittlerer Gröſse* und *klein.* Faſt immer *in Druſen zuſammengewachſen*, die, ſelbſt bey gröſsern Kryſtallen nicht ſelten das beſtimmte Erkennen erſchweren. Die Var. 9 u. 10 auch *einzeln aufgewachſen.* — Die Fl. *glatt*, var. 1, *nach der längern Diagonale geſtreiſt.* Am deutlichſten nimmt man dieſe Streifung bey der ſtumpfen Zuſp. var. 12 wahr. — Die Oberfl. der Kryſt. *ſpiegelfl.* u. *ſtarkgl.* (erſteres auch die Abſtgfl. var. 12) auch *glänzend* und *weniggl.* (auch die Abſtfl. var. 12, wenn ſie abgerundet ſind). *Metallgl.* Inwendig von *ſtark*- bis *weniggl.* — Brch. theils *dicht*, dann *klein und unvollk. muſchl.* (glänzend, der Metallgl. nähert ſich dann dem Wachsgl.) oder *von grobem und kleinem Korne* (weniggl.) theils, *mehr oder weniger blättr.* 4*f. Drchg.* deren 3 parallel mit den Flächen des primitiven Rhomboeder, der 4te beſonders deutliche, ſchneidet die Axe des Rhomboeders ſenkrecht, wird durch die Streifung angedeutet und zeigt ſtarkglänzende Fl. — Brchſt. *unſtimmteck, wenig ſchrfk.*, der blättrige *zuweilen faſt würfl.* — *ſtrahlförmig ſtängl.* in *dünn- und krumſchal.*, dann auch *grob-, klein- und feinkörnig abgeſ.* — Giebt einen *kirſchrothen*, zuweilen ins *röthl. braune übergehenden* Strich. — *Ritzt den Apatit, wird durch Quarz geritzt.*

— 4, 939 bis 5, 218 Briſſon, 5, 139 Kirvan, 5, 180 der ſtrahlförmig ſtängliche von Altenberg, 5, 246 der blättr. von Langbanshytta nach Breithaupt. — Erhält durch Reibung — E. Magnetiſch, doch nicht immer, und ſchwächer als der Magneteiſenſtein.

Unſchmelzbar, wird nur öfters etwas dunkler. Eiſenoxyd mit Sauerſtoff im Maximo. Nach Haſſenfraz enthält der Magneteiſenſtein 0, 76 Eiſen und 0, 24 Sauerſtoff, der Eiſenglanz 0, 69 Eiſen und 0, 31 Sauerſt., welche letztere Angabe mit der Beſtimmung von Berzelius, nach welcher im Eiſenoxyd Eiſen zum Sauerſtoff ſich verhält wie 100 : 44, 25, ſehr gut übereinſtimmt.

Der Eiſenglanz bildet eine höchſt eigenthümliche, durch Farbe, Anlaufen, kryſtalliniſche Struktur, Abſonderung und Strich ſehr ausgezeichnet beſtimmte Gattung. Sie war zwar ſchon den ältern Mineralogen bekannt, aber ſehr unvollſtändig, ſo daſs die eigenthümliche Kryſtalliſation den ſchwediſchen Mineralogen — Cronſtedt, Wallerius und Linnee — unbekannt war. Bey Cronſtedt kommt der Eiſenglanz mit dem nachfolgenden Eiſenglimmer offenbar zweymal vor, einmal unter den Blutſteinerzen (§. 201.) und einmal unter den magnetiſchen (§. 211.) und ſo ſind Romé de L'Isle und

Werner als diejenigen zu betrachten, die zuerſt die Gattung fixirt haben. Die genauere Kenntniſs der Kryſtalliſation verdanken wir den ſchönen Elbaer Stufen, die ſich beſonders durch die Varietäten 9—15 auszeichnen. Auf eine ſehr intereſſante Weiſe entwickelt Hauy, wie er von der frühern Vorausſetzung, als wenn die Kerngeſtalt ein vollkommener Würfel ſey, zu der Kenntniſs des wenig verſchobenen Rhomboeders, als des wahren Kerns gebracht wurde, und vorzüglich wichtig iſt die bey dieſer Gelegenheit zuerſt hervortretende Bemerkung, daſs, wo die primitive Geſtalt ein vollkommner Würfel iſt, da zeigen ſich Modificationen der Ecken und Kanten gleichförmig an allen, wo dahingegen auch nur eine kleine Abweichung von der Würfelform ſtatt findet, da treten die Veränderungen der Endſpitzen der Axe (Raumers Polecken) und der gegen ſie geneigten Kanten, verglichen mit den Veränderungen der Ecken und Kanten der in einem Zickzack gehenden gemeinſchaftlichen Grundfläche in einer ſehr beſtimmten Bedeutung hervor. Obgleich wir nun auf dieſe Weiſe durch Hauy zuerſt die kryſtalliniſche Struktur des Eiſenglanzes genauer kennen lernten, ſo entging ihm dennoch die völlig richtige Darſtellung derſelben, indem ihm der vierte Durchgang parallel mit der Diagonale der Rhomboederflächen, der ſich durch eine Streifung, beſonders der 3ſ. Zſpg. var. 12, zu erkennen giebt, unbekannt blieb, obgleich er unter allen bey weitem der deutlichſte iſt, und hier um ſo bedeutender, da er, indem er zunimmt und die übrigen verdrängt, den Uebergang in den Eiſenglimmer bildet, uns dadurch den Zuſammenhang der Kryſtalliſation durch die ganze Gattung, ja den Uebergang in den Eiſenrahm vermittelt. Die Kenntniſs dieſes Durchganges und ſeines Verhältniſſes zu den übrigen verdanken wir Werner. So ſichtbar und in die Augen fallend der Zuſammenhang der kryſtalliniſchen Formen des Eiſenglanzes auch iſt, ſo iſt er dennoch in jedem gegebenen Falle keinesweges leicht nachzuweiſen. Die Kryſtalle ſind beim erſten Anblick höchſt unregelmäſsig, beſonders ſind die Zuſchärfungen der 6ſ. Tafel, die ſchief angeſetzten Endflächen derſelben von der verſchiedenſten Gröſse, und Glanz und Farbenſpiel der druſenformig gruppirten Kryſtalle führen nicht ſelten irre. Bey den complicirten Elbaer Kryſtallen kann die geſtreifte flache 3ſ. Zſp., oft, wenn ſie zugerundet iſt, von matterm Anſehen, als Anhaltspunkt dienen.

Breithaupt führt es als merkwürdig an, daſs der Eiſenglanz mit gröſserem Sauerſtoffgehalt, als der Magneteiſenſtein, dennoch eine groſsere

Schwere hat, und ſeine Vermuthung, daſs dieſe ſcheinbare Anomalie von einer Beimiſchung des Titans (des Mangans wohl kaum) bei der letztern Gattung herrühren mag, ſcheint ſehr gegründet. — Es iſt merkwürdig, daſs der Eiſenglanz völlig getrennt iſt von dem Magneteiſenſtein, daſs ſich durchaus keinen Uebergang zwiſchen dieſen, in chemiſcher Rückſicht ſo nahe verwandten Gattungen bildet. Dahingegen fängt mit dem Eiſenglanz eine Reihe von Gattungen an, die durch mannichfaltige Uebergänge untereinander verbunden ſind und ſelbſt in die Kieſelreihe und Kalkreihe hineinragen. Er iſt in dieſer Rückſicht mit dem Bergkryſtall in ſeinem Verhältniſs zu ſo vielen kieſeligen Gattungen, mit dem Kalkſpath, der eben ſo an der Spitze einer ganzen Reihe von Gattungen ſteht, zu vergleichen. Von dem Uebergang zum Rotheiſenſtein ſoll unten die Rede ſeyn.

Fundort. Hauptſächlich in den Urgebirgen. Selten eingeſprengt, ſo daſs er (wie im Fichtelgebirge) die Stelle des Glimmers vertritt in dem Granit (nach Leonhard). Am häufigſten in Lagern mit Quarz, Hornſtein, Hornblende, Strahlſtein, Schwefelkies u. ſ. w. Zuweilen ſind dieſe Lager wohl ſo mächtig, daſs ſie zu Stückgebirgen anwachſen. Mit ähnlichen Begleitern in Gangen.

Die ſchönſten Kryſtalle kommen auf Elba, dieſer ſchon im Alterthume durch ihre reichen Eiſenerze berühmten Inſel vor (Plinius. 3. 6.), dann in Schweden (zu Gallivava, Lappmark, in Langbanshytta). Die Altenberger Kryſtalle im Erzgebirge ſind bekannt (var. 1, 8 und 18). In Böhmen zeichnen ſich die Presnitzer aus. Zu Iſerlohn im Berg'ſchen var. 10. Framont im Wasgauer Gebirge iſt beſonders durch die franzöſiſchen Mineralogen bekannt geworden. Hauy führt von daher var. 9 und 10 an. Var. 11 erhielt er aus der Dauphiné. — Hächſt merkwürdig iſt das Vorkommen in den Vulkanen in Sicilien, im ſüdlichen Frankreich. Auf Stromboli prachtvolle groſse Kryſtalle. Als den Vulkanen gehörig nennt Hauy var. 2 und 3.

Cronſtedt §. 201. Hämatites cärüleſcens (zum Theil) S. 217. §. 211. Minera ferri retractoria, tritura rubra. S. 224. Waller. 2. S. 241. gen. 53. ſpec. 327. Ferrum mineraliſatum, minera caeruleſcente, tritura rubente aut nigreſcente, magneti vel amica, vel retractoria. zum Theil. (offenbar mit Magneteiſenſteine verbunden.) Syſt. Nat. XII. 3. S. 139. Ferrum (decuſſatum) retractorium rubricoſum, rhombeo-ſtriatum (?) F. (virens) ſubretractorium rubricoſum, particulis impalpabilibus nitidis (?). De L'Isle 3. S. 186 u. i. Kirvan 2. S. 200. Hauy 4. S. 43. Tabl. compar. S. 94. u. 270. Reuſs 2. 4. S. 61. Mohs

3. S. 369. Brochant 2. p. 242. Tabell. Uebers. S. 64. Karsten S. 64. Brogniart 2. S. 189. Hausmann Handbuch. S. 256. Breithaupt 3. 2. S. 229. Mohs Charaktere S. 187. Jameson System. 3. S. 233. Leonhard Handb. S. 338.

Anmerkung. Die Eintheilung des Eisenglanzes in mehrere Arten, die beiden nachfolgenden ausgenommen, scheint überflüssig. Karsten nennt einen körnigen und schiefrigen. In wie fern Hausmanns muschlicher Eisenglanz — *eisen*-Schw. — *derb* — innw. *starkgl.* von einem Mittel zwischen *Metall*- und *Wachsgl.* — Brch. *grofs*- und *flachmuschl.* und von *sichtbar blättrigem* Gefüge — eine eigene Art zu bilden verdient, vermag ich nicht zu bestimmen, doch scheint mir die Beschreibung fast ganz auf manchen derben stark glänzenden Eisenglanz zu passen. Er ist in Norwegen gefunden. Ort und Vorkommen unbekannt. (scandinav. Reise. 2. S. 23).

b) EISENGLIMMER Wr. (ferre oligiste ecailleux. H.). *Eisen*-Schw. oft mit einem *Roth* in der Mischung (Annäherung zum rothen Eisenrahm) — *derb, eingesprengt,* krystallis. in dünnen 6s. Tafeln, *klein, mit den Endfl. drusenartig aufgewachsen* — *starkgl.* von *Metallgl.* — Brch. vom *Blättr. bis ins feinschuppige,* meist *krumm*-

und *wellenförmig gebogene Blätter.* — Brſt. *ſcheibenförmig* — *groſs- grob-* und *feinkörnig* abgeſ. St. — In dünnen Blättchen *dunkelroth durchſchnd.* — Strich *kirſchroth* — wird von der vorigen Art geritzt — *ſpr.* — *l. zrſprgb.* — 4,491 — 5,059 Kirvan. Zeigt ſelten ſchwache Spuren von Magnetismus.

Chemiſches Verhalten — wie das der vorigen Art. Der Eiſenglimmer von Suhl (Mittel zwiſchen dieſem und rothen Eiſenrahm) iſt nach Buchholz reines Eiſenoxyd. Dieſe Art entſteht aus der vorigen, indem der Drchg., der die Axe des Rhomboeders ſchneidet, die übrigen völlig verdrängt. Die Var. 5 des gemeinen Eiſenglanzes iſt in dieſer Rückſicht dem Eiſenglimmer am meiſten verwandt; auch verſchwindet die hellere ſtahlgraue Farbe und es bildet ſich bei den entſchiedenen und ſehr ſchmalen Tafeln, an welchen man nur mit Mühe die Spuren der Zſchrfg. der Endſl. noch wahrnimmt, ein Uebergang in der dunkelen eiſenſchwarzen Farbe. Der Eiſenglimmer geht durch Zunahme der rothen Farbe, und indem der Metallglanz ſich verliert, die Sprödigkeit abnimmt, in rothen Eiſentahm über.

Fundort. Das Vorkommen mit dem vorigen wohl meiſtens übereinſtimmend, ſo mit dieſer auf Elba — in Gängen, wie auf Lagern. Die auegezeichnetſten und am meiſten bekannten Fundörter ſind, in Schweden Norberg, in Ungarn Dopſchau und Poratſch, in der Oberpfalz, am Harz (Zorge, Ilfeld u. ſ. w.). Sehr häufig, nach Humboldt, bey Somberete in Mexico, in Chili u. ſ. w.

Cronſtedt ſiehe oben mit Eiſenglanz (Eiſenglimmer, Eiſenmann). Waller. 2. S. 242. gen. 3. ſpec. 328. Ferrum mineraliſatum, minera micacea, ſquamoſa, griſeo ſeu ferreo nitens, tritura humida rubra. Mica ferrea. Syſt. Nat. XII. 3. S. 139. Ferr. (micaceum) intractabile rubricans, micaceum, nitens. Kirvan 2. S. 227. Hauy 4. S. 31. Reuſs 2. 4. S. 71. Mohs 3. S. 378. Brochant 2. S. 247. Tabell. Ueberſ. S. 64. Karſten S. 64. Brogniart 2. S. 162. Hausmann Handb. S. 258. Breithaupt 3. 2. S. 236. Iameſon Syſtem 2. S. 240. Leonhard. Handb. p. 338.

c) GLANZEISENSTEIN Mohs — *Eiſen*-Schw. — *derb*, *nierenförmig*, *knollig* — äuſserlich *meiſt weniggl.* und *matt* — innw. *glänzend*, zuweilen *ſtarkgl. Metallgl.* — Brch. *unvollk. ſtrahlig* ins *grob*- und *büſchelſörmig auseinanderlaufend faſrige*, zuweilen (nicht immer) ins *klein*- und *ſchuppig* — *blättr.* übergehend. — Die Strahlen und Faſern aus aneinander gereihten Schuppen gebildet (Hausm.) — *krumm*, theils *dick*- theils *dünnſchaalig* abgeſ., ſo daſs dieſe Abſndrg. den faſrigen Brch. durchſchneidet (Glaskopfstruktur) — Strich *röthl.-Br.* — *Härte* zwischen der des Eisenglanzes und des Rotheisensteins — *Schwere* eben so.

Ich habe dieser Art, von Mohs zuerst als eine eigene Gattung aufgeführt, diese Stelle deswegen angewiesen, weil sie, auf die nehmliche Weise einen Uebergang in den rothen Glaskopf bildet, wie der Eisenglimmer in den rothen Eisenrahm. Die Bemerkung von Hausmann, dass die Strahlen und Fasern durch aneinander gereihte Schuppen gebildet werden, trifft das Eigenthümliche dieser Art sehr genau. Der grosse Meister der Oryktognosie, der diese Art zuerst als eine eigene Gattung fixirte, wird wahrscheinlich gegenwärtig wenig Werth auf diese Sonderung legen. Wir aber, die wir uns noch überzeugt halten, dass das bestimmte Herausheben eigenthümlicher Gebilde, als eigene Gattungen, für die Oryktognosie sehr wichtig sey, finden Sonderungen der Art nothwendig.

Fundort. Wahrscheinlich an mehrern Orten mit Rotheisenstein. Am Ausgezeichnetsten am Harze (Tilkerode und Zorge).

Mohs 3. S. 387. Tabell. Uebers. S. 65. Hausmann Handb. S. 259. Leonhard Handb. S. 338.

5.

ROTHEISENSTEIN Wr. (Fer oxydé H. zum Theil).

a) ROTHEISENRAHM Wr. (Fer oxydé rouge luisant. H.). Ein Mittel zwischen *dunkel stahl-Gr.* und *bräunl.*-R., so dass es einerseits ins *dunkel* und *lichte kirsch-* und *blut*-R., andererseits in *dunkel stahl*-Gr. übergeht — *derb, eingespr.* als *Ueberzug* — *zerreiblich* — *glänzend. halbmetallisch* — aus *klein-* und sehr *kleinschuppigen* Theilen bestehend — zuweilen *drchschnd.* — *stark abfärbend*, mitunter *weniger* — *mehr oder weniger zusammengebacken* — *fühlt sich sehr fettig an* — *schwer in sehr geringem Grade.*

Geglühet roth, vor dem Löthrohre schwarz — unschmelzbar — 66,00 Eis., 28,50 Sauerst., 4,25 Kiesel, 1,25 Thonerde. Henry. Ohne allen Zweifel ist die Beimischung von Erden als zufällig zu betrachten.

Der Rotheisenrahm hat die Benennung durch die Bergleute erhalten, um dadurch das leichte, zerreibliche, fettige Wesen anzudeuten. Die Art bildet, wie früher bemerkt ward, den Uebergang in Eisenglimmer und wo die Schuppen glänzender und dunkler werden, kann man sie als weich und

tetfettig gewordene 6f. Tafeln des Eisenglimmers betrachten. In der That lassen sich alle Stufen des Ueberganges nachweisen, ein Verhältniss, welches sich bei diesem Oxyde wiederholt, wie wir es bei Grau-Spiesglanzerz bei seinem Uebergang zu Roth-Spiesglanzerz fanden.

Fundort. Gänge und Lager. Meist bildet er sich in Höhlen beider, begleitet von Quarz, Kalk-Braun-Schwerspath, späthigem Eisenstein und leicht verwitterndem Schwefelkiese. Im Ganzen nicht häufig. In Sachsen in mehrern Gängen des Freiberger Reviers, zu Johanngeorgenstadt u. s. w. Im Siegenschen, am Harze (Zorge, Andreasberg), in Schweden (Norberg) u. s. w. als Begleiter der übrigen Arten des Rotheisensteins.

Cronstedt §. 203. S. 219. schuppenartiger rother Glaskopf. Eisenrahm — Waller. 2. spec. 333. Ferrum ochraceum mineralisatum rubrum, minera squamosa, mollis, inquinans, magneti retractoria Haematites micaceus. S. 248. — Syst. Nat. XII. 3. S. 141. Ferr. (rubricosum) intractabile rubricans rubrum, punctis impalpabilibus nitidis. — De L'Isle 3. S. 281. Kirvan 2. S. 213. Hauy 4. S. 51. Tabl. compar. S. 96. Reuss 2. 4. S. 76. Mohs 3. S. 385. Brochant 2. S. 249. Tabell. Uebers. S. 65. Karsten S. 66. Brogniart 2. S. 164. Hausmann Handb. S. 261. Breithaupt 3. 2. S. 239. Iameson 3. S. 248. Leonhard Handb. S. 340.

b) ROTHER EISENOCHER W. (Fer oxydé rouge grossier H.). — Lichte *Bräunl.* ins *Blut*-R. — *derb* — als *Ueberzug* — *zerreibl.* — *aus matten schwach schimmernden staubartigen* Theilen — *stark abfärbend* — *mehr oder weniger zusammengebacken* bis *fest* — *milde* — *fühlt sich fettig an* — *schwer*, zuweilen *weniger*.

Reines Eisenoxyd, wohl nur zufällig mit andern Fossilien gemengt.

Durch die Farbe, die etwas sehr Eigenthümliches hat, so wie durch die Zerreiblichkeit und durch die matten staubartigen Theile ist diese Art leicht zu erkennen. — Ein allgemeines Kennzeichen für alle losen, erdigen Metalloxyde, welches von ausgezeichnetem Werth ist, bleibt immer das Vorkommen. Denn da diese Fossilien höchst selten für sich vorkommen, meist nur durch Zerfallen aus dichtern Massen entstanden sind, da diese ihre steten Begleiter sind, so zeigt das Vorkommen die Entstehung und dadurch die Natur des Fossils an, und zwar eben bei solchen, deren specifische Kennzeichen sich schwer darstellen lassen, so dass sie meist nur durch die Farbe zu unterscheiden sind.

Vorkommen. In kleinen Parthien, sehr selten in mächtigern Massen, beständig von den dichtern Arten begleitet, aus diesen entstanden.

Harz (Zorge, Wiede, Andreasberg). In den Rotheisensteingängen im Erzgebirge, ausgezeichnet am Irrgange bei Platten auf sächsisch-böhmischer Grenze (Breithaupt). — Von Eisenglanz begleitet bei Framont (Hauy).

Kirvan 2. S. 212. Hauy 4. S. 132. Tabl. comp. S. 95. Reufs 2. 4. S. 83. Brochant 2. S. 256, 271. Tabell. Uebers. S. 65. Karsten S. 66. Brogniart 2. S. 166. Hausmann Handb. S. 262. Breithaupt 3. 2. S. 242. Iameson System 3. S. 245. Leonhard Handb. S. 340.

c) DICHTER ROTHEISENSTEIN. Mittel zwischen *dunkel stahl*-Gr. und *blut*- und *dunkel blut*-R. — *derb*, *eingesprengt*, *spieglich* (zwey spiegliche Flächen sich dicht bedeckend) in Afterkrystallen:

1) Des metastatischen Kalkspaths (2ter Th. S. 36. var. 10).

2) Von Schwefelkies- und Flufsspathwürfeln, auch mit abgestumpften Ecken.

Die Krystalle *mittl. Gröfse* und *klein*, *zusammengewachsen* und als *Drusen*, *oft inwendig hohl*, die Würfel oft mit *gebogenen Flächen*. — Der spiegliche *glatt* und *spiegelflächig glänzend*, sonst *schwachschimmernd* und *matt* — der Glänzende *halbmetallisch* — Brch. *dicht*, *eben* ins *flachmuschl.* auch ins *unebene* von *groben und kleinen Korne* bis ins *erdige* (an den rothen Eisenocher angrenzend). Zuweilen im Grossen *dickschiefrig.* — Brchst. *unbest. eck.* mehr oder weniger *scharfk.* — *undrchstg.* — Strich *blut*-R. — *hart* ins *halbharte,* zuweilen ins *weiche* (meist mit erdigem Brch.) — wenig *spröde* — *leicht* und *nicht snd. schw. zrsprb.* — 4,232 Breithaupt.

Wird durch Glühen (in ein Oxydul verwandelt) magnetisch — Unschmelzbar — 70,5 Eisen. 29,5 Sauerstoff. Bucholz, der dichte Rotheisenstein in würflichen Afterkrystallen von Töschnitz im Thüringerwalde — 65,4 Eisenox. 2,7 Manganox, 20,7 Kiesel, 9,3 Thon. Lampadius. Die Beimischungen müssen als zufällig betrachtet werden.

Der dichte Rotheisenstein nähert sich zwar dem Eisenglanz, bildet aber keinen so deutlichen Uebergang in diesen, wie die nachfolgende Art. Oefters erzeugt er durch Zerfallen den rothen Ocher. Die Afterkrystalle sind oft wahre (innerlich hohl) oft Metamorphosen des Schwefelkieses. Dann zeigen die Würfel, obgleich seltener und nie so deutlich wie beym dichten Brauneisenstein, Spuren der widersinnigen Streifung. Diese Streifung verschwindet nehmlich fast immer bey dieser Art, durch die eigenthümliche

Neigung ſpieglich - glänzende Flächen, die oft bauchig ſind, zu bilden. Von ſolchen Flächen findet man oft zwey ſich bedeckend, als eine oberflächliche Neigung zur ſchaaligen Abſonderung und dieſe eigenthümliche Bildung ſcheint mir ein weſentliches Merkmal zur Unterſcheidung dieſer Art von dem dichten Brauneiſenſtein. Sie findet ſich faſt immer bey den Afterkryſtallen, ſeltener bey den derben Maſſen, obgleich dann die Flächen ausgezeichneter und glänzender erſcheinen. In der hieſigen Sammlung iſt eine Afterkryſtalliſation des binairen Kalkſpaths (1ter Th. S. 37), äuſserſt deutlich. Die Maſſe dieſer Kryſtalle iſt zwiſchen ſtahlgrau und eiſenſchwarz, völlig metalliſch und mit einer Haut von rothem Eiſenocher überzogen, alſo mehr Afterkryſtalle des Glanz- als des Rotheiſenſteins. Auch die ſchuppig - ſtrahlige, ins blättrige übergehende Struktur läſst ſich deutlich erkennen. Dieſe erzeugt ſich aus einem dichten Rotheiſenſtein. Der Fundort iſt mir unbekannt.

Fundort. Begleitet von der nachfolgenden Art und von rothem Eiſenocher kommt dieſe Art in Ur- und Uebergangsgebirgen vor. Sie zeigt ſich faſt immer als die urſprünglichſte Hauptmaſſe, aus welcher durch Kryſtalliſation der faſrige Rotheiſenſtein (doch ſo daſs dieſe Neigung zur kryſtalliniſchen Struktur auch nicht ſelten in dichten Maſſen ſelbſt zum Vorſchein kommt), durch Zerfallen der Ocher, vielleicht durch eine Art Sublimation der Eiſenrahm ſich bildet. Es verſteht ſich von ſelbſt, daſs dieſe Bildungen mannichfaltig modificirt vorkommen, daſs zuweilen mitten in der derben Maſſe, wie faſrige Struktur, ſo Eiſenocker, ja Eiſenrahm ſich vorfinden. Doch haben wohl immer in den älteſten Erzeugniſſen die dichten Maſſen entſchiedenes Uebergewicht, walten meiſtens allein vor. Dieſe ſind es nun auch, die den Rotheiſenſtein mit den kieſeligen Bildungen überhaupt verbinden, und wie der Kieſel mit dem Eiſen ein reines metalliſches Product erzeugt (den Stahl), ſo ſcheinen, wie aus einer gemeinſchaftlichen Quelle ſich Eiſenſteine, wie kieſelige Foſſilien zu bilden, ſo ſind Eiſenkieſel, Quarz, Hornſtein, Iaspis vorzüglich die Begleiter der dichten Rotheiſenſteinmaſſen. Ja mit dem Eiſenkieſel (dem rothen nehmlich) wechſelt er zuweilen in dünnen Lagen ab und bildet nicht ſelten ein inniges Gemenge mit ihm. Er iſt ſo ein ſehr häufiges Erzeugniſs, vorzüglich der älteſten (Ur- und Uebergangs-) Gebürge, auf dem Harz z. B. (Ilfeld, Zorge, Wiede, Andreasberg), ſehr ausgezeichnet, im Erzgebirge zu Schellenhorn bey Altenberg, der schiefrige und spiegliche zwischen Reichmannsdorf und Maira in der Nähe von Saalfeld in Thüringen, im Badenschen bei Villingen, im Westerwald, als Lager in Urgrünstein, in bedeutenden Massen, bey Ulverstone in Lancastershire nach Iameson u. s. w.

Cronstedt S. 217. §. 201. dichter Blutstein. Waller. 2. S. 246. spec. 33. a. Hämatites ruber solidus. Minera martis rubra 6. H. ruber solidus purpureus. Syst. Nat. XII. 3. S. 140 mit dem Brauneisenstein und ohne Trennung von der nachfolgenden Art. Kirvan. 2. S. 210. Hauy Fer oxydé hematite 4. S. 131 fer oligist. compacte. Tabl. comp. S. 95. Reuss 2. 4. S. 79. Mohs 3. S. 386. Brochant 2. S. 251 Itabell. Uebers. S. 64. Karsten S. 66. Brogniart 2. S. 165. Hausmann Handb. S. 261. Breithaupt 3. 2. S. 243. Iameson 3. S. 247. Leonhard Handb. p. 340.

d) FASRIGER ROTHEISENSTEIN (ROTHGLASKOPF) Wr. Ferr oligiste concretioné H. Mittel zwischen *dunkel stahl* - Gr. und *bräunl.* — oder *blutroth* — *derb*, in *stumpfeckigen* Stücken *als Geschiebe.* — Am häufigsten *halbkugelförmig, nierförmig, traubig, tropfsteinartig, mit Eindrücken*, und in Afterkrystallen:

a) Des metastatischen Kalkspaths, wie die dichte Art.

b) Würfliche Quarzkryſtalle (metamorphoſirte) mit einem Ueberzug von Glaskopf. Dieſe Form muſs betrachtet werden, als dem Glaskopf zukommend (Breithaupt). Die äuſsere Oberfl. der beſondern Geſtalten *glatt* ſelten *zartdruſig* und mit kleinen, durch Eiſen roth gefärbten Bergkryſtallen beſetzt. — Die glatte Oberfl. meiſt *glänzend*, dann oft *dunkel, faſt ſchwarz*, oft *ſtark ſchimmernd*, auch *matt* (mit Ocher überzogen) — innwend. *wenigglänzend, ſchimmernd* von *halbmetalliſchem* Glanze — Brch. *büſchelförmig* und *ſternförmig auseinanderlaufend*, ſelten *gleichlaufend faſrig* — meiſt *höchſt zart* — oft auch *grobfaſrig* (Uebergang in den ſchuppig ſtrahligen Bruch des Glanzeiſenſteins) — Gewöhnlich *grad*- ſelten etwas *krummfaſrig* — Brchſt. *keilförmig* oder *ſplittrig* — Abſndrg. — *groſs- grob-* und *kleinkörnig* ins *keilförmig ſplittrige* — die ſich nach der äuſsern Oberfläche zu *runden* und eine *gebogene dick- bis dünnſchaalige* Abſndrg. bilden, welche den *faſrigen Bruch durchſchneidet* (Glaskopfſtruktur) — Die Abſndrfl. *glatt, glänzend* bis *ſtarkgl.* und oft *ſchwarz*, wie äuſsere Oberfl. — *undrchſtg.* — Strich *blut-R.* — *hart* im geringen Grade — *mehr oder weniger schw. zrsprb.* — 4,740 Gellert, 4,898 Brisson, 4,658 Karsten, 4,873 Breithaupt.

Unschmelzbar. Eisenox. 90, Manganox. eine Spur, Kiesel 2, Kalk 1, Wasser 3 von Framont. Eisenox. 94, Manganox. eine Spur, Kiesel 2, Kalk eine Spur ebendaher. D'Aubisson. Also wahrscheinlich reines Eisenoxyd, da die übrigen Bestandtheile wohl nur als zufällig zu betrachten sind.

Der fasrige Rotheisenstein (unter dem Nahmen Glas- (Glanz-) kopf, Blutstein, vorzüglich bekannt) gehort zu den merkwürdigsten Bildungen. Die höchst eigenthümliche Gestaltung wiederholt sich durchaus, doch nicht ohne merkwürdige Modification bey dem Brauneisenstein. Die oryktognostische Krystallographie hat nicht bloss die Aufgabe, die stereometrische Regelmässigkeit der Gestaltung und die mathematisch zu bestimmende Gesetzmässigkeit der Abänderungen der Krystallformen der nehmlichen Gattung auszumitteln, sondern auch die Bildungsart, selbst da, wo durch diese ein allgemeiner Typus der Form, der alle eigenthümliche krystallinische Struktur zu überwinden oder zurückzudrängen vermag, auf eine entschiedene Weise hervortritt. Die Glaskopfstruktur, die sich bey den verschiedensten Fossilien, so bey Rotheisenstein,

Brauneiſenſtein, Graubraunſteinerz und den mit ihm nahe verwandten Schwarzeiſenſtein, Malachit, ja ſo höchſt deutlich bei dem Natrolith, ſich vorfindet, iſt eine ſolche ſehr beachtungswerthe Bildung. Der Glaskopf bildet ſich in Lagern und Gängen aus ſchon vorhandenen derben, dichten Maſſen, wie die edlen Erze aus den Schwefelmetallen und ohne allen Zweifel entſtehen ſie aus dem nach und nach heranwachſenden Rückſtand verdunſtender Tropfen. Es bilden ſich beſtimmte Mittelpunkte, von wo aus die ſtrahlenförmigen Linien ſich anſetzen, offenbar durch einen elektriſch-magnetiſchen Proceſs. Entſteht die ſchaalige Abſonderung durch eine theilweiſe Unterbrechung des Bildungsproceſſes, die dennoch die urſprüngliche Richtung bey einem neuen Anſatz nicht aufzuheben vermag? — oder iſt ſie durch eine mit der Bildung ſelbſt gegebene abwechſelnde Hemmung bedingt? Klar iſt, daſs dieſe ganze Form einen Gegenſatz bildet, gegen den dendritiſchen des gediegenen Goldes, Silbers, Kupfers. — Iſt dieſe eine poſitiv-elektriſche, ſo trägt jene durchaus das Gepräge einer negativ-elektriſchen Bildung. — Auch bey den gediegenen Metallen müſſen die verſchiedenen Kryſtallformen ſich dem nehmlichen Typus der Form unterwerfen. Wenn bey dieſen aber die Richtung der poſitiven Elektricität sich durch die abweichenden Winkel des Ansatzes magnetischer Nadeln zu erkennen giebt, so legen dieselben Nadeln, bey den oxydirten Metallen, sich dicht aneinander, um sich gemeinschaftlich zu runden. So zeigt sich, wie allenthalben, bey den dendritischen Formen, das Streben von dem Mittelpunkt nach der Peripherie, ein Streben, welches sich selbst auf verschiedenen Punkten von Neuem erzeugt, da die Glaskopfstruktur dahingegen offenbar die entgegengesetzte Richtung von der Peripherie nach dem Centro zu, andeutet. Daſs nun die dendritische Gestalt bey dem Reductionsproceſs hervortritt, während die Glaskopfstruktur erst sich da zeigt, wo eine vollendete Oxydation das Metall ergriffen hat, ist für die höhere physische Theorie solcher Bildungen sehr bedeutend. Die stalactitischen, halbkugelförmigen und nierförmigen Gestalten bilden sich nicht selten von colossaler Gröſse und die splittrigen Bruchstücke, die, je zartfasriger sie sind, je mehr der halbmetallische Glanz sich dem metallischen nähert, desto entschiedener die schaalige Absonderung zurückdrängen, erreichen zuweilen $1\frac{1}{2}$ Fuſs Länge. Merkwürdig ist die innerlich aus einer Quarzmasse bestehende würfliche Afterkrystallisation, denn wir müssen nothwendig eine zweyfache Verwandlung annehmen, da die

Würfel des Rotheisensteins selbst secundäre Bildungen sind. Erst muss eine Metamorphose des Schwefelkieses stattgefunden haben, wenn der ursprüngliche Würfel ein Schwefelkies war, oder eine Auflösung, wenn es ein Flussspathwürfel war, dann erst die zweyte Ausfüllung durch eine Quarzmasse. Dass diese Würfel aber wirklich ursprüngliche wären, wie Hauy und Hausmann annehmen, dass es etwa die dem Eisenglanz zukommende, dem Würfel nahe rhomboedrische Kerngestalt wäre, will uns nicht einleuchten, Es sind hier, wie beim Brauneisenstein, vollkommene Würfel, die ihren Ursprung, wo wir sie fanden, durch Metamorphose oder secundaire Ausfüllung würflicher Räume deutlich genug zeigten. Wir müssen gestehen, dass wir es nicht billigen, dass diese Afterkrystalle als dem fasrigen Rotheisensteine sugehörig, aufgeführt sind. — Wo sie hervortreten, verschwindet die eigenthümliche Struktur dieser Art, und der Glanz, so wie die Spuren der schaaligen Absonderung können um so weniger gelten, da sie bey der spieglichen Abänderung der dichten Art auch vorkommen.

Fundort. Ueber das Vorkommen dieser Art mit dem dichten Rotheisenstein haben wir schon gesprochen. Ob sie in Lagern vorkommt, scheint noch nicht ausgemacht. Ausgezeichnet ist ihr Vorkommen in sehr mächtigen Gängen, wo sie Stalactiten, halbkugelförmige und nierförmige Gestalten von beträchtlicher Gröſse bildet, so vorzüglich, bey Zorge und Wiede auf dem Harz, auch bey Lauterberg, Andreasberg. In Sachsen zu Johanngeorgenstadt, Eibenstock, Schneeberg, Marienberg u. s. w. In Böhmen am Irrgange bey Platten. Mit dem Eisenglanz bey Framont, bey Ulverstone in Lancastershire, bey Bristol in Gloucestershire. Im altaischen Gebirge, mächtig nach Pallas — in Mexico.

Cronstedt §. 203. S. 219 rother Glaskopf 3. 1. aus zusammenhängenden runden Theilen, die entweder eine glatte oder vielseitige Fläche haben. Waller. 2. S. 240. Hämatites c) fibrosus d) hemisphäricus. Kirvan 2. S. 208. Hauy 4. S. 129. Tabl. comp. S. 95. Reuſs 2. 4. S. 82. Mohs 3. S. 387. Brochant 2. S. 261. Tabell. Uebers. S. 66. Karsten S. 65. Brogniart 2. S. 164. Hausmann Handb. S. 259. Breithaupt 3. 2. p. 246. Iameson System. 3. S. 250. Leonhard Handb. S. 337.

6.

ROTHER THONEISENSTEIN Hausmann (Thoneisenstein Wr. zum Theil).

a) RÖTHEL Wr. (Argile ocreuse rouge graphique H.). *Lichte bräunl.*, zuweilen mit einem ſchwachen Uebergang in das *kirſch*-R. — *derb*, in *ganzen ſchmalen Lagern* — Hauptbr. *unvollk.* meiſt *etwas dickſchiefr.* und *ſchwachſchimmernd* (von beigemengten Theilen), Queerbr. *feinerdig* und *matt* — Brchſt. *ſcheibenf.*, dem *ſplittr.* nahe — Strich *lichte blut*-R. — *färbt ab und ſchreibt* — *weich* ins *ſehr weiche* — *wenig milde* — *l. u. nicht ſnd. ſchw. zrſprgb.* — 3,805 Ullmann, 3,109 der von Kaulsdorf Breithaupt.

Wird geglüht ſchwarz und magnetiſch. Eine Miſchung von Kieſel, Thon und rothem Eiſenoxyd.

Der Röthel iſt eine ſehr eigenthümliche Art dieſer Gattung, durch Farbe, Bruch, Strich, Abfärben, leicht zu erkennen und ſein Urſprung aus dem Thonſchiefer, durch Ueberhandnahme des Eiſenoxyds, entſchieden. Sein Gebrauch als Rothſtift hat ihn allgemein bekannt gemacht.

Fundort. Das bekannteſte und am meiſten ausgezeichnete Lager (ſchmal zwiſchen Grauwacken- und Uebergangsthonſchiefer gelagert) iſt bey Kaulsdorf in der Nähe von Saalfeld in Thüringen. Auſserdem Schleſien, Salzburg, Ielchanſk in Siberien.

Kirvan 2. S. 264. Hauy 4. S. 666. Reuſs 2. 4. S. 124. Mohs 3. S. 418. Brochant 2.

S. 271 tabell. Ueberf. S. 66. Karften S. 66. Hausmann Handb. S. 265. Breithaupt 3. a. S. 275. Iamefon 3. S. 297. Leonhard Handb. S. 341.

b) JASPISARTIGER THONEISENSTEIN Wr. *roth-Br.* ins *bräunl.*-R. — *derb* in *ganzen Lagern* — innw. *ftarkfchimmernd* dem *wenigglänzenden* nahe — Brcb. *eben* ins *grofs-* und *flachmufchl.* — Brchft. *trapezoedrifch* ins *faft würfliche* — im kleinen *unbeft. eck. fchrfk.* — *Halbhart* — *etwas fpröde* — *n. fnd. fchw. zrfprb.* — 3,194 Breithaupt.

Nicht chemifch unterfucht. Ohne allen Zweifel ein Gemifch von einem kieflich-thonichten Foffil mit Eifenocker.

Von Rechtswegen wird der jafpisartige Thoneifenftein als eine eigene Art bezeichnet. Er bildet allerdings einen Uebergang in Jafpis, ja felbft in den rothen Eifenkiefel, wird aber befonders durch die beträchtlichere Schwere gefondert und hat eine grofse Aehnlichkeit mit den die folgenden Art begleitenden derben Maffen, nur dafs der Glanz fehlt.

Fundort. Diefe Art ift fehr felten und was in den Sammlungen vorkommt, meift unächt. Man kennt nur einen Ort — Fifchau im Oeftreichifchen — wo fie vorkommt. Sie bildet dort Lager, welche auf dem dortigen Uebergangskalksteine aufliegen, und mit dem, einer ziemlich alten Steinkohlenformation angehörigen Sandsteine bedeckt sind (Mohs).

Reuss 2. 4. S. 126. Mohs 3. S. 422. Tabell. Uebers. 66. Karsten 66. Hausmann Handb. S. 264. Breithaupt 3. 2. S. 277. Iameson 3. S. 284.

c) STÄNGLICHER THONEISENSTEIN. W. (fer oxydé rouge bacillaire H.) *Bräunl.* oft auch *kirsch-R.* ins *Schwarze,* mit einer Neigung zum *taubenhalsig bunt angelaufenen* — *derb* — *matt* — *groberdig,* einerseits — der nicht abgesonderte — ins *ebene* und *flachmuschl.* — andererseits ins *unebene von verbranntem Ansehen* — seltener *sehr dick* und *dick,* meist *dünn* und *sehr dünn* bald *unvollk.* bald *vollk.* — *mehr oder weniger gebogen, stängl. abges.,* zuweilen laufen diese gebogen stängl. Absndr. *federartig* unter einem spitzen Winkel zusammen und in entgegengesetzter Richtung auseinander — Absndrfl. *rauh* und *matt* — Brchst. der unabgesonderte, *unbest. eck. zieml. stumpfk.* — Strich *lichter, dem blutrothen* nahe — ritzt kaum den Kalkspath — *spröde* — der abgesonderte *ungemein leicht zersprb.* indem die stänglichen Absndr. mit der größten Leichtigkeit auseinander fallen, der unabſnd. *z. l. zrſprb. — Hängt etwas an der Zunge — klingt etwas in langen Stängeln — fühlt ſich ſehr rauh an* — 3,126 der lichte bräunl. rothe, 3,163 der vollk. bräunl., 3,422 der ſchwarze. Breithaupt. Wirkt deutlich auf den Magnet und die ſtänglichen Abſonderungen zeigen nicht ſelten ausgezeichnete Polarität.

Wird vor dem Löthrohr ſchwarz. Ohne allen Zweifel oxydulirtes Eiſen mit Kieſel und Thon. Nach Sage nur 0,17 Eiſen.

Man kann die unabgeſonderten, derben Stücke dieſer ausgezeichneten Art nicht von den Uebrigen trennen. Die beſtimmte Farbe, das trockene verbrannte Anſehen, der Strich und die geringere Schwere, durch das Verbrennen entſtanden, ſondern auch dieſe derben Maſſen von der folgenden Art. Werner's Behauptung, daſs er, wie der Porcellanjaſpis, mit welchem er vorkommt, durch Erdbrände gebildet ſey, leidet keinen Zweifel, das Anſehen, wie das Vorkommen ſpricht entſcheidend dafür. Ohne allen Zweifel iſt dadurch das Eiſenoxyd in Eiſenoxydul verwandelt, daher der Magnetismus.

Die Stücke der hieſigen Sammlung, aus Böhmen, ſind faſt ſämmtlich magnetiſch, und zwar nicht bloſs die abgeſonderten, auch nicht allein die ſchwärzern (ſtärker verbrannten), ſondern auch die lichtern Abänderungen. Einige zeigen deutliche Polarität. Er ist aus gemeinem Thoneisenstein entstanden.

Fundort. Wo Erdbrände sind: so im Leutmeritzer Kreis (Strackowa und Schwindschitz), im Saatzer Kreis (Hoschnitz, Delau), Saarbrücken (der sogenannte brennende Berg bei Duttweiler), Oberpfalz ohnweit Amberg. Er soll aber auch, nach Iameson, auf der Insel Arrau vorkommen, (im Frith of Clyde) in einer Gegend, die nicht vulkanisch ist. Hat er da vollkommen das verbrannte Ansehen der wahren Art? Wir zweifeln.

Kirvan 2. p. 218. Hauy 4. p. 132. Reuss 2. 4. p. 115. Mohs 3. p. 419. Brochant 2. p. 273. Tabell. Uebers. p. 66. Karsten p. 66. Hausmann Handb. p. 264. Breithaupt 3. 2. p. 278. Iameson 3. p. 279. Leonhard Handb. p. 241.

d) ROTHER GEMEINER THONEISENSTEIN W2. zum Theil (fer oxydé rouge massif. H. zum Theil) — *Bräunl.* in *blut*-R. bis in *röthl.* mit einer Annäherung zum *nelken*-Br. — *derb*, in *ganzen Lagern mit Versteinerungen* (neue, noch vorhandene Gattungen von Schnecken und Muscheln) mit *Abdrücken von meist verkohlten Schilfarten* und *Gräsern* — *matt* — Brch. *feinerdig*, oft ins *gross- und flachmuschl.* — aus diesem ins *ebene*, ſeltener ins *unebene von feinem Korne* — Brchſt. *unbeſt. eck. ziemlich ſtumpfk.* — *weich bis ſehr weich* — *milde bis nicht ſndrl. ſpr.* — *z. l. zrſprb.* — 4,204 der faſt bräunl. rothe, als Verſteinerung von Wehrau — Breithaupt.

Vor dem Löthrohr ſchwarz. Enthält Eiſenoxyd. Der Eiſengehalt nach Werner 0,30 bis 0,40.

Werner hat dieſen Thoneiſenſtein, ſo wie die folgenden Arten mit dem braunen Thoneiſenſtein verbunden. Hausmann hat das Verdienſt, zuerſt auf eine befriedigende Weiſe gezeigt zu haben, daſs man den Brauneiſenſtein und die mit ihm verwandten Thoneiſenſteine von dem rothen, als Eiſenhydrate trennen muſs und in der That iſt dieſe Trennung nicht bloſs chemiſch, ſondern auch oryktognoſtiſch, ja geognoſtiſch begründet, wie ich mich in der Folge zu zeigen bemühen werde. Der rothe gemeine Thoneiſenſtein bildet Uebergänge in Thonſtein, mit dem dichten Rotheiſenſtein in rothen Jaſpis, und aus dieſem ſelbſt in Carneol, ſo wie andererſeits in rothen Eiſenkieſel. Freilich finden ſich auch Uebergänge in den braunen Thoneiſenſtein.

Fundort. In Flözgebirgen, wie in Böhmen, auf dem Harz. Da in den meiſten Handbüchern der rothe und braune Thoneiſenſtein mit einander verbunden ſind, ſo iſt es ſchwer, die Fundörter mit Beſtimmtheit zu bezeichnen. Die meiſten gelten von dem braunen.

Kirvan 2. p. 214. Reuſs 2. 4. p. 127 (zum Theil mit dem braunen verbunden). Mohs 3. p. 422 eben ſo. Brochant 2. p. 276 eben ſo. Tabell. Ueberſ. p. 67 eben ſo. Karſten p. 66 eben ſo. Hausmann Handb. p. 264. Breithaupt 3. 2. p. 380 (mit dem braunen verbunden). Iameſon 3. p. 285 eben ſo. Leonhard Handb. p. 241.

Anhang. Da der rothe gemeine Thoneiſenſtein zuweilen abwechſelnd zwiſchen Sandſtein- und Kalkflötzen vorkommt, ſo findet man, wie nach Hausmann auf dem Harz, Mergel ſtatt Thon. Doch bildet dieſer rothe Mergeleiſenſtein kaum eine eigene Art. Bey Elbingerode kommt, nach Hausmann, ein inniges Gemenge von ockrigem Rotheiſenſtein und dichtem Kalkſtein in bedeutenden Lagermaſſen vor — *dunkelſtahl*-Gr. *blut- bräunl.*-R. — *derb* — Brch. *uneben* ins *ſplittr.* — *halbhart* ins *weiche* (Rother Kalkeiſenſtein).

Hausmann Handb. p. 265 u. 266.

e) ROTHER LINSENFÖRMIGKÖRNIGER THONEISENSTEIN (körniger Thoneiſenſtein Wr. zum Theil). Eine Mittelfarbe zwiſchen *ſtahl*-Gr. und *blut*- ins *bräunl.* - R. Auf den Sprüngen mit *ochrigem Rotheifenftein überzogen* — *derb* — *glänzend, halbmetallifch*, dem *metallifchen fich nähernd* — Brch. (wegen der Kleinheit der abgefonderten St. nicht zu beftimmen — *körnig abgfnd.* Die abgef. St. *klein* bis *äufserft klein, linfenförmig, plattgedrückt*, die kleiner werdenden, faft unmerklich fich in einanderverlaufend, bilden ein *undeutlich fchiefriges* Gefüge — Strich *blutroth* — *weich* — *l. zrfprb.* — 2,546 Wiedemann, 2,668 Kirvan, 3,655 Breithaupt.

Eifenox. 64, Thon 23,0, Kiefel 7,5, Waffer 5,0 Lampadius.

In der Beftimmung der körnig abgefonderten Thoneifenfteine herrfcht unter den Mineralogen die gröfste Verwirrung. Zuerft ward fie durch die Vermifchung der rothen und braunen, wie oben erwähnt, veranlafst, dann aber offenbar dadurch, dafs man, blofs die kryftallinifche Textur erwägend, die übrigen beftimmt eigenthümlichen Bildungen weniger Aufmerkfamkeit würdigte. Werner fonderte die Arten fehr wohl, nur dafs er die rothen und braunen mit einander verband, obgleich diefe, feiner eignen Befchreibung nach getrennt werden mufsten, indem fie fich durch Farbe, Glanz und Geftalt der abgefonderten Stücke, auch durch das geognoftifche

Verhältniſs unterſcheiden. Die Verwirrung dieſer in vieler Rückſicht ſo beſtimmt eigenthümlicher Bildungen herrſcht auch in Leonhards Handbuch indem er ſie, alle unter einander gemengt, als Anhang zu der höchſt beſchränkten Gattung der Gelbeiſenſteine, die keinesweges in ihrer beſtimmten Eigenthümlichkeit, bloſs der Farbe wegen, mit dem gelbem Eiſenocker verbunden werden, anführt. Die hier beſchriebene Art des rothen Thoneiſenſteins iſt in allen ihren Kennzeichen höchſt beſtimmt, ſie behauptet, wo ſie vorkommt, ihre eigenthümliche Bildung mit groſser Reinheit und bildet, ſo viel mir bekannt iſt, gar keinen Uebergang zu irgend einer andern Art. Aus dieſem Grunde habe ich ſie von allen andern Arten geſondert, ſie verdient es gewiſs eben ſo, wie der ſtängliche oder jaſpisartige Thoneiſenſtein.

Fundort. Dieſe Art findet ſich am ausgezeichnetſten in Böhmen im Pilſener (Rarkizan, Strahlau), im Berauner (Königshof, Torznick) im Rackonitzer Kreiſe, als mehr oder weniger mächtiges Lager in einem mandelſteinartigen Uebergangsgebirge, welches keine Verſteinerungen enthält. Nach Mohs in Ungarn.

Kirvan 2. p. 222 (z. Th.). Reuſs 2. 4. p. 126. (z. Th.). Mohs 3. p. 240 (z. Th.). Brochant

a. p. 274 (z. Th.). Tabell.Ueberf. p. 66 (z. Th.). Karften p. 66 (z. Th.) kommt in Hausmanns Handb. gar nicht vor. Breithaupt 3. 2. p. 283 (z. Th.). Iamefon 3. p. 281 (z. Th.). Leonhard Handb. p. 347 mit allen körnig abgefonderten rothen und braunen Arten vermifcht.

Anhang. Mit diefer deutlich gefonderten und fehr beftimmten Art find von den Mineralogen andere Arten verbunden, die offenbar mit unter die Eifenoxyde, nicht unter die Eifenhydrate gerechnet werden müffen, und die fchwer zu beftimmen find. So nennt Hausmann einen körnigen Mergeleifenftein, der einen Thongeruch giebt, mit Säuren braufst, klein- und feinkörnig abgef. ift und in bedeutenden Felsmaffen in Kahlefeld zwifchen Nordheim und Seetfen, ferner zu Aalen im Wirtembergifchen vorkommt (Handb. S. 266).

In einer Note fagt Breithaupt (3. 2. S. 284), dafs mit dem körnigen Thoneifenftein ein ziemlich feltener ebenfalls bräunlichrother roggenförmiger Thoneifenftein, der noch wenig bekannt ift, in Verwandfchaft ftehe. Er findet fich in Böhmen im Leutmeritzer Kreife an einigen Orten. In der hiefigen Univerfitäts-Sammlung finde ich zwey Stücke, ohne Angabe des Fundorts, die ohne allen Zweifel hierher gehören. Diefes Foffil ift *dunkel blut*a ins *bräunl.*-R. — *derb*, äuſserl. *matt* — innw. *ſchimmernd.* — Die Hauptmaſſe des einen Stücks quarzig mit ochrigem Rotheiſenſtein durchdrungen und mit Spuren von Holzfaſern (Holzſtein). — Nach der Oberfläche zu verwandelt ſich der Holzſtein in einen wahren Thoneiſenſtein, mit dieſer Verwandlung tritt eine *etwas eckig-körnige* Abſonderung hervor, ſo doch, daſs die Körner (paternoſterartig) übereinander geordnet ſind, indem man noch immer die Spuren der Holzfaſern erkennt, als wenn dieſe, durch das Uebergewicht des Eiſenoxyds gezwungen wurden, ſich körnig abzuſondern. Der Bruch der abgeſonderten Stücke iſt *dicht, uneben, ſchimmernd.* Je mehr dieſe ſich der Oberfläche nähern, deſto unordentlicher werden ſie, deſto matter, ſo daſs die Oberfläche ochrig und abfärbend wird, und ſo wird dieſes Foſſil allerdings, bey einem flüchtigen Anblick, dem Roggenſtein täuſchend ähnlich. Das zweyte Stück iſt dichter, bräunlicher, einer rindenartigen Incruſtation täuſchend ähnlich, die körnige Abſonderung flieſst hier mit der rindenartigen zuſammen und iſt, wenn gleich zu erkennen, doch undeutlicher. Es iſt mit einem gelblich braunen Ocher überzogen und nähert ſich ſchon den Eiſenhydraten. Daſs dieſe Art nur in ſo fern eine Verwandtſchaft mit der vorhergehenden hat, als ſie die merk-

merkwürdige Neigung der Eiſenoxyde und Hydrate zur körnigen Abſonderung beweiſen, iſt klar. In dem Supplementband des Breithaupt'ſchen Handbuchs kommt nun (S. 187) eine Beſchreibung des roggenförmigen Thoneiſenſteins vor, welcher im Ganzen viel übereinſtimmendes mit dem eben beſchriebenen hat, nur ſcheint er weicher, der Bruch der abgeſonderten Stücke iſt erdig, und er mag die Hauptmaſſe, die wie Breithaupt vermuthet, ganze Schichten bildet, ausmachen. In dieſem können alſo jene verſteinerten Hölzer vorkommen. Als Fundort wird Bilin im böhmiſchen Mittelgebirge angegeben. Daſs das Vorkommen (alſo doch wohl die Bildungsart) etwas Aehnliches mit dem ſtänglichen Thoneiſenſtein haben ſollte, iſt mir nicht wahrſcheinlich. Dieſer körnige Thoneiſenſtein iſt ohne Kalk, ſo auch die Stücke der hieſigen Sammlung, und Hausmann hat alſo allerdings Unrecht, wenn er die körnige Abänderung nur bey der Kalkmiſchung finden will, um ſo mehr, da auch der linſenförmige Thoneiſenſtein gar keinen Kalk enthält.

4.

BRAUNEISENSTEIN Wr. (Fer oxydé H.).

a) RUBINGLIMMER Hausmann (Göthit, Pyroſiderit Ullmann). *Röthl.*-Br. ins *Blut*-R., bey durchfallendem Licht dunkel *hyacinth*-R. — kryſtalliſ. in kleinen und ſehr kleinen äuſserſt dünnen Tafeln, deren Geſtalt ſchwer zu beſtimmen iſt. Bald erſcheinen ſie faſt rechtwinkl. bald verſchoben 4ſ. bald 6ſ. bald an den Stk. abgeſt. bald zgſchrft, ſo daſs die Stfl., wenn die Zſchrfg. wächſt, in eine ſehr ſcharfe Kante verwandelt werden, indem die Endfl. gekrümmt iſt (Linſenförmige Blättchen). Die Endfl *geſtreift*. — Die Kryſtalle mannichfaltig, *meiſt unordentlich zellig zuſammengehäuft* — *Starkglänzend* von *Demantgl.* — Brch. *blättr. einf. Drchg.* (?) Brchſt. *tafelartig* — *halbdrchſtg.* — Strich *lichter ins gelbliche* — *ſehr l. zrſprb.* — äuſserſt *ſpröde* — *halbhart.*

Nicht analyſirt.

Dieſe Art verdient geſondert zu werden. Sie verhält ſich, wie der Eiſenglimmer zum rothen Eiſenrahm. Da ſie aber keinen Anknüpfungspunkt, wie der Eiſenglimmer an den Eiſenglanz, hat, muſs ſie mit dem Brauneiſenſtein verbunden werden, in welchen ſie auch einen Uebergang bildet. Sie iſt in neuern Zeiten zuerſt von Mohs, dann von Stift genauer unterſucht.

Fundort. Das Vorkommen des Rubinglimmers in Gängen, die vorzüglich Brauneiſenſtein enthalten, und zwar, wie die nachfolgende Art, als Ueberzug, in Höhlen und Spalten auf dem braunen Glaskopf, meiſt in obern Teufen, beweiſt, daſs ſie ein neues Erzeugniſs ſey. Im Naſſau - Siegenſchen, Eiſenzeche bey Elberfeld, in neuern Zeiten zu Betler bey Roſcnau in Ungarn.

Mohs 3. p. 403 n. 3277. Hausmann Handb. p. 268. Leonhard Handb. p. 343.

b) BRAUNER EISENRAHM Wr. (Manganeſe oxydé metalloide argentin) — Mittel zwiſchen *nelken*-Br. und *ſtahl*-Gr. Letzteres oft nur im geringen Grade — *zerreiblich*, ins *feſte* übergehend (dann *kuglich, halbkugl. nierenförmig, traubig*), als *ſchaumartiger Ueberzug* — *wenig gl.* von *halbmetalliſchem* Gl. — Brch. *zartſchuppig*, die derben Arten *blumig*- und *ſchmalſtrahlig* — Der weiche *färbt ab* — iſt mehr oder weniger *zuſammengebacken* — *Fühlt ſich fettig an* — *ſchimmernd* — *leicht* und *ſehr leicht*.

Unſchmelzbar, wird, unter Verkniſtern ſchwarz. Noch nicht analyſirt, denn die von Breithaupt angeführte Analyſe gehört nicht hierher.

Dieſe Art bildet einen Uebergang von der vorhergehenden zu der nachfolgenden, und muſs, auf die durch Werner zuerſt angegebene Weiſe geſondert werden. Durch Hausmann und

Leonhard ist sie fast verdrängt, indem sie einen Theil der Gattung unter eine blosse Abänderung derselben hineingezogen, den übrigen mit dem Wad vereinigt haben. Man kann aber den braunen, selbst leichten und schaumigen Eisenrahm sehr wohl von dem Wad unterscheiden. Der erstere ist nun Mangane oxydé argentin Hauy, durch Farbe, Glanz und durch die schuppigen Theilchen von dem Wad getrennt. Er ist, so viel mir bekannt ist, noch nicht analysirt (denn was Klaproth analysirte, war wirkliches Wad) er ist es auch, der sich zwischen den Rubinglimmer und den fäsrigen Brauneisenstein stellt, nur als ein neues Erzeugniss der leztern Art zu betrachten ist, und das zuerst von Jordan beschriebene Fossil (Ullmanns Lepidokrokit, Hausmanns schuppig-fasriger Brauneisenstein) ist Nichts als die Zwischen-Bildung. Das wahre Wad schliesst sich eben so an den Schwarzeisenstein, wie der wahre braune Eisenrahm an den Brauneisenstein. Die etztere Art hat allein schuppige Theile, die selbst zuweilen hyacinthroth, durchschimmern and sich an die tafelartigen Blättchen des Rubinglimmers anschliessen und wenn diese Blättchen (bey dem schaumartigen unordentlich zusammengehäuft) sich in Strahlen und Fasern ordnen, wird das Fossil härter und bildet den Uebergang zu den haarförmigen Kryſtallen und zur Glaskopfſtruktur. Werner hat dieſe Trennung des Wad von wahrem braunen Eiſenrahm anerkannt (Leztes Mineralſyſtem S. 53).

Fundort. In Gängen mit Brauneiſenſtein und Eiſenſpath, ſo im Naſſauiſchen (Hollerter Zug der ſchuppig faſrige), in Dognatzca im Bannate, Hüttenberg in Kärnthen.

Kirvan 2. p. 206 (ob richtig von dem Wad getrennt?) Hauy 4. p. 325. Reuſs 2. 4. p. 90. Mohs 3. p. 393. Brochant 2. p. 258. Tabell. Ueberſ. p. 65 (z. Th.). Schuppiger Brauneiſenſtein. Karſten p. 66 u. Manganſchaum p. 72. Brongniart 2. p. 108, wie Hauy. Hausmann Handb. p. 269 ſchuppig-faſriger Brauneiſenſtein p. 296 ſchaumiges Wad p. 376. Breithaupt 3. 2. p. 251 mit dem Wad vereinigt. Iameſon 3. p. 254. Leonhard Handb. p. 243, ſchuppig faſriger Brauneiſenſtein p. 376 ſchaumiger Wad.

c) FASRIGER BRAUNEISENSTEIN Wr. (Braunglaskopf. Fer oxydé hämatite H. z. Th.). *Nelken-*, *ſchwärzl.-* *Haar-* ins *gebl.-* Br. Die Kryſtalle ins *kirſch*-R. Aeuſserlich ſind die Farben mannichfaltig verändert, bald *ſammt-* oder *bläul.*-Schw., ſeltener *tomback*-Br., *ſtahlfarbig* und *pfauenſchweifig* angelaufen. — Die wahren Kryſtalle zeigen bey aufallendem Licht eine Annäherung zum *Hyacinth*-R. wie der Rubinglimmer — *derb, knollig, nierförmig, traubig, tropfsteinartig, zackig, vorhangförmig, zellig, unregelmäſsig baum-* und *ſtaudenförmig* — in Afterkryſtallen, und zwar des metaſtatiſchen Kalkſpaths, auch kryſtalliſirt.

In haarförmigen, ſchwer zu beſtimmenden Kryſtallen, nach Iameſon 4ſ. Prismen, zuweilen 4ſ. zgſp., ſo daſs die Zſpfl. auf die Stfl. aufgeſetzt ſind. Dieſe Kryſtalle in einzelnen Büſcheln und Kugeln *höchſt zart zuſammengehäuft.*

Die Oberfläche der nierenförmigen Geſtalten oft wie *zuſammengeſloſſen* und *glatt,* ſeltener *gekörnt,* die tropfſteinartigen eben ſo, äuſserſt *rauh,* und *endigen mit einer Spitze* oder *Rundung* — Aeuſserlich *glänzend, ſtarkgl.,* die rauhe Oberfläche auch *matt* — die zuſammengehäuften Kryſtalle *ſammtartig* — innwend. *ſchimmernd* ins *Weniggl.* von einem Mittel zwiſchen *Perlmutter* und *Fettgl.* — Brch. — *zart-* und *lang- dick-* und *kurz- grad- und krum- büſchel-* und *ſternförmig auseinander laufend-faſrig* — Brchſt. *keilförmig* und *ſplittr.* — *Gros-* und *grobkörnig* und nach der Oberfl. zu *gebogen dünnſchalig abgeſ.,* ſo daſs die leztere Abſndrg. den faſrigen Bruch durchſchneidet. Doch unregelmäſsiger und undeutlicher, als der Rotheiſenſtein — *undrchſtg.* — Strich *lichte gelbl. - Br.* — ritzt den Flufsfpath, wird durch Quarz gerizt — *fpr.* — *l. zrfprb.* — 3,944 Kirvan, 4,022 Widenmann, 3,864 Breithaupt.

Brennt fchwarz. Eifenox. 79, Manganox. 2, Kiefel 3, Waffer 15, der fafrige Brauneifenftein von Berg Zabern, Eifenox. 82, Manganox 2, Kiefel 1, Thon eine Spur, Waffer 14 von Vicdeffos. D'Aubuiffon. Dafs die ganze Familie des Brauneifenfteins mit allen verwandten Gattungen, bis zum Rafeneifenftein, fich von dem rothen dadurch unterfcheidet, dafs fie Eifenhydrate find, leidet, feit den erften höchft verdienftlichen Unterfuchungen von Hausmann (Gilberts Annalen. 1811. 2 S. 1) den Analyfen von D'Aubuiffon (daf. S. 41) und von Lidbeck unter Berzelius Leitung (daf. 1812. 5. S. 266) gar keinen Zweifel und die Vermuthung von Breithaupt, als wenn Kohle und nicht Waffer den unterfcheidenden Beftandtheil ausmachte, hat gar keine Wahrfcheinlichkeit. Die oben angeführten Analyfen geben ziemlich gleiche Refultate, und die letzte ftimmt mit der Annahme des Berzelius, der das Verhältnifs des Waffers zum Eifen wie 17 : 100 annimmt, fehr genau überein. (Nach Hausmann im Minimo). Die Beimifchung von Mangan und Kiefel ift als zufällig zu betrachten.

Der braune Glaskopf ist eine sehr ausgezeichnete Art und bildet eigentlich den Mittelpunkt dieser Gattung, ja der ganzen Familie der Eisenhydrate, wie der rothe den Mittelpuukt der Eisenoxyde. Bey der grossen Uebereinstimmung in Struktur und Vorkommen ist die Abweichung, nicht in Farbe, Glanz und Schwere allein, um so merkwürdiger. Am meisten fällt eine gewisse Unregelmässigkeit, eine Unsicherheit der Bildung auf. Die nierenförmigen Gestalten zerfliessen, häufiger hier, als bey dem rothen Glaskopf, in einander, so verschmelzen auch die langen, rauhen, meist abgerundeten Stalactiten ineinander und bilden die von Werner sogenannte *vorhangsförmige* eigenthümliche Gestalt, ja diese unregelmässigen, plattenförmigen Gestalten durchkreuzen sich in regellose, unordentliche Zellen. Auch die eigentliche Glaskopfstruktur ist undeutlicher und, obgleich die nierenförmige Form, der fasrige Bruch, die keilförmigen und splittrigen Bruchstücke in grosser Reinheit vorkommen, so zeigen sich doch niemals jene grossen, in der Eigenthümlichkeit rein ausgedrückten stalactitischen Formen, und mächtigen Bruchstücke des rothen Glaskopfs. Die Nieren selber verlaufen sich oft in kleinere Tropfsteine, die in mehrern Reihen, wie dachziegelförmig sich bedecken und, indem sie immer kleiner werden, den Uebergang zur gekörnten Oberfläche bilden. Dazu kommt das Anlaufen, welches hier ſo ausgezeichnet iſt. Alles deutet auf eine gröſsere Beweglichkeit, auf eine, nach der erſten Bildung noch ſtatt findende Metamorphoſe. — Die Kryſtalliſation iſt merkwürdig. Sie kommt zuweilen, wenn auch begleitet von den derben Maſſen, doch von dieſen getrennt auf Kalkſpath, Schwefelkies, Quarz vor. Man hat keinen Grund, dieſe Kryſtalle, als eine eigene Art, mit Hausmann und nach ihm Leonhard von dem faſrigen zu trennen. Es giebt mehrere Foſſilien mit Glaskopfſtruktur, bey welchen die faſrige Struktur in nadelförmige Kryſtalliſation endigt. So Natrolith. Iameſon hat in dieſen Kryſtalliſationen regelmäſsige Prismen erkannt und auch Mohs nimmt die prismatiſche Geſtalt als die primitive des Brauneiſenſteins an. Mir gelang es nie, dieſe Form zu erkennen, und am wenigſten wagte ich ſie, wie Iameſon, mit den dünnen Blättchen des Rubinglimmers, die, durch die Schuppen des braunen Eiſenrahms ſo deutlich verdrängt werden, um, in Faſern übergehend, den Uebergang zur Bildung der haarförmigen Kryſtalle vorzubereiten, in Verbindung zu bringen. Zu dieſen Brauneiſenſtein-Kryſtallen rechnen wir auch Schumachers braunen Eisenrahm. (Verz. S. 134).

Fundort. In Ur- Uebergangs- und Flötzgebirgen, doch am häufigsten in den letztern, wo der fasrige Brauneisenstein sich grade wie der rothe aus den Grundmassen des dichten erzeugt, als ein neueres, aber auch oryktognostisch reineres, eigenthümliches Gebilde. In ältern Gänge bildend, selten, wie der rothe Glaskopf von Quarz, häufiger von Schwerspath, Braunspath, Kalkspath, und vor Allem in grossen Massen von Spatheisenstein, der, verwittert, Uebergänge in ihn bildet, auch, wenn gleich seltener, in Menge von Schwarzeisenstein begleitet. Dieses Anschliessen an das Mangan erklärt nicht allein die zufällige Beimischung desselben in dem fasrigen Brauneisenstein, sondern auch das schwebende Verhältniss des braunen Eisenrahms, welcher eben, als ein mehr unbestimmtes Gebilde, sich an die leichten Bildungen des Mangans (an das Wad) anschliesst. Oft bildet der Brauneisenstein auf Gängen grosse Zellen, welche mit Spatheisenstein ausgefüllt sind. Mohs bemerkt, dass die nördlichen Reiche so reich an Eisenoxydulen, arm sind an Brauneisensteinen. Unter den vielen und häufigen Vorkommen nennen wir: Przibram in Böhmen, Hüttenberg in Kärnthen, (nach Mohs) und Bredgangens Grube in Norwegen, (nach Schuhmacher) als Fundörter der ſeltenen Kryſtalle, Neuenburg im Würtembergiſchen, wo die Afterkryſtalle ſich finden, Iberg bei Grund am Harz, als ein Butzenwerk in Kalk, Schneeberg und Geyer in Sachſen. Die Tropfſteine mit Calcedon überzogen in Kärnthen. In den Thüringer Flötzen, bey Kamsdorf, Saalfeld u. ſ. w. In Spanien, in den Eiſengruben der Landſchaft Guipoſcoa von vorzüglicher Schönheit, nach Leonhard u. ſ. w.

Cronſtedt §. 204. p. 219 gelbes faſriges Blutſteinerz. Wallerius 2. p. 247 gen. 53. ſpec. 332. Ferrum ochraceum mineraliſatum, minera flava, plerumque figurata, raſura flava, magneti refractaria. Deutlich unterſchieden durch den Strich. Kirvan 2. p. 202. Hauy 4. p. 130 u. Tabl. comp. 98 mit dem rothen. Reuſs 2. 4. p. 98. Mohs 3. p. 400, die haarförmigen Kryſtalle no. 3174 — 3176. Brochant 2. p. 261 tabell. Ueberſ. p. 66. Karſten p. 66. Brongniart 2. p. 168. Hausmann Handb. p. 271. Breithaupt 3. 2. p. 258. Iameſon 3. p. 261. Leonhard Handb. p. 344.

DER FASRIGE GELBEISENSTEIN unterſcheidet ſich von dem braunen nur durch Farbe (ockergelb) und Weichheit, und wir glauben nicht, daſs eine Trennung der Gelbeiſenſteine, wie Hausmann beſtimmt hat, ſelbſt wenn es ſich darthun liefse, dafs fie in einem beftimmten Verhältnifs Waffer im Maximo enthielten, fich confequent oryktognoftifch durchführen läfst. — Ein Mehreres davon unten. Den hier genannten Gelbeifenftein fand man bis jetzt nur im Naffauifchen, als eine unbedeutende Abänderung des braunen.

Hausmann Handb. p. 278. Leonhard Handb. p. 346.

d) DICHTER BRAUNEISENSTEIN Wr. (Fer oxydé form. deb. H.) — Bald mehr *gelblich*, bald mehr *nelken*-Br., beide Farben in einander übergehend — *derb*, in *lofen* und *eingewachfenen Gefchieben*, *eingefprengt*, *röhrförmig*, in Afterkryftallen.

1) Des Schwefelkiefes, als Würfel (var. 1. Th. 2. S. 149) und Pentagonaldodecaeder (var. 6. S. 151).

2) Des Strahlkiefes, als fpitziges Octaeder (var. 1. ib. S. 165).

3) Des Spärkiefes, als rhomboidales Prisma (var. 1. ib. S. 173.) — nach Iamefon.

Die Kryftalle *mittl.* Gr. *klein*, oft *porphyrartig eingewachfen*, zuweilen in *Drufen* und die Würfel nicht felten in *Kugeln zufammengehäuft*. Die Würfelflächen, wie die des Schwefelkiefes, *abwechfelnd geftreift*. — Aeuſserl. *glänzend* (die Kryſtalle zuweilen, nicht immer) bis *matt* — innw. *matt*, höchſtens *ſchwachſchimmernd* — Brch. *eben*, ins *unebene* von *feinem Korne* — Brchſt. *unbeſt. eck. mehr oder weniger ſtpſk.* — Strich *licht gebl.-Br.* ins *ockergelbe* — *weicher als die vorige Art* — *wenig ſpr.* — *l. zrſprgb.* — 3,544 Kirvan, 3,522 Breithaupt. —

Vor dem Löthrohr, wie die vorige Art. Eiſenox. 84, Mangan 1, Kieſel 2, Waſſer 11 von Bergzabern. Eiſenox. 81, Kieſel 4, Waſſer 14 von Vicdeſſos, Eiſenox. 81, Mangan eine Spur, Kieſel 2, Thon eine Spur, Waſſer 11 von den Pyrenäen. — Die Analyſen von D'Aubuiſſon, nach welchen der Waſſergehalt nur 13—14 gegen 100 ſeyn würde. (Verglichen Hausmanns Kritik dieſer Analyſen. Gilberts Annalen 1821. 2. S. 64).

Der dichte Brauneiſenſtein verhält ſich zu dem übrigen ganz wie der rothe, er bildet die Hauptmaſſe, aus welcher vorzüglich der Glaskopf, als das eigenthümlichſte Gebilde, ſich erzeugt, und man findet beſonders von dieſer Art Uebergänge in den braunen Thoneiſenſtein. Bekanntlich betrachtete Hauy die Würfel als ächte Kryſtalle. Ihre Entſtehung aber, durch die Metamorphoſe des Schwefelkieſes, Strahl- und

Spärkiefes ift zu entfchieden. Oft find die Schwefelkiefe nur auf der Oberfläche braun, oft dringt die braune Maffe tiefer hinein, bis endlich der Kieskern ganz verfchwindet. (Vergl. **Breithaupt** über die Aechtheit der Kryftalle).

Fundort. Sein Vorkommen ift oben bey dem fafrigen Brauneifenftein fchon angegeben. Oft bildet er mächtige Lager und Gänge. Die Afterkryftalle findet man vorzüglich fchön (die Würfel) bey Berifofsk in Siberien, am Vorgebürge der guten Hoffnung, die Pentagonaldodecaeder bey Safka im Bannate, die Afterkryftalle des Strahlkiefes in Oberkrain, bei Minden an der Wefer u. f. w.

Cronftedt §. 204. p. 219 dichtes gelbes Blutfteinerz. Wallerius 2. p. 247 fpec. 332. a) Hämatites flavus folidus, c) teffularis. Kirvan 2. p. 205 Hauy 4. p. 133. Reufs 2. 4. p. 98. Mohs 3. p. 394. Brochant 2. p. 259. tabell. Ueberf. p. 65. Karften p. 66. Brongniart 2. p. 168. Hausmann Handb. p. 273. Breithaupt 3. 2. p. 255. Iamefon 3. p. 268. Leonhard Handb. p. 344.

DER MUSCHLICHE GELBEISENSTEIN, von einer *ockergelben* Farbe, mit *mufchlichem* Bruch, *weicher* als der dichte Brauneifenftein, ift mir zu wenig bekannt, um fein Verhältnifs zu diefer Art zu beftimmen. Doch fcheint er nur eine wenig bedeutende Abänderung zu ſeyn. Er kommt, mit den faſrigen Gelbeiſenſteinen im Naſſauiſchen vor.

Hausmann Handb. p. 278. Leonhard Handb. p. 346.

e) OCHRIGER BRAUNEISENSTEIN Wr. (Fer oxydé pulverulente H.) *Gelbl.*-Br. zuweilen ins *ocker*-G., auch ins *röthl.*- und ins *ſchwärzl.*-Br. — *derb, eingeſprengt, als Anflug* — *matt* — Brch. *fein*- und *groberdig*, bei dem feſtern ins *Unebene* — Brchſt. *unbeſt. eck. ſtumpfk.* — Die lichtern Arten *behalten im Striche die Farbe*, die dunklern werden *lichter* — *färbt etwas ab* — *loſe* oder *mehr oder weniger zuſammengebacken*, die feſten Arten *weich* und *ſehr weich* — *milde* — *l. zrſprgb.* — *nicht ſndrl. ſchwer.*

Ich rechne zu dieſem nicht allein den ſchwärzlich-braunen, ſondern auch den gelblichbraunen, faſt ganz ins ockergelbe übergehenden, der die Braun- und Rotheiſenſteine begleitet, alſo auch einen groſsen Theil der Hausmannſchen ochrigen Gelbeiſenſteine. Es iſt nicht möglich, die braunen und gelben Eiſenocher, oryktognoſtiſch rein zu beſtimmen, ja man vermag nicht einmahl diejenigen, die die Thon- und Raſeneiſenſteine begleiten, auf eine deutliche Weiſe von denjenigen zu unterſcheiden, die die faſrigen und dichten Brauneiſenſteine überziehen. Die Farbe iſt bei den erſtern oft ſehr dunkel, bei den leztern ſehr helle und daſs eine Art Eiſenocher von einer hellen ockergelben Farbe, als dem Eiſenſinter nahe verwandt, ſich von den übrigen trennen lieſse, wie Werner vermuthete, iſt mir um ſo weniger einleuchtend, da alle möglichen Farben, von dem lichteſten ſchmutzig gelblich weiſs, bis zum dunkel röthl.-, ja ſchwärzlich-braun in den Eiſennieren mit einander vorkommen. Prouſts Analyſe von dem gelben Ocher von Artana in Valencia gab Eiſenox. 44, Waſſer 12, Sand 24, (nach Hausmann, den Sand abgerechnet, Eiſenox. 78, 57, Waſſer 21, 33) und das Reſultat der Hausmannſchen Analyſe des gelben Ochers von Goslar war Eiſenox. 69, Waſſer 16, 389, Kieſel 4, Thon 2, 5, ſchwefelſ. Eiſenoxydul 8, 46. Aus dieſen Verſuchen und mehreren von Hausmann (Gilberts Annalen 1811 a. a. O.) ſo wie aus denen von Berzelius, iſt nun zwar ſehr wahrſcheinlich, daſs, vorzüglich die lichte Farbe der Eiſenſteine und Ocher von einem gröſsern Waſſergehalt herrühre, eben ſo wahrſcheinlich, ja unzweifelbar ſcheint es, daſs hier ein zweyfaches conſtantes Miſchungsverhältniſs ſtatt findet, ſo daſs das Eiſenhydrat im Minimo in hundert, 17 Th., das im Maximo (nach Berzelius) 23—24 enthält (die eben angeführten Analyſen geben ein gröſseres Verhältniſs, die von Prouſt 100 : 27, 2, die von Hausmann 200 : 25, 2); aber ob die Miſchungsverhältniſſe oryktognoſtiſche eigenthümliche Gattungen bilden, das iſt eine andere Sache, die ſich keinesweges von ſelbſt verſteht. Der faſrige Gelbeiſenſtein iſt ſo wenig wie der muſchliche in dieſer Rückſicht unterſucht, und doch wären dieſe Arten eben vorzüglich zu analyſiren, weil ſie die reinern, eigenthümlichen Formen bilden. Alle erdigen Foſſilien ſind dahingegen faſt immer mehr oder weniger Gemenge, und ſo ſcheint es uns keineswegs, als wenn die Natur geſondert hätte, was die Chemie freylich ſondern muſs. Ja noch fehlt, was doch zur Vergleichung eben das Wichtigſte wäre — eine Analyſe desjenigen Ochers, der ſich aus den verwitterten Eiſenſpathen bildet, und den Hausmann doch, nach dem aus Wallerius angeführten Citat, zum ochrigen Brauneiſenſtein rechnet, ſo wie der übrigen, die lichtern, die er hierher rechnet. Aus dieſem Grunde, und da die Oryktognoſie nur ſolche Gattungen anerkennen darf, die die Natur wirklich geſondert hat, habe ich die Trennung des Gelb- und Brauneiſenſteins nicht angenommen.

Fundort. Begleiter der Brauneiſenſteine, aber auch der braunen Thoneiſenſteine, der Raſeneiſenſteine, der Eiſenſinter u. ſ. w. Theilt daher auch das Vorkommen dieſer Foſſilien.

Cronſtedt §. 31. p. 35. Minera ferri alba pulverulenta, 1) ſchwarz 2) dunkelbraun. Der Ocher, der ſich aus dem verwitterten Eiſenſpath bildet. §. 200. p. 216 Eiſen als Kalk. Wallerius 2. p. 258 ſpec. 341. Ferrum acido ſolutum et präcipitatum, colore flavo. Ochra ferri flava p. 261 ſpec. 344. Ferrum a minera ferri alba deſtructa, forma terreſtri fuſcum. Ochra ferri fuſca. Kirvan 2. p. 207. Hauy 4. p. 133. Tabl. comp. p. 98. Reuſs 2. 4. p. 96. Mohs 3. p. 394 tabell. Ueberſ. p. 65. Brochant 2. p. 263. Karſten p. 66. Brongniart 2. p. 172. Hausmann Handb. ochriger Brauneiſenſtein p. 274 und ochriger Gelbeiſenſtein p. 279. Breithaupt 3. 2. p. 254. Iameſon 3. 256. Leonhard Handb. Braun-Eiſenocker p. 344 und Gelb-Eiſenocker. p. 346.

7.

BRAUNER THONEISENSTEIN Hausmann z. Th.

a) GEMEINER BRAUNER THONEISENSTEIN. Hauptfarbe *röthl.*-Br. und *bräunl.*-R. aus dieſem *gelbl.*-Br. bis in *Ockergelbe*, und ins ſehr *helle gelbl.* und *perl*-Gr. — *derb* in *ganzen Lagern*, oft mit *Mufchel*- und *Schneckenverfteinerungen*, *Abdrücken von Schilf* u. f. w. — *matt* — Bruch *dicht*, *mehr oder weniger feinerdig*, ins *grofs*- *und flachmufchliche*, aus diefem ins *Ebene* und feltener ins *Unebene* — Brchft. *unbeft. eck. zieml. ftmpfk.* — *weich* und *fehr weich* — *Giebt einen gelbl.-braunen* Strich — *wenig milde* bis *nicht fndrl. fpr.* — *mehr oder minder l. zrfprgb.* — 3,199 — 3,464 Kirvan.

Vor dem Löthrohr fchwarz. Eifenox. 69, Manganox. 5, Waffer 13, Kiefel 10, Thon 3. Ueberhaupt ein Eifenhydrat mit Thon und Kiefel mehr oder weniger. Der Mangangehalt nicht wefentlich.

Der gemeine braune Thoneifenftein verhält fich eben fo zu der vorhergehenden Gattung und zu den nachfolgenden Arten, wie der rothe zum Rotheifenftein und zu den übrigen Arten feiner Gattung. Man kann auch hier die braunen nicht von den gelben trennen. Beide bilden, durch Zunahme des Erdgehaltes, Uebergänge in Thonftein, Eifenthon, braunen und gelben Jafpis, braunen und gelben Eifenkiefel. Die Verfteinerungen, die man häufig in ihm findet, find von fehr neuer Art, meift von jezt noch lebenden Originalen.

Fundort. Es ist nicht wahrscheinlich, dass er in ältern Gebirgen vorkommt. Oefters aber in Flötz-Gebirgen. Er bildet untergeordnete Lager in Steinkohlengebirgen, so in Derbyshire mit Pflanzenabdrücken, auf den Ferr-Inseln (Ferroerne) in Flötztrapp. In Sachsen zu Wehrau in einem partiellen Flötzgebirge, in Schlesien, Böhmen u. s. w.

Kirvan 2. p. 214 mit dem rothen. Hauy 4. p. 133 und Tabl. comp. p. 89. Reuss 2. 4. p. 127 mit dem rothen. Mohs ebens. 3. p. 422. tabell. Uebers. p. 67 ebens. Brochant 2. p. 276 ebens. Karsten p. 66 ebens. Brongniart 2. p. 172. Hausmann Handb. brauner Thoneisenstein p. 274. und gemeiner Gelbeisenstein p. 282. Breithaupt 3. 2. p. 280 mit dem rothen. Iameson 3. p. 285 ebens. Leonhard Handb. brauner Thoneisenstein p. 345 u. gelber p. 346.

b) EISENNIERE Wr. (Fer oxydé geodique H.) Von *dunkel-röthl.* und *schwärzl.*-Br. durch das *lichte gelbl.*-Br. bis zu *ocker*-gelb und *schmutzig gebl.*-W. Die äussern Schaalen gewöhnlich *dunkler*, der Kern *heller* — in *sphäroidischen, unvollkommen kuglichen, einzeln nierenförmigen* auch *linsenförmig ellipsoidischen*, immer *stumpfeckigen Stücken*, von *Kopf*- bis *Wallnuss*-Grösse — Aeusserl. meist *schimmernd*, inwend. *matt* — Brch. *dicht*, nach innen mehr *erdig*, nach aufsen *eben* und *flachmufchl.* Brchft. *unbeft. eck. ftumpfk.* — Die äufsere Geftalt erzeugt durch *krumm- dick-* und *dünnfchaalige*, die Oberfläche *concentrifch umgebende Abfonderungen*, mit welchen die dunkleren braunen und lichteren gelben Farben wechfeln. Der Kern zuweilen *prismatifch*, oft von der *fchaaligen Umgebung gefondert*, fo dafs er beym Schütteln klappert. — Zuweilen fehlt der Kern, fo dafs ein leerer Raum entfteht, der wohl auch mit fremden Subftanzen — Kalkfpath, Braunfpath, Schwerfpath, Gipsfpath, ausgefüllt ift. Wie der ebene und flachmufchl. Brch. von aufsen nach innen in einen erdigen übergeht, wird fie aus *weich, fehr weich — etwas milde — z. l. zrfprgb. — nicht fndrl. fchwer* ans *fchwere grenzend.*

Diefe Art ift äufserft characteriftifch. Kann man die Bildung nicht als eine rohe Glaskopfftruktur betrachten, aus welcher der fafrige Bruch verfchwunden ift? Breithaupt erinnert an den Eeyptenkiefel, um auf den Unterfchied aufmerkfam zu machen. So überflüffig diefes feyn mag, weil eine Verwechfelung wohl kaum möglich ift, fo ift der Parallellismus der Jafpis- und Thoneifenfteinarten, doch in der That höchft intereffant. Breithaupt nennt den Egyptenkieſel eine Kieſelniere. In der That, wenn man die unleugbare Verwandſchaft der rothen ſowohl als braunen Thoneiſenſteine mit dem Jaſpis erwägt, wie die merkwürdige Abſonderung ſich, nicht bey dem Egyptenkieſel allein, ſondern auch bey dem Kugeljaſpis wiederholt, ſo wird man faſt unwillkührlich zu der Anſicht gedrängt, daſs jene eiſenhaltigen, thonigen, lócker verbundenen Maſſen die rohen Anfänge einer Bildung ſind, die durch fortgeſetzte, der Chemie freilich unerklärbare Proceſſe, bis zu jener quarzigen Erſtarrung und innigeren Verſchmelzung erhärten. Die hohlen Kugeln wurden für verſteinerte Eyer angeſehen, kommen auch unter dem Nahmen Klapperſteine vor. Aetiten (Adlerſteine) nannte man vor Zeiten diejenigen die loſe Steine, und Geoden diejenigen, die loſen Ocher enthielten. Sie enthalten zuweilen verkieſte Konchylien, ſeltener Pflanzenabdrücke (nach Hausmann).

Fundort. In eiſenſchüſſigen Lettenlagern, ſo bey Goslar am Harz. In Böhmen (Maſchwitz), zu Tarnowitz in Oberſchleſien inneliegend in einem eigentlichen Flötzgebirge. Bey Coalbrookdale in England, Dumbar in Schottland u. ſ. w.

Wallerius 2. p. 614 gen. 74. Lithotomi (geformte Steine) ſpec. 636. L. cavitate latente, parietibus nudis donati, Aetitä. a) Aetites lapide incluſo mobili b) non mobili c) terra vel arena mobili inclusa. Geodes u. s. w. Syst. Nat. XII. 3. p. 179. Actites (Geodes) embryone libero terrestri a) Act. (aquilinus) embryone libero capilluloso. Kirvan 2. p. 220. Hauy 4. p. 134 u. Tabl. comp. p. 98. Reufs 2. 4. p. 130. Mohs 3. p. 425. Brochant 2. p. 278. Tabell. Uebers. p. 67. Karsten p. 66. Brongniart 2. p. 169. Hausmann Handb. p. 280. Breithaupt 3. 2. p. 286. Iameson 3. p. 289. Leonhard p. 346.

Anmerkung. In wie fern Hausmanns *schaaliger brauner Thoneisenstein*, der *nelkenbraun*, *umbrabraun* und daraus in andere braune Farben übergehend, *kuglich*, *nierförmig* — Brch. *eben*, *uneben* und *flachmuschl.*, mit *krummschaaligen* Absndrgen — *halbhart* — im Departement Orne in Frankreich, hierher gehört kann ich zwar nicht entscheiden, da das Fossil mir unbekannt ist, aber die Beschreibung deutet offenbar auf Nichts, als auf eine gewöhnliche Eisenniere, und beweist abermals das, im oryktognostischen Sinne, durchaus Willkührliche der Trennung. Dieses Fossil enthält, nach D'Aubuisson Eisenox. 78, Manganox. eine Spur, Wasser 13, Kiesel 7, Thon 1, ein anderes Stück bestand aus Eisenox. 76, Manganox. 2, Wasser 14, Kiesel u. Thon 5. Wir zweifeln nicht, dass die Eisennieren anderer Gegenden andere Resultate geben werden, ja wahrſcheinlich wird man oft zwiſchen dem hellen innern Kern und der dunkelbraunen Umgebung einen Unterſchied finden.

c) BOHNERZ Wr. (Fer oxydé rubigineux globuliforme H.).

1) SCHAALIGES BOHNERZ. *Licht-* und *dunkelgelbl.* ins *röthl.*-Br. — In *ſphäriſch-runden*, auch *kugelförmigen* Körnern, *groſs- grob- kleinkörnig* — auswend. *matt* — innw. *matt* bis *weniggl.* von *Fettgl.* Brch. *eben* ins *Erdige* — Brchſt. *unbeſt. eck. nicht ſndrl. ſtmpfk.* — *koncentriſch-ſchaalig* abgeſ. — Abſndrgsfl. *glatt, weniggl.* — *weich* — *ſpr.* — *l. zrſprgb.* — 3,142 Breithaupt. Eiſenox. 60, Kieſel 12, Thon 13, Waſſer 15. Der von Mardorf nach Möllinghof.

Werner hat dieſe Unterart von der gewöhnlichen geſondert.

Fundort. Kommt als ein durchaus neues Erzeugniſs in ſtehenden Stücken, trichterförmigen Vertiefungen und in Butzenwerken im Muſchelkalkſtein vor. So bey Mardorf in Heſſen, Eichſtädt in Franken, Duttlingen in Schwaben u. ſ. w.

Breithaupt Handb. 3. 2. p. 290.

2) DICHTES BOHNERZ. *Dunkel gelbl.* und *röthl.*-Br. bis ins *ſchwärzl.*-Br. — In *runden*, meiſt

meiſt aber *etwas eckigen Körnern*, zuweilen äuſserlich und innwendig von *gleicher Farbe*, dann äuſserl. *rauh* und *matt*, öfters äuſserl. *ſchwärzl.* - innw. *gelbl.* - Br., dann meiſt *glatt* und faſt *glänzend* von einer Art *Fettgl.* — innw. *matt*, höchſtens *ſchimmernd* — Brch. *feinerdig* ins *Ebene* — *Weich*, dem *Halbharten nahe* — *ſpr.* — *nicht ſndrl. ſchw. zrſprgb.* — *ſchwer im geringen Grade.*

Eiſenox. 48, Kieſel 15, Thon 31, Waſſer 6 von Gaillac ohnweit Penne. Vql. Eiſenox. 53, Mangan 1, Kieſel 23, Thon 6,5; Waſſer 14,5 von Hogau nach Kl. Eiſenox. 70, Mangan eine Spur, Kieſel 6, Thon 7, Waſſer 15 von Berri D'Aubuiſſon. Merkwürdig iſt bey der herrſchenden Anſicht, nach welcher das Bohnerz unter den Gelbeiſenſteinen, als ein Eiſenhydrat mit Waſſer im Maximo betrachtet wird (ſiehe ob. ochrig. Brauneiſenſt.), der geringe Waſſergehalt des Bohnerzes von Penne (100 : 12, 5), welcher kaum bedeutend unrichtig ſeyn kann, da gar kein Verluſt ſtatt fand.

Das Bohnerz bildet eine ſehr characteriſtiſche Art, in der That eben ſo entſchieden eigenthümlich, wie der linſenförmige Thoneiſenſtein unter den Eiſenoxyden, und bildet durchaus keinen Uebergang, weder in dieſen noch in den roggenförmigen. Auch ist das Vorkommen sehr eigenthümlich, für beide Unterarten das nehmliche. Die Verwirrung, die aus der Vermischung specifisch verschiedener körnig abgesonderter Thoneisensteine entstanden ist, haben wir bey dem linsenförmigen auseinandergesetzt.

Fundort. Das dichte Bohnerz kommt unter den nehmlichen Verhältnissen, wie das schaalige vor, meist die Körner in einem Kalksinter eingewachsen. So in Franken, in der Schweiz, in Languedoc, Franche Comte, in Krain, Kärnthen u. s. w.

LINSENFÖRMIGER BRAUNER THONEISENSTEIN, scheint nur durch eine Veränderung des rothen zu entstehen, indem dieser (die eigentliche ursprünglich eigenthümliche und reine Art) Wasser aufnimmt. Man sieht dann die blutrothe Farbe in eine dunkel röthlich braune übergehen, die durchblickende metallische stahlgraue Farbe verschwindet, der Strich ist nicht mehr blutroth sondern bräunlichgelb und der Ueberzug von einem rothen Ocher verwandelt sich in einen braunlichgelben. Uebrigens bleibt die Gestalt der plattgedrückten abges. St. dieselbe, und sie bilden in ihrer Zusammenhäufung einen Uebergang zum Schiefrigen. Hierher gehört nun das von D'Aubuisson zerlegte Linsenerz aus dem

Departement Doubs, welches Eisenox. 73, Wasser 14, Mangan 1, Kiesel 9 und eine Spur von Kalk enthielt.

Man vergleiche hierbei die beim linsenförmigen rothen Thoneisenstein angeführten Citate. Bei Hausmann und Leonhard ist diese Art mit der vorhergehenden verbunden.

9.

RASENEISENSTEIN Wr.

a) MORASTERZ. Wr. — *Licht gelbl.* - Br. dem *ochergelben* nahe — *fest*, dann auch *derb* und *durchlöchert*, aber öfters *lose*, *staubartig*, zuweilen *mit Abdrücken von Pflanzenstengeln*, matt, und *mehr oder weniger zusammengebacken* — innw. *matt* — *erdig* — Brchst. *stmpfk.* — *weich bis zerreibl.* — *färbt etwas ab* — *mager* — *leicht*.

Ein Eisenhydrat, zuweilen mit Pflanzenstoffen, vielleicht mit Phosphorsäure.

Nach den Beobachtungen von Freiesleben (geognostische Arbeiten. 6. S. 216), wie nach den frühern von Werner und Mohs ist das Morasterz das neueste noch immer entstehende Produkt der Moorgrunde, und erzeugt sich in den moorigen aufgeschwemmten Gebirgen offenbar durch das Zerfallen der vegetativen Stoffe —

keinesweges aber aus dem Wiesenerz, wie man geglaubt hat. Werner hat die drey Arten bestimmt. Das Morasterz ist unter allen das lockerste.

Fundort. Mit den beiden nachfolgenden Arten in den aufgeschwemmten Ebenen von Sachsen, der Lausitz (Kotbusser Kreis) und Oberschlesien, das nördliche Deutschland, die dänischen Inseln u. s. w.

Die gemeinschaftlichen Citate bey der letzten Art.

b) SUMPFERZ Wr. *Gelbl.*-Br. einerseits ins *gelbl.*- und *asch*-Gr., andererseits ins *schwärzl.*-Br. — selten *derb*, fast *immer durchlöchert, zerfressen*, zuweilen *ungestalten* oder *blasig* — innw. *schimmernd* ins *matte*, auch ins *wenigglänzende* (das dunklere) — Brch. *uneben* von *kleinem Korne* ins *Erdige*. — Brchst. *unbest. eck. stmpfk.* — Strich *lichter* — *weich* bis *sehr weich* — *milde* — *n. sndrl. spr.* — *l. zrsprgb. n. sndrl. schwer.*

Die Art mag chemisch nur wenig von der vorhergehenden verschieden seyn.

Sie bildet, durch festere Consistenz, Glanz, und Bruch den Uebergang von der ersten Art zur dritten. Auch diese Art scheint sich, wenn gleich unter Umständen, die nicht ganz bekannt ſind, noch immer zu erzeugen. Sie enthält vorzüglich die blaue Eiſenerde.

Fundort. Kommt unter ähnlichen Verhältniſſen wie das vorhergehende vor.

Citate bey der folgenden Art.

c) WIESENERZ Wr. (muſchlicher Raſeneiſenſtein Karſten, Phosphoreiſen Mohs, Limonit Hausmann) *Dunkel gelbl.*- ins *ſchwärzl.*-Br. und *bräunl.*-Schw. *Derb*, in *graupigen Körnern*, *knollig*, *pfeifenröhrig*, *durchlöchert*, *ungeſtaltet* — äuſserl. *rauh*, *ſchimmernd*, bis *faſt matt* — innw. *weniggl.* und *glänzend* von *Fettgl.* — Brch. *klein*- und *unvollk. muſchl.*, ſeltener *uneben* von *feinem Korne* — Brchſt. *unbeſt. eck. zieml. ſtmpfk.* — Strich *lichter* oft *ochergelb* — *weich* — *etwas ſpr.* — *l. zrſprgb.* — 2,603 Karſten.

Eiſenox. 66, Mangan 1,50, Phosphorſ. 8, Waſſer 23 Kl. Nach einer muthmaſslichen Berechnung von Hausmann Eiſenhydrat 72,309, phosphorſ. Eiſenoxydul 24,870, Mangan 1,5 von Klempnow. Eiſenox. 61, Mangan 7, Phosphorſ. nebſt einer Spur von Schwefel 2,5, Waſſer 19, Kieſel 6, Thon 2. Aus der Lauſitz nach D'Aubuiſſon.

Das Wieſenerz iſt das urſprünglichſte Erzeugniſs, die eigentliche Hauptmaſſe, aus welcher die beiden frühern ſich erzeugt haben, wenn auch nicht unmittelbar. Bekanntlich nahm Werner an, und auch Mohs ſcheint derſelben Meinung geweſen zu ſeyn, daſs, wenn ein jedes Wieſenerz früher Sumpferz, dieſes früher Moraſterz geweſen ſey. — Wenn das erſtere durch eine unbeſtimmbar lange Reihe von Jahren hindurch ſteht, wurde die Kruſte dicker, feſter und das Moraſterz erhärtete zum Sumpferz, wie dieſes, durch das trockner werden, indem die Farbe dunkler, der innere Glanz entſchiedener, der Bruch muſchlig, überhaupt die Maſſe conſiſtenter, feſter, homogener wurde, in Wieſenerz überging. Daher wäre dieſes Erz ſeltener mit Waſſer bedeckt, vielmehr theils mit Moorerde, theils mit Sand, theils auch mit Thon. Die ſchönen Unterſuchungen von Freiesleben, die mit denen, die ich in Holſtein und auf Seeland anzuſtellen, Gelegenheit fand, übereinſtimmen, haben mich völlig überzeugt, daſs das Wieſenerz durchaus die Grundlage, die urſprüngliche Hauptmaſſe der aufgeſchwemmten Ebene gebildet hat. Dennoch zweifle ich nicht, daſs hier ſich ein wirklich vegetatives Erzeugniſs zeigt, nur iſt es wahrhaft geognoſtiſch, fällt unter Umſtänden, die jetzt nicht mehr ſtatt finden, in die Epoche der Bildung der Leimen und Lettenlage überhaupt. Moraſterz und Sumpferz verhalten ſich, ohne allen Zweifel zu dem Wieſenerz, wie die neuern Bildungen von Rothgültigerz, Glaserz, weiſs, grün, braun Bleyerz u. ſ. w. zu den urſprünglichen Kieſen in den Gängen, nur daſs dieſe neuern Erzeugniſſe noch immer durch die Vegetation vermittelt werden, wie die älteſte Bildung aus ihr entſprang. Wie thätig die Vegetation in dieſer Rückſicht fortdauernd iſt, beweiſt Meinecke's höchſt wichtige Entdeckung einer wirklichen Schwefelkiesbildung durch Pflanzen in einem Sumpfe in der Nähe von Halle. — Die Varietät, die man im Trierſchen findet, und die Werner die pfeifenrohrige nennt, hat in ihrer Bildung etwas ſehr merkwürdiges und räthſelhaftes. Sie beſteht aus äuſserlich rauhen Cylindern, die theils hohl theils ausgefüllt ſind. Die Wände der hohlen ſind dick, — wohl $\frac{1}{3}$ bis 1 Linie. — Die Maſſe der Wände wie die Ausfüllungsmaſſe der dichten Cylinder, iſt härter als das gewöhnliche Wieſenerz und kann für einen harten braunen Thoneiſenſtein gelten. Nach auſsen beſtehen die Cylinder immer aus zuſammengebackenem, durch Ocher gelbl. - Br. und ochergelb gefärbten Sand. Mehrere (2, 3, wohl auch 4) Cylinder ſind parallel mit einander verbunden. Oft ſind die, ſo nebeneinander ſtehenden, hohlen oder ausgefüllten Röhren, durch unordentliche, knotenartige Anſchwellungen von einander getrennt, und ſetzen jenſeits derſelben, doch gewöhnlich etwas ſeitwärts geſchoben fort. Wahrſcheinlich erreichen ſie eine bedeutende Länge und es würde mir angenehm ſeyn, wenn ich, indem ich auf dieſe Bildung aufmerkſam mache, einen Kundigen, der die Gelegenheit dazu hat, bewegen könnte, eine Unterſuchung über das Vorkommen dieſer Maſſen anzuſtellen. Obgleich ſie viel mächtiger ſind, im Innern nicht geſchmolzen, ihre Maſſe von einer ganz eigenthümlichen Beſchaffenheit und ihre Bildung, beſonders das parallele aneinander gewachſene, etwas ſehr Abweichendes iſt, ſo erinnern ſie dennoch an die Blitzröhren, die in neuern Zeiten die Aufmerkſamkeit auf ſich zogen und nun ſchon an mehrern Orten entdeckt wurden — Daſs man aber noch keineswegs alle Formen kennt, in welchen das Wieſenerz vorkommt, wird auch durch das von Pfaff (Schweiggers Journ. 27. S. 79) entdeckte Wieſenerz bewieſen, welches eiſenſchwarz von metalliſchem Anſehen iſt, einen metalliſchen Strich giebt, eine gröſsere Härte und Schwere beſitzt und ohne allen Zweifel als eine eigenthümliche Art des Raſeneiſenſteins betrachtet zu werden verdient.

Cronſtedt §. 200. p. 216 Eiſen in Form eines Kalks. a) Zuſammengeſchlemmt. See- oder Sumpferz. b) In unordentlichen und unbeſtimmten Stücken, wahrſcheinlich Wieſenerz. Kirvan 2. p. 226 u. 227. Reuſs 2. 4. p. 138 Moraſterz. p. 140 Sumpferz. p. 142 Wieſenerz. Brochant 2. unter denſelben Benennungen p. 283 u. 284. Mohs 3. 2. eben ſo p. 231. Tabell. Ueberſ. p. 67 eben ſo. Karſten p. 66 eben ſo. Das Wieſenerz unter dem Nahmen muſchlicher Raſeneiſenſtein. Brongniart 2. p. 174. Hausmann Handb. der Raſeneiſenſtein unter dem Nahmen Limonit zum Theil p. 284. Breithaupt 3. 2. p. 292 Moraſterz. p. 295 Sumpferz. p. 297 Wieſenerz. Iameſon 3. p. 294 eben ſo. Leonhard Handb. p. 348.

10.

STILPNOSIDERIT Ullmann (ſchlackiger Brauneiſenſtein Hausmann). *Schwärzl.* - Br. in *Pech-*, ſelten ins *Sammt* - Schw. — *derb, eingeſprengt, tropfſteinartig, nierenförmig, traubig*, in *Trümmern*, innwend. zuweilen *unregelmäſsig hohl* — *wenigglänzend* bis *ſtarkgl.* von *Fettgl.* — Brch. aus dem *vollk. muſchl.* ins *Unvollkommene*, ſelten aus dieſem ins *Ebene*. — Brchſt. *unbeſt. eck.* zieml. *ſchrfk.* — *undrchſtg.* Strich *gelbl. Br.* — zwiſchen *halbhart u. hart* — *ſpr.* — *l. zrſprgb.* — 3,77 Breithaupt.

Zerknistert vor dem Löthrohr, unschmelzbar. Eisenox. 80,62, Kiesel 2, 25, Verl. (wahrscheinlich Wasser) 16, Manganox. eine Spur. Ullmann. Diese Analyse gilt der oben beschriebenen Gattung. Ob Hauy's Fer oxydé noir vitreux (Tabl. comp. S. 98) hierher gehört, vermag ich nicht zu bestimmen, dieses enthält Eisenox. 80,75 Kiesel 2,75, Wasser 15 nach Vql. Diese Analyse stimmt zwar mit der Ullmannschen sehr genau überein; aber die Oxyde und Hydrate nehmen bey der grösten Uebereinstimmung der Bestandtheile oft eigenthümlich verschiedene Formen an, dafs man schwerlich mit Sicherheit aus den Bestandtheilen auf das specifische der Bildung schliessen kann.

Wir stimmen, nach der Kenntnifs, die wir von dieser Gattung haben, mit Breithaupt überein, der sie nicht, wie Hausmann, als eine Art des Brauneisensteins betrachtet. Sie ist offenbar durch Farbe, Glanz, Bruch und grössere Härte von diesem specifisch verschieden. Dafs sie mit dem Brauneisenstein und in ältern Gebirgen vorkommt, darf uns nicht wundern. Auch hier erscheint sie doch, als ein sehr neues Erzeugnifs und nicht selten kommen Bildungen der neuesten Flötze, wenigstens annähernd, in den ältern Gebirgen vor, wie sich auch alte Bildungen in den neuern wiederholen. Die Eisenhydrate von mehr oder weniger pechartigem Ansehen mit muschlichem Bruche, zu welchen auch das Wiesenerz zu rechnen ist, und von welchen uns bis jetzt drei Gattungen bekannt sind, verdienen um ihr eigentliches Verhältniss zu einander erst eine genauere oryktognostische und geognostische, dann auch chemische Untersuchung. In der That scheint ihnen eine Beimischung von Säure (Arsenik-Phosphor-Schwefel-Säure) mehr oder weniger eigen, ohne doch eigentlich Form-bestimmend zu seyn. Die Bemerkung von Freiesleben, dass der Stilpnosiderit in Menge zur Beschickung in den Hochöfen angewandt, das Eisen kaltbrüchig macht, verbunden mit seinem Vorkommen, — begleitet von phosphorsaurem Bley — scheint auf einen Gehalt von Phosphorsäure zu deuten, wie Breithaupt bemerkt, obgleich diese Säure in den von Ullmann analysirten Stücken sich nicht vorfand.

Fundort. Auf Gängen mit Brauneisenstein auf Vater Abraham zu Scheibenberg, und bey Zschopau zugleich mit Grünbleyerz. In Henneberg bei Suhl, in Thüringen bey Saalfeld, in Bayern bey Amberg, im Nassauischen, im Westerwalde, zu Iberg bey Grund am Harz.

Ullmans ſyſtem. tabell. Ueberſ. p. 313. Hausmann Handb. p. 272. Breithaupt 4. 2. p. 188. Leonhard Handb. p. 244 mit dem dichten Brauneiſenſtein.

II.

EISENSINTER Wr. (Eiſenpecherz mehrerer Mineralogen. Pittizit Hausmann. Fer oxydé reſinite H.) *Gelbl.- bräunl.- röthl.* - Br. die durchſichtigen Stücke zuweilen gegen das Licht gehalten, ins *dunkel hyacinth*-R. — *Derb*, als *Ueberzug, nierförmig, tropfſteinartig* — Innw, *wenigglänzend, gl.* und *ſtarkgl.* von *Fettgl.* — Brch. *muſchl.* oft *flachmuſchl.*, ſelten ins *Ebene* — Anlage zur *dünn*- und *krummſchaal.* Abſndrg. — *durchſcheinend* bis zum völlig *durchſichtig.* — Str. *lichte zitronengelb* — *weich* — *n. ſndrl. ſpr.* — *äuſerſt l. zrſprgb.* — 2,407 Karſten.

Der durchſcheinende wird im Waſſer durchſichtiger und röther und zerfällt. Scheint ſich verſchieden vor dem Löthrohr zu verhalten. Einige ſollen, nach Breithaupt, ſich zum Theil verflüchtigen und einen ſtarken Arſenikgeruch zeigen. Dieſes zeigt ſich bei dem ausgezeichneten oberſchleſiſchen Eiſenſinter durchaus nicht. Er bäckt zuſammen, ſchmilzt zum Theil und giebt ein ſchwarzes etwas metalliſch glänzendes Korn. Eiſenox. 67, Waſſer 25, Schwefelſ. 8 Kl. Der von Chriſtbeſcheerung. Eiſenox. 55, Waſſer 32,25, Schwefelſ. 6,25 Zellner, der aus Oberſchleſien. Daſs der Arſenikgehalt unweſentlich iſt, leidet keinen Zweifel. Gilt daſſelbe von der Schwefelſäure? Schwerlich nach Du Menils Analyſe, welcher angiebt: Eiſenox. 50,5, Schwefelſ. 14,4, Phosphorſ. 1,7, Waſſer 35,5. Alſo Phosphorſ. ſtatt Arſenik.

Dieſe Gattung, obgleich oft mit dem Wernerſchen Eiſenpecherz verwechſelt, iſt durchaus von dieſem, ja von einer jeden andern, ihm nur ſcheinbar verwandten verſchieden. Die Farbe, mit dem Glanz, mit dem Bruch, mit der geringen Schwere und vorzüglich mit der leichten Zerſprengbarkeit verbunden, ſondern ſie von einer jeden andern.

Der erſte, der auf dieſe Gattung aufmerkſam machte, war, wie Freiesleben gezeigt hat, Schulze (neues hamburg. Magazin. 1767. 3tes St. S. 258) Er rechnete ſie zu den Zinkblenden, und verglechet ſie, nicht mit Unrecht, mit einem dunkeln Bernſtein. In der That ſollte man, dem äuſsern Anſehen nach, vermuthen, daſs das Foſſil verbrennlich wäre. Freiesleben hat (in ſeinen geognoſt. Arbeiten 5. S. 74) viel zur genauern Kenntniſs der Gattung beigetragen; doch ſcheint uns die Arteintheilung nicht ſo nothwendig zu seyn. Er zeigte auch, wie es schon Ferber (Beob. in dem sächs. Gebirge. 1778. 1. S. 108) bekannt war, dass dieses Fossil anfänglich weich sey und in dieser Gestalt ausschwitze — einem Sinter ähnlich. — Diese Bildungsart ist nun auch von mehrern bestätigt, und daher Werners Benennung hinlänglich gerechtfertigt.

Fundort. Auf eine höchst merkwürdige Weise kommt dieses Fossil auf die erwähnte Art, als ein ganz neues Erzeugniss, sowohl auf den Gängen in den Urgebirgen, besonders durch einen, nicht leicht zu erklärenden, Process der Auflösung und Veränderung der Schwefelkiese, als in den neuern Steinkohlenflötzen vor, und überzeugt uns, (da wahrscheinlich die Schwefelsäure nur als ein unwesentlicher Bestandtheil betrachtet werden kann), um so mehr, dass auch der Stilpnosiderit hierher zu rechnen ist. Das erste Vorkommen zeigt sich auf Christbescheerung und alte Hoffnung Gottes zu Grossvoigtberg, auf reichen Bergsegen (vorzüglich bernsteinartig), und hier schon von Schulze (s. o.) bemerkt. Die neueste Beobachtung zeigt uns das Vorkommen auf Steinkohlenflötzen (doch nur mit wenig Schwefelkies) auf Heinrichglück in Niederlazick im Plessischen in Oberschlesien. Auch hier von reſinöſem Anſehen — nach Ditrichs und Zellner (Leonh. Taſchenb. 9. S. 599).

Hauy Tabl. comp. p. 98. Karſten p. 66. Hausmann Handb. p. 285. Breithaupt 4. 2. p. 141. Leonhard Handb. p. 364.

Allgemeine Bemerkung über die Familien der Eiſenoxyde und Eiſenhydrate. Beide zeigen, auf eine recht intereſſante Weiſe eine ſchöne Uebereinſtimmung der oryktognoſtiſchen, geognoſtiſchen und chemiſchen Forſchungen, eine Uebereinſtimmung, die, wo ſie ſich von ſelbſt gleichſam darbietet, uns ſehr willkommen ſeyn muſs; aber ohne groſsen Nachtheil für die Wiſſenſchaft niemals übereilt, willkührlich oder künſtlich herbeigeführt werden darf. Die Eiſenoxyde haben, als ihre reinſte Geſtalt eine metalliſch glänzende Gattung und der Zuſammenhang mit dieſer metalliſchen Kryſtalliſation wird durch alle Gattungen erhalten. Die ganze Familie gehört zu den ältern Bildungen und wo der rothe Thoneiſenſtein in Flötzgebirgen erſcheint (der ſtängliche z. B.) da deutet ſeine Bildung auf eine gewaltſame Entſtehung durch Feuer. Die Eiſenhydrate haben keinen Zuſammenhang mit dem Eiſenglanz; wo bei dem Rubinglimmer die Kryſtalliſation ſich zu zeigen anfängt, iſt ſie völlig abweichend von der des Eiſenglanzes, und obgleich der Rubinglimmer und braune Eiſenrahm einen Uebergang zu dem faſrigen Brauneiſenſtein bilden, dem des Eiſenglimmers und des rothen Eiſenrahms ſehr analog, obgleich der Parallelismus der Bildung durch die ganze Gattung der Roth- und Brauneiſenſteine durchgeht, ja ſich in den Thoneiſenſteinen ebenfalls erkennen läſst, ſo iſt dennoch, wie der Anfang, ſo auch die fortſchreitende Bildung in mancherlei Rückſicht abweichend. Nicht allein Farbe, Glanz, Strich, zeigt das Abweichende, auch die gröſsere Beweglichkeit und Unbeſtimmtheit, das Schwankende der Form. Die Eiſenoxyde ſind offenbar häufiger in ältern, ſeltener in jüngern Gebirgen, erſcheinen nie in den jüngſten. Umgekehrt ſind die Eiſenhydrate, ſeltener in den Urgebirgen, nehmen ſie an Maſſe nicht allein, ſondern auch an Mannigfaltigkeit der Geſtalt, oft, vielleicht aber nur unweſentlich, mit Arſenik- Phosphor- und Schwefelſäure verbunden, in den jüngern, ja jüngſten Gebirgen zu, und verbinden durch eine, noch immer fortdaurende Production, die, wie es ſcheint, ſelbſt bis zur Kiesbildung zurückſchreiten kann, die Eiſenerzeugung mit der beſtehenden Vegetation.

Anhang. SPHÄROSIDERIT. Hausmann. *Blaſs wein-* oder *licht wachs-*Gelb, Mittelfarbe zwischen *wein-gelb* und *gelb-* oder *nelken*-Br. auch ins *schwärzl.*-Br. — *kugl. nierförmig, kleintraubig*, selten *eingesprengt*. — Innwend. *glänzend* und *wenigglä*, auf den Flächen der Textur und schaaligen Absndrg. zwischen *Perlmutter-* und *Fettgl.* — Bruch *sphärisch krummblättr.* — Absndrg. *keilförmig stängl.*, scheinbar in das *stern-* und *büschelf. auseinander lauf. strahlige* und *fasrige* übergehend, dann auch *krummschaalig* (rohe Glaskopfstruktur) letztere dem blättrigen Bruch conform — *Durchschnd.* in dünnen Stücken oft *halbdrchstg.* — *halbhart* — 3,915 Klaproth. Eisenoxydul 59,6, Manganox 1,9, Kalk 0,2, Talk 0,14, Kohlens. 38,9 Strohmeyer. Ob der kohlens. Kalk und Talk chemisch verbunden ist, wie im Eisenspath, oder mechanisch beigemengt, bleibt unentschieden. Der Sphärosiderit scheint aber durch die Ausscheidung des kohlens. Kalks sich zu bilden.

Giebt vor dem Löthrohr ein schwarzes Korn, das von dem Magnet angezogen wird. Eisenoxydul 63,75, Magnesiumoydul 0,75, Talk 0,25, Kohlensäure 34, Kl.

Fundort. In Höhlungen, selten auf Ablosungen oder im Gemenge eines grünsteinartigen Basalts zu Steinheim bei Hanau.

THONIGER SPHÄROSIDERIT. Hausmann.

1) SCHUPPIGER. *Asch*- ſtellenweiſe ins *gelbl.*-Gr. — in *groſsen ſphäroidiſchen Maſſen.* Sehr *feinſchuppig* (die Schuppen oft nur durch Vergröſserung erkennbar) — Innw. *matt, ſchimmernd,* die Schuppen *weniggl.* von *Perlmutter-gl.* — Brch. (wenn die Schuppen verſchwinden) ins *Feinſplittr.* und *Ebene* — an den Kanten *ſchwach drchſchnd.* — Giebt einen *weiſslichen* Strich.

Fundort. Die Fuhregge ohnweit der Karlshütte in Weſtphalen, wo dieſe Art mit thonigem Brauneiſenſtein (Hausmanns Gelbeiſenſtein) in Quaderſandſtein vorkommt, ſo daſs ſie als Kern, von Brauneiſenſtein ſchaalenförmig umgeben, ſich zeigt. Im Innern zuweilen mit, in eine pechkohlenartige Subſtanz umgeänderten Holzſtücken, mit Schneckenverſteinerungen, oft mit eingeſprengtem Erdpech.

2) DICHTER. *Aſch- gelbl.- bläul.- bräunl.*-Gr. in *leber- röthl.*- und *bläul.*-Br. — *Derb,* in *gröſsern oder kleinern ſphäroidiſchen* Maſſen, zuweilen im Innern in prismatiſche Stücke abgeſondert, deren Zwiſchenräume Kalkſpath, Eiſenſpath oder Schwerſpath ausfüllen (ein Theil der ſogenannten Ludi Helmontii. Wallerius 2. S. 395. Tophus fuſibilis, flavo-fuſcus, figura

globulari vel columnari in ſegmenta ſpatha calcarea diviſus. Pori aquei. gen. 61. ſpec. 425, welche aber auch wahre Mergelconcretionen enthalten). Auch mit Schnecken- und Kräuter-Abdrücken — *matt* — Brch. *erdig*, im Groſsen *eben* ins *Flachmuſchl.* — *undrchſtg.* — Strich des braunen *weiſslich.*

Eiſenox. 54, Manganox. 2,4, Kieſel 13, Thon 1, Kalk 4,2, Talk 2, Verl. (Kohlenſ. und Waſſer) 24, der von Blancheland. Eiſenox. 38,6 Manganox. 1,8, Kieſel 32, Thon 4, Kalk 1,8, Talk 4,3, Verl. 20 der von Geislautern. Eiſenox. 30, Manganox. 2,6, Kieſel 10,6, Thon 2, Kalk 1,6, Talk 2,4, Verl. 32. Alle drey Analyſen von Descotils. Da bey allen ein Ueberſchuſs — von 1,2 bis 1,5 — ſich zeigte, ſo glaubt Hausmann, daſs das Eiſen, nicht, wie Descotil meint, als Oxyd, ſondern als Oxydul in dem Foſſil enthalten iſt.

Fundort. In für ſich beſtehenden Flözlagen, oder in einzelnen, von Schieferthon oder Lettenflötzen eingeſchloſſenen Maſſen im Steinkohlengebirge; auch in einzelnen Maſſen im Thone des aufgeſchwemmten Landes. So an den eben genannten Orten, mit äuſserſt zarten Farrenkräuter-Verſteinerungen zu Coalbrookdale in England, hin und wieder in den Steinkohlengebirgen zwiſchen der Weſer und Leine, mit Eiſenſpath bey der Königshütte in Oberſchleſien.

Tabell. Ueberſ. p. 35 ſtrahliger Braunkalk. Hausmann Handb. p. 1070. Leonhard Handb. p. 364.

Es iſt ein Verdienſt von Hausmann, daſs er auf dieſe Bildungen aufmerkſam gemacht hat. Man muſste ein vielfacher Vorkommen des eigentlichen Sphäroſiderits, wie er jetzt nur bei Steinheim vorkommt, abwarten, um mit Beſtimmtheit zu entſcheiden, ob er eine eigene Gattung zu bilden verdient. Die Art, wie er bey Dransberg, ohnweit Göttingen und in Rheinbreitenbach bricht, iſt mir unbekannt. Die thonigen Bildungen, in welchen der Sphäroſiderit mit Thon und Kieſel innig vermengt, vorkommen ſoll, laſſen ſich nicht auf eine ſtrenge oryktognoſtiſche Weiſe mit dem eigentlichen Sphäroſiderit verbinden, da weder ein gemeinſchaftliches Vorkommen, noch allmählig bei dieſem verſchwindende bei jenem hervortretende Kennzeichen auf einen Uebergang deuten. Auch iſt es in der That ſchwer, bei dem thonigen Sphäroſiderit von Coalbrookdale und von Oberſchleſien, der mir bekannt iſt, den oryktognoſtiſchen Unterſchied von braunem Thoneiſenſtein feſt zu halten. Deſto wichtiger iſt die Bemerkung des

Ueberganges vom Eisenspath, durch den thonigen Sphärosiderit in braunen Thoneisenstein und die bemerkenswerthe Vermuthung, dafs ein grosser Theil der neuern Thoneisensteine ursprünglich thoniger Sphärosiderit gewesen seyn mögen, verdient Aufmerksamkeit. Bis jezt sind wir geneigt, dieses Fossil, sowohl das reine als das thonige Gemenge, als schwankende, zwar interessante, aber oryktognostisch nicht zu fixirende, Mittelbildungen zwischen Eisenspath und der Familie der Eisenhydrate, zu betrachten.

12.

BLAUEISENSTEIN.

a) BLÄTTRIGER BLAUEISENSTEIN (krystallisirte Blaueisenerde Breithaupt. Fer phorphaté H. blättriges Eisenblau Hausmann. Eisenglimmer Mohs) *lichte und dunkel, indig-* bis in *schwärzl.*-Bl. — die schilfartigen S. (Wr's Vivianit) *lauch-Grn.* — krystallis.

1) Primitiver, eine rechtwinkl. 4s. S. mit schief angesetzten Endfl. gegen zwey einander gegenüberstehende Stfl. mit rechten Winkel, gegen die dritte 125°, gegen die 4te 55° (hypothetisch Leonhard). Die Durchgänge parallel mit den breiten Stfl. vorzüglich deutlich (wie bey dem Gips).

2) Achtſeitiger var. 1 mit ſchief abgeſt. Stk.

3) Quadrioctonaler (T. LIV. fig. 141) var. 2 mit zgſchrfien Endfl., die ſchief auf die breitern Stfl. aufgeſ. ſind. Neig. der Zſchrfgfl. gegen die Stfl. 130 nach Hauy ohngefährer Schätzung.

4) Ringsum zugeſchärfter var. 3, wenn Abſtpffl. var. 2 die kleinern Stfl. ganz verdrängen.

5) Zugeſpitzter, var. 4 mit einer Abſtpfg. der ſchmalern Stfl. ebenfalls abgeſt. ſind, und dieſe Fl. ſo wachſen, daſs ſie mit den Zſchrfgfl. eine 4ſ. Zſpg. bilden.

Mittelkryſtalle wie von var. 3 u. 5 bilden ſich ebenfalls.

6) Nadelförmiger, wenn die S. ſich in Nadeln verlängern — Kryſtalle *klein* bis zur *mittlern Gröſse, aufgewachſen.* Aeuſserl. *glänzend* und *ſtarkgl.*, innw. (auf dem Hauptbrch.) im *hohen Grade*, von *Perlmuttergl.* — Brch. *gradblättr.* ein Drchg. vorzüglich deutlich. — Brchſt. längl. *tafelartig* oder *ſcheibenförmig.* — Neigung zur *ſäulenförmigen Abſndrg.* (der ſchilfartig eingewachſene Werner's Vivianit). *Drchſchnd.* (Strbrch. dopp. Schweigger). Strich *etwas lichter* — *weich* — *milde* — in dünnen Blättchen *biegſam* — *l. zrſprgb.* — 2,7 Breithaupt.

Vor dem Löthrohr giebt er ein ſchwarzes Korn, welches auf den Magneten wirkt. Eiſenox. 41,25, Phosphorſ. 19,25, Waſſer 31,23, Eiſenſchüſſigen Kieſel 1,25, Thon 3, Fourcroy und Laugier der von Isle de France. Eiſenox. 41,6, Phosphorſäure 16,4, Waſſer 31, Vogel der von Bodenmais.

Wir verdanken die erſte Kenntniſs dieſer merkwürdigen Art Uttinger (Molls Ephemeriden 4. 1. S. 71) und es iſt entſchieden, daſs Werners Vivianit hierher gehört. Breithaupt hat auf die höchſt merkwürdige Uebereinſtimmung der Kryſtalliſation mit der des Gipſes aufmerkſam gemacht. Es war uns nicht vergönnt, andere Kryſtalle, als die von var. 3 und 5 zu unterſuchen.

Fundort. In Urgebirgen, wahrſcheinlich als ein neueres Erzeugniſs, ſo zu Silberberg bey Bodenmais, mit Schwefel- und Arſenikkies im Gneis, in Grönland mit Amianth, der durch ihn blaugefärbt iſt, in Cornwallis, auf Isle de France vielleicht eben ſo. Nach Moſſier (Lucas Tabl. method. S. 415) im Baſalt und poröſen Gliedern der Trappformation zu Laboniche bey Nery im Departement de l' Allier.

Hauy Tabl. comp. p. 99 u. N. 148 p. 282. Hausmann Handb. p. 1075. Breithaupt 4. 2.

p. 144. Werner's letztes Mineralſ. p. 41 Vivianit. Leonhard p. 358. Iameſon 3. p. 301.

2) FASRIGER BLAUEISENSTEIN (faſriges Eiſenblau Hausmann) Lichte *indig*- ins *Smalte*-Bl. — *derb*, zuweilen mit Hornblende innig verwachſen in *abgerundeten*, *ſtumpfeckigen* Stücken — Innw. *ſchimmernd*, *ſeidenartig* — Brch. *zart*, theils *büſchelſörmig auseinanderlaufend*, theils *verworren faſrig* — *undrchſig*. — *weich*.

Dieſe Art iſt zuerſt von Hausmann beſtimmt; über das Vorkommen mit Hornblende, deſſen Eigenthümlichkeit Hausmann (in der ſcandinav. Reiſe 2. S. 169, wie in ſeinem Handbuche) heraushebt, werde ich bey der nachfolgenden Art etwas erwähnen.

Fundort. Im Uebergangsſyenit in Norwegen, dann auch — nach Schumacher — in Grönland.

Schumacher Verz. p. 139 mit dem erdigen Blaueiſenſtein. Hausmann Handb. 1076. Leonhard Handb. p. 359. Iameſon 3. p. 303.

e) DICHTER BLAUEISENSTEIN Kl. *Indig*, bald *dunkler* bald *heller*, mit einer Annäherung zum *lavendel*-Bl. — *derb*, in *dicken Platten eingewachſen* in Thonſchiefer, mit *würflichen Eindrücken* von Afterkryſtallen des Brauneiſenſteins — Aeuſserl. kaum *ſchimmernd*, innw. *matt* — Brch.

Brch. *groberdig*, ins *unebene* — Brch. *unbest. eck. u. ſndrl. ſtmpfk.* — Str. *lavendelbl.* — *undrchſig.* — *halbhart* — *etwas ſpr.* — *nicht ſndrl. ſchw. zrſprgb.* — 3,2 Kl.

Wird vor dem Löthrohr riſſig, härter und graulichſchwarz. Eiſenoxydul 40,5, Kieſel 50, Kalk 1, Natron 5,0, Verluſt (Waſſer 2) 3, Kl.

Ich habe dieſes Foſſil, der ſehr abweichenden Analyſe ohnerachtet, als eine Art des Blaueiſenſteins aufzuführen gewagt und muſs mich darüber wohl ausführlicher erklären. Erſtens, iſt zwar der Strich lavendelblau, auch wird die indigblaue Farbe durch das Feuer in eine lavendelblaue unveränderliche Farbe verwandelt. Aber dieſe Farbe iſt keinesweges die herrſchende des Foſſils, die vielmehr, wie in allen übrigen Arten des phosphorſauren Eiſens, indigblau iſt, ſo daſs der Stich ins Rothe ſelten deutlich bemerkbar iſt. — Dann mache ich hier auf die von Hausmann angeführte Beobachtung von dem faſrigen Blaueiſenſtein aufmerkſam. „Man glaubt" ſagt er, „einen Uebergang wahrzunehmen aus der Horn„blende in den Blaueiſenſtein, und kommt da„durch in Verſuchung zu glauben, es ſey dieſer „aus einer Zerſetzung der Hornblende hervorge„gangen. Dafür ſcheint auch der Umſtand zu „ſprechen, daſs der faſrige Blaueiſenſtein in ei-

„nem etwas verwitterten Syenit gefunden wird, „und daſs auf den Klüften im Hornblendegeſtein, „Hornblendeſchiefer, Grünſtein, nicht ſelten ein „zarter Anflug von erdigem Blaueiſenſtein vor- „kommt. Sollten vielleicht" fragt er ferner: „die „erwähnten Geſteine zuweilen etwas Phosphor „enthalten, welcher ſich in der Luft ſäuert?" Wir ragen aber: iſt denn entſchieden, daſs ſein faſriger Blaueiſenſtein Phosphorſäure enthält? Er iſt, ſo viel mir bekannt iſt, noch gar nicht analyſirt. Wenn er nun eben ſo wenig Phosphorſäure enthielt, wie der dichte Blaueiſenſtein von dem Orangefluſs in der Capcolonie? Nach den Stücken, die ich durch meinem Freund Lichtenſtein erhielt, zu urtheilen, iſt es gewiſs, daſs der dichte Blaueiſenſtein ſich eben ſo ſcheinbar aus dem Urthonſchiefer entwickelt, wie der faſrige aus der Hornblende. Ich erhielt und ſahe noch deutlicher bey ihm eine Reihe, immer tiefer tingirter Thonſchiefer, bis endlich die plattenförmige Maſſe ſich völlig rein darſtellte. Ja das ganze Gebirge iſt, nach Lichtenſtein, blaugefärbt. Nach dieſer Aehnlichkeit des Vorkommens zu urtheilen, müſsten alſo dieſe beiden Arten mit einander verbunden werden, und findet man, was mir ſehr wahrſcheinlich iſt, keine Phosphorſäure oder nur ein Minimum in der fasrigen Art, ſo müſsten beide, nach der jetzt herrſchenden Methode, von der Gattung des Blaueiſenſteins getrennt werden. Aber warum doch? Es giebt Kennzeichen, die ganz allein für ſich und ohne Verbindung mit andern, entſcheidend ſind, und ſo wenig die Farbe allein in andern Fällen, ja in den meiſten, entſcheiden mag, ſo iſt ſie doch für die verſchiedenen Oxydationszuſtände (nicht bloſs Stufen) der Metalle von groſser Wichtigkeit, beſonders dann, wenn die Farbe ſehr eigenthümlich, ſehr abgeſchnitten, ohne ſolche wahrnehmbare Uebergänge — wie ſie die gelbe bey den Eiſenhydraten zeigt, — erſcheint. Uns erſcheint die blaue Farbe, als etwas höchſt Beſtimmtes und Eigenthümliches. — Ein jeder gewiſſenhafter und genauer Chemiker kennt die groſse Schwierigkeit der Analyſe phosphorſaurer Foſſilien, ſo daſs es uns in der That nothwendig dünkt, alle Arten dieſer Gattung einer wiederholten Analyſe, nach derſelben Methode zu unterwerfen. Vielleicht würde man eine Uebereinſtimmung finden, die uns jetzt verborgen iſt. Die Klaprothſche Analyſe gab 3,0 Verluſt — wenn dieſes Phosphorſäure wäre? — Es iſt zwar wenig, aber ſelbſt ein Minimum wäre wichtig. — Der Chemiker kann ein Eiſenoxydul mit Phosphorſäure verbinden und erhält dann eine blau gefärbte Verbindung, er analyſirte die blaue Eiſenerde und findet, daſs ſie dieſelben Beſtandtheile enthält. — Folgt nun etwa daraus, daſs die Phosphorſäure die färbende Subſtanz ſey? Wäre es nicht möglich, daſs das Eiſenoxydul durch die Phosphorſäure in einen Zuſtand gebracht würde, der ſich auch dann erhielt, wenn dieſe verſchwand, oder faſt verſchwand? Daſs die Phosphorſäure *nicht* die färbende Subſtanz iſt, erhellt ſchon daraus, daſs die künſtliche Verbindung erſt lichte ſmalteblau iſt, der erdige Blaueiſenſtein aber in der Tiefe der Moräſte ſogar völlig weiſs gefunden und erſt in der Luft gefärbt wird. Aus allen dieſen Gründen halte ich mich nun für überzeugt, daſs der Blaueiſenſtein ein ganz eigenthümliches Eiſenoxydul iſt, deſſen Erzeugniſs vielleicht durch die Phosphorſäure veranlaſst wird, welches aber, auch wenn dieſes auf irgend eine Weiſe verſchwindet, dennoch die einmahl erhaltene Beſchaffenheit behält, vielleicht auch, ohne Phosphorſäure, auf unbekannten Wegen, entſtehen kann. Die Eiſenhydrate behalten ihre Farbe, wenn ſie ſich mit Phosphorſäure verbinden, und ſelbſt, wenn wir die Richtigkeit der Analyſen des blättrigen Blaueiſenſteins zugeben, iſt es auffallend, daſs die Farbe ein dunkles Indigblau iſt, obgleich er kaum die Hälfte der Phosphorsäure des erdigen enthalt. Diese unsere Ansicht hat uns nun bewogen, die ganze Gattung den Eisenoxyden anzureihen und wir haben uns nicht gescheuet, sie mit einiger Ausführlichkeit zu entwickeln, weil wir eine jede Gelegenheit gern ergreifen, um das Ungenügende einer bloss chemischen Anordnung der Fossilien darzuthun *).

Fundort. Nesterweise im Thonschiefer in dem Innersten der Capcolonie an den Ufern des Orangeflusses an der roode gebrochen Klip. Dieser Fels liegt da, wo die beiden Ströme von den Zuurebergen und von den Taybockbergen sich vereinigt haben, wo der Zeekoerevier, der von

*) Indem ich diese Anmerkung zum Drucke absende, finde ich folgende Stelle in Döbereiners pneumatischer Chemie. 3. p. 58: „Ich habe vor drei Jahren in „meiner Abhandlung über die chemische Constitution „der eisenblausauren Verbindungen auf das Daseyn „des, zuerst von Ritter, entdeckten Eisensuboxyds „aufmerksam gemacht, und nun erfahre ich, dass es „unserm trefflichen Stromeyer gelungen, dasselbe „auf chemischen Wege durch Behandlung des Eisen„oxyds mit Wasserstoffgas in hoher Temperatur darzu„stellen. Uebrigens hätte das Vorkommen eines „blauen phosphorsauren Eisens die Chemiker längst „bestimmen sollen, die Ursache der blauen Farbe des „Berlinerblaues in einem besondern Oxydationszustan„de des Eisens zu suchen.“

den Schneebergen kommt, ſich noch nicht mit dem Orangefluſs verbunden hat. Das Geſtein, ſagt Lichtenſtein (Reiſe 2ter Th. S. 382) aus welchem der Fels beſteht, erſtreckt ſich, in ſchieferartigen Lagen tief in den Fluſs und iſt von ſchön blauer Farbe, die ſehr dauerhaft iſt, und zum Anſtreichen der Häuſer benutzt wird. Weiter hinauf verräth der dichte gelbröthliche (braune?) Ocherüberzug den reichen Eiſengehalt und faſt durchgängig iſt kubiſcher Eiſenſtein (Brauneiſenſtein) in die Maſſe eingeſprengt.

Klaproth Beiträge 6. p. 237. Breithaupt 4. 2. p. 196, Leonhard Handb. p. 368.

d) ERDIGER BLAUEISENSTEIN (blaue Eiſenerde Wr. Fer phosphaté terreux H.). *Indig*- zuweilen ins *Smalte*-Bl., auch wohl mit einer Spur von *lauch*-Grn. — *Zerreiblich*, *derb*, *eingeſprengt*, am häufigſten als *Ueberzug* und *angeflogen* — beſteht aus *matten*, *ſtaubartigen* Theilen — *loſe* oder *ſchwach zuſammengebacken* — *färbt ab* — *fühlt ſich fein und mager an* — *leicht*. —

Vor dem Löthrohr ein ſchwarzes Korn, welches vom Magneten angezogen wird. Eiſenoxydul 47,5, Phosphorſ. 32, Waſſer 20 Kl. der von Eckartsberge. Eiſenoxyd. (?) 43, Phosphorſ. 23,

Waſſer 32,4, Mangan 0,3, Thon 0,6 Berthier, der von Alleyras. Eiſenoxydul 43,775, Phosphorſ. 30,320, Waſſer 25, Brandes, der von Hillentrup.

Ueber das Verhältniſs dieſer Art zu den übrigen habe ich oben ausführlich geſprochen.

Fundort. Sie iſt die gewöhnlichſte unter allen und findet ſich am häufigſten mit Sumpferzen und Turf, ſeltener mit den übrigen Raſeneiſenſteinen, als Ueberzug und neſterweiſe. In der Tiefe, und wo ſie ganz vor dem Zugang der Luft geſchützt iſt, völlig *weiſs*, wie ich ſie ſelbſt in ſeeländiſchen und holſteiniſchen Turfmooren gefunden habe. Selten findet man dieſe Farbe und die leiſeſte Berührung der Luft ruft ſchon die ſmalteblaue Farbe hervor. Es wäre überflüſſig, die verſchiedenen Fundörter anzugeben. Die von Eckardtsberg in Mergel iſt ſehr ſchön. Merkwürdig iſt die Beziehung zu vegetabiliſchen Stoffen, aus welchen dieſe Erde ſich vorzüglich zu erzeugen ſcheint. So kommt ſie in einem Lehm mit Staudengewächſen in der Gegend von Wolfach im Badenſchen vor, (Leonhard) eben ſo mit foſſilem Holz in der Gegend von Mans (Lucas), in dem Feſtungsgraben von Spandau, in einem mit vegetabiliſchen Trümmern ganz durchflochtenen

Lehm, in Hillentrup, Amt Sternberg des Fürstenthums Lippe in den Ueberresten alter Baumstämme in der Tiefe einer Thongrube. Nach Berthier (Journ. d. min. 28. p. 73) bey Alleyras im Departement Haute-Loire, S. O. von Puy in einem glimmerreichen Thone, unregelmäſsig zerstreuet, aber auch im Innern halbverwester Baumzweige von vorzüglicher Schönheit, so endlich selbst, nach Blumenbach, im Treibholze, welches bey Stade angeschwemmt wird (Naturgesch. S. 658. Anm.)

Cronstedt §. 206. S. 220. Eisen mit Alcali und brennbaren Theilen, blaue Eisenerde, natürliches Berlinerblau. Waller. 2. p. 260. Ferrum solutum, alcali praecipitatum et phlogisto junctum, caeruleum. Caeruleum berolinense naturale. gen. 53. spec. 343. Man sieht, daſs beide diese Erde, nach der damals herrschenden Ansicht, für wirkliches Berlinerblau ansahen und nach der in obiger Note erwähnten Entdeckung Stromeyer's, wird man hier, wie bey vielen andern Thatsachen, gezwungen, wieder zu der alten, wenn auch modificirten Lehre, zurückkehren müssen. Kirvan 2. p. 131. Hauy 4. p. 158 u. Tabl. comp. p. 99. Reuss 2. 4. p. 146. Mohs 3. p. 433. tabell. Uebers. p. 68. Brochant 2. p. 288. Karsten p. 66. Brongniart 2. p. 179. Hausmann Handb. p. 1077. Breithaupt 3. 2. p. 302. Jameson 3. p. 304. Leonhard Handb. p. 359.

13.

GRÜNEISENSTEIN Leonhard (grüne Eiſenerde Wr.)

1) FASRIGER GRÜNEISENSTEIN (faſrige grüne Eiſenerde Wr.) *berg- lauch-, am häufigſten ſchwärzl. - Gr.*, nach der Oberfläche zu ins *grünl. - Schw.* — *kleinkuglich, kleinnierförmig, traubig* — Oberfl. *glatt, glänzend* von *Fettgl.* zuweilen nur *ſchimmernd* — Brch. *ſtern-* und *büſchelförmig* auseinander laufend, *ſtrahlig* und *faſrig*, ins *Dichte* — Brchſt. *keilförmig, ſplittr.* — Anlage zur *dünn*- nach der äuſsern Oberfl. *nierförmig gebogenen krummſchaaligen* Abſndrg. (Glaskopfſtruktur) — Str. *gelbl. grau* — *halbhart* — *ſpr.* — *n. ſnd. ſchw.*

Dieſe Art iſt von Ullmann (ſyſtem. Ueberſ. der miner. einf. Foſſilien. S. 319) zuerſt beſtimmt, und zwar, als ein grünes Eiſenhydrat. Das kleinkugliche, welches die allgemeine Form iſt und auch die verwandten Geſtalten characteriſirt, iſt mit der Farbe das Eigenthümliche.

Fundort. Auf den Gruben Offhauſer und Mittelberg in dem Hollerter-Zug im Saynſchen, begleitet von Quarz, Malachit u. ſ. w. Soll auch in Dalarne vorkommen.

Breithaupt 3, 2, p. 307. Leonhard Handb. p. 348.

2) DICHTER GRÜNEISENSTEIN (dichte feſte grüne Eiſenerde Wr.) *lichte* bis *dunkel zeiſig-*, einerſeits in *Oliven*-Grn., andererſeits in *Schwefel*-gelb — *derb, eingeſprengt* — *matt* — Brch. *eben ins Unebene* von *kleinem Korne* — Brchſt. *unbeſt. eck.* nicht *ſndrl. ſtmpfk.* — *halbhart* — *ſpr.* — *l. zrſprgb.* — *nicht ſndrl. ſchwer.*

Dieſe Art habe ich nicht, wie Werner, als eine Unterart, vielmehr als eine eigene Art, getrennt, weil offenbar die Formen der Roth- und Brauneiſenſteine ſich hier, wenn auch modificirt, wiederholen.

Fundort. Iſt häufiger als der vorige. Seine Fundörter bei der nachfolgenden Art, welche er vorzüglich begleitet.

Breithaupt 3. 2. p. 306. Leonhard Handb. p. 348.

d) ERDIGER GRÜNEISENSTEIN (zerreibliche grüne Eiſenerde Wr.) Farben, *wie die vorige Art* — *zerreiblich*, als *Ueberzug*, kaum *derb* — *matte ſtaubartige* Theile — *mehr oder weniger zuſammen gebacken* — *färbt wenig ab* — *fühlt ſich mager an* — *n. ſndrl. ſchw.*

Unſchmelzbar. Wird vor dem Löthrohr erſt braun, dann röthlich-ſchwarz.

Diese Art unterscheidet sich von den übrigen Ochern leicht, nur schwer von dem Wismuthocher, der sich in Farbe diesem sehr nähert. Es ist um so schwieriger, anders, als durch das Löthrohr den erdigen Grüneisenstein von dem Wismuthocher zu unterscheiden, da der erstere sich wirklich auch auf dem gediegenen Wismuth findet. Irre ich nicht, so ist die wahre Farbe des Wismuthochers die strohgelbe, und jedesmahl, wenn diese ins zeisiggrüne spielt, findet eine Verbindung mit dem erdigen Grüneisensteine statt. Ein zeisiggrüner Ueberzug auf gediegenem Wismuth, von Schneeberg, den ich vor dem Löthrohr untersuchte, zeigte sich zwar als Grüneisenstein, aber ein Theil verschwand und überzog die Kohle mit dem lichten gelblich-weissen Ocher, so dass die meisten Stücken in den Sammlungen wohl aus einer Mischung von beiden genannten erdigen Fossilien bestehen mögen. — Oben haben wir schon angeführt, dass Ullmann diese Gattung als ein eigenthümliches Eisenhydrat betrachtete. Die Untersuchung eines Fossils aus Ungarn durch Du Menil bestätigt diese Vermuthung durchaus. Nach ihm bestand dieses aus: Kiesel 66,77, Eisenoxydul 17,33, Manganoxydul 0,09, Kalk 0,70, Wasser 13,8. Wir führen die Analyse hier an, nicht bei der vorigen Art, weil die dichten Grüneisensteine gewiss nicht alle so wenig Eisenoxydul enthalten. Das analysirte Fossil, welches auch ohne allen Zweifel härter war, als der dichte Grüneisenstein, muss vielmehr als ein inniges Gemisch von erdigem Grüneisenstein und Quarz betrachtet werden. Das Merkwürdige ist aber, dass wir hier ein Eisenoxydulhydrat finden, oryktognostisch verschieden von dem Eisenoxydhydrat, und doch mit der Neigung die Glaskopfstruktur, wenn gleich eigenthümlich modificirt und wie verdrängt, zu gestalten.

Breithaupt a. a. O. Leonhard Handb. a. a. O.

Allgem. Anmerk. über die gesammten Familien der Eisenoxyde und Hydrate. Uebersehen wir die bisher beschriebenen Familien mit einem Blick, so finden wir eine Familie der magnetischen Eisenoxydule (Gattung 1, 2 u. 3) eine Familie der metallischen und rothen Eisenoxyde (Gattung 4, 5, 6), eine dritte der Eisenoxydhydrate (Gattung 7, 8, 9, 10, 11), eine der blauen Eisenoxydule — vielleicht ein Eisenoxydulhydrat im Minimo — (Gattung 12) und endlich die des grünen Eisenoxydulhydrats (Gatt. 13).

14.

GRAU BRAUNSTEIN Wr. (Manganese oxydé H. größtentheils)

a) STRAHLIGER GRAUBRAUNSTEIN Wr. (M. oxydé gris metalloide H. zum Theil). Zwifchen *ftahl*-Gr. und *eifen*-Schw. mehr das erftere — *derb*, *nierförmig*, *traubig*, *eingefpr.* kryftallif.

1) Primitiver, eine niedr. faft rechtwinkl. 4f. S. Neig. der Stfl. gegen einander 102° 25′ und 77° 35′, oft nur linfenförmig.

2) Achtfeitiger var. 1. die fchärfern Stk. zg-fchrft. Neig. der Zfchrgfl. gegen einander 127° (?)

3) Sechfeitiger var. 1. die ftumpf. Stk. abgeft.

4) Quadrioctonaler (T. 82. f. 201) var. 2. die Endfl. zgfchrft., Zfchrfgfl. auf die ftumpforn Stk. aufgef. Neig. der Zfchrfgfl. gegeneinander 115° (?).

5) Dioctaedrifcher (f. 202) var. 4. die Zfchr-fgfl. der Endfl. durch eine auf die Stfl. der S. auf-gef. 4f. Zfpg. verdrängt, fo dafs fie von diefer nur als Begrenzung der Zfpg. mit dem eben genannten Winkel übrig bleiben. Neig. der Zfpgfl. gegen-einander 170° (?)

6) Nadelförmiger var. 1. oft in Nadeln verlängert, die Zfchrfg. und Zfpg. der Endfl., fo wie die Zfchrfg. und Abftfg. der Stfl. zugerundet, die er-ftere fpitzig verlängert.

Kryftalle *klein*, felten *mittlerer Gröfse*, *aufeinander*, und befonders die nadelförmigen, *nach allen Richtungen durcheinander gewach-*

ſen. Die Stfl. *ſtark in die Länge geſtreiſt.* Endfl. und Zſchrfgfl. *glatt* — *ſtarkgl.* und *glänzend*, bis zum *weniggl.* von *Metallgl.* — Br. *blättr.* mit einem *4ſ. Drchg.* zwei parallel mit den Stfl. der S. einer mit der kürzern (vorzüglich deutlich) einer mit der längern Diagonale, aus dem blättr. ins *breit*, *ſchmalſtrahlige*, bis ins *faſrige*, *büſchel-* und *ſternförmig*, zuweilen *unter einander laufend* — Die Brchfl. parallel mit den Stfl. faſt immer *geſtreift.* Querbr. ſelten erkennbar, dann *uneben* von *kleinem* und *feinem Korne* — Brchſt. *ſplittr.* und *keilförmig* — Der derbe *gros-* und *grobkörnig* und durch Verlängerung der abgeſ. St. *keilförmig ſtängl.* abgeſ. — *undrchſtg.* — Str. *matt*, *ſchwärzl. br.* — *färbt* (gerieben) *ab* — *weich*, die Kryſtalle ritzen ſchon den Kalkſpath — *wenig ſpr.* — *l. zrſprgb.* — 4,181 Rinnmann, 4,249 Briſſon, 4,26 — 4,31 der von Ilefeld nach Breithaupt, 3,693 — 3,762 der Ilmenauer nach Muncke.

Unſchmelzbar. Färbt den Borax blau. Manganoxyd (ſchwarzes) 90,50, Sauerſtoff, der durch die Hitze entflieht, 2,25, Waſſer 7, der von Ilefeld, Manganox, 89, Sauerſtoff 10,25, Waſſer 0,50, beide Analyſen von Kl. Manganoxyd (braunes) 45,5, Sauerſtoff 38, Eiſenox. 2, Kieſel 7,5, Baryt 1,5, der von Tholey. Manganox. 44,5,

Sauerſtoff 56,5, kohlenſ. Kalk 0,5, Kieſel 7, Baryt 3,5, aus Deutſchland. Manganox. 44, Sauerſtoff 42,0, Eiſenox. 30, Kieſel 5,0, Kohle 1,5, aus Piemont, dieſe drey Analyſen von Cordier und Baunier. — In allen erhielt man braunes Oxyd. Nach Berzelius würde das Verhältniſs des Sauerſtoffgehalts zum Mangan in den verſchiedenen Oxydationsſtufen in 100 Th. folgendes ſeyn: 28,10 : 42,15 : 56,20. Das letzte Oxyd — mit 64,05 Mangan und 35,95 Sauerſtoff, läſst bekanntlich, wenn es erhitzt wird, eine Menge Sauerſtoff entweichen. Nach dieſer Entweichung behält es noch immer, wie in der Klaprothſchen Analyſe, die ſchwarze Farbe und bildet das zweyte Oxyd. Wenn dieſes aber ſtärker geglüht wird, entweicht noch mehr Sauerſtoff und dann bildet ſich, wie bei den Analyſen von Cordier, ein braunes Oxyd, welches nach Arfvedſon aus zwey Theilen des zweyten und einem Theil des erſten beſteht. Die Sauerſtoffmenge, die Klaproth aus dem Graubraunſtein von Ilefeld erhielt, indem das Oxyd die ſchwarze Farbe behielt, ſtimmt ſehr genau mit dieſer Annahme; ſchwerer iſt es, damit die Analyſen von Cordier zu vereinigen.

Der Graubraunſtein war ſehr lange bekannt, und ward, wie noch immer, zum Blaufärben benutzt. Die Benennung Magnesia (nach Boyle wegen der Aehnlichkeit mit dem Magneten) ward am häufigsten gebraucht, aber auch Manganesium. Ueber die etymologische Ableitung dieses Worts Buttmann Johns chem. Unters. 2. S. 103. Glaubers (1656) und Waitz (1705) Untersuchungen entschieden über die Natur dieses Fossils Nichts. Es ward aber allgemein, der Farbe, des Glanzes und der Schwere wegen unter die Eisenerze gerechnet. Erst nachdem Pott (1740) bewiesen hatte, dass der Braunstein keine Spur von Eisen enthielt, sonderte Cronstedt dieses Fossil von den Eisenerzen ab, in der Voraussetzung, dass es hauptsächlich aus einer eigenthümlichen Erde bestehen möchte, und durch Rinnmanns (1765) und Kaims (1770) Versuche ward die Vermuthung, dass der Braunstein ein bis dahin unbekanntes besonderes Metall enthalte, erst entschieden ausgesprochen. Eine Vermuthung, die bekanntlich durch eine Abhandlung des Scheele (1774), die in der Chemie Epoche gemacht hat, völlig bestätigt wurde.

Der Graubraunstein bildet eine eigene, sehr eigenthümliche Gattung und ist mit keiner andern zu verwechseln. Ich habe die zwey Arten, die Werner trennt, die des strahligen und blättrigen Graubraunsteins mit einander verbunden, denn ich glaube nicht, daſs ein hinlänglicher Grund der Trennung vorhanden iſt. Der blättrige Bruch, der ſich bey den linſenförmigen Rhomben vorfindet, geht ſtufenweiſe in den ſtrahligen über, mit dieſer Veränderung iſt die ſäulenförmige Verlängerung der Kryſtalle bis zum Extrem der nadelformigen und der Uebergang von der körnigen Abſonderung in die keilförmige verbunden, ſo daſs der ſtrahlige Graubrauſtein ſich von dem blättrigen nur durch dieſe eine Modification des Bruchs unterſcheidet. So entſchieden nun auch die Gattung von den übrigen getrennt iſt, denn eine Verwechſelung mit dem Grauſpiesglanzerz oder mit dem Wismuthglanz iſt in der That, wenn man nur einmahl dieſe drey Gattungen untereinander verglichen hat, unmöglich, ſo zeigt ſich doch eine merkwürdige Schwierigkeit, wenn man die eigenthümliche (kryſtalliniſche) Struktur der Gattung genauer beſtimmen will. Schon wenn man die Beſtimmungen der Schriftſteller mit einander vergleicht, zeigt ſich eine auffallende Verſchiedenheit. Hauy und Mohs nehmen ein etwas verſchobenes Prisma an, deſſen Winkel 100° und 80° betragen, Leonhard ein eben ſolches mit Winkeln von 102° 15′ und 77° 45′ — und die ſehr nahe Beſtätigung dieſer Beſtimmung, wie ſie oben angegeben iſt, habe ich durch ſehr oft wiederhohlte Messungen mit dem Wollastonschen Reflexionsgoniometer gefunden. Hausmann bestimmt die Winkel der Seitenkanten durch 115° und 65° und Breithaupt sogar durch 122° und 58°. Diese Abweichung rührt theils daher, daſs solche Krystalle, die eine genaue Bestimmung erlauben, höchst selten sind — die Rhomben sind meist zu unbestimmt und klein, die Säulen stark gestreift — theils daher, daſs diese Gattung einen vierfachen Durchgang parallel mit den Seitenflächen einer 8f. Säule hat, und daſs man willkührlich bald diese, bald jene zwey Durchgänge, als der Kerngestalt zugehörig, betrachtet.

Wir wollen nicht leugnen, daſs die Seitenflächen der am wenigsten verschobenen Säule, deren Winkel es uns allein genauer zu bestimmen gelang, keinesweges die deutlichsten Durchgänge geben. Ein Durchgang parallel mit der kleinen Diagonale der bestimmten Säule ist offenbar unter allen der deutlichste, (wie Leonhard richtig bemerkt, dessen Messungen überhaupt unter allen bisherigen die genauesten sind) der ihm correspondirende ist aber wieder unter allen der undeutlichste.

Fundort. Der Graubraustein ist ein oft und in Gebirgen der verschiedensten Epochen vorkommendes Fossil, am häufigsten und auf eine merkwürdige Weise von Brauneisenstein begleitet. Dahingegen nie, wie das Titan und das Chromium mit Magneteisenstein, höchst selten mit Eisenglanz. Man findet ihn wohl am häufigsten auf Gängen, und Mohs unterscheidet zwey Arten des Vorkommens oder zwey Formationen. Die erste, wo er sich mit Schwerspath (gegen welchen er eine ausgezeichnete geognostische Verwandschaft zeigt), Quarz u. s. w. auf Gängen und Butzenwerken, wie in sehr bedeutenden Massen bei Oehrenstock im Schwarzburgischen und vorzüglich bey Elgersburg im gothaischen Thüringen, bei Ilefeld am Harze, in den ältern Flötzgebirgen, in dem rothen und todten Liegenden und dem mit diesem verbundenen Porphyr. Die zweite Formation aus strahligem Graubraunstein, aber auch aus den beiden folgenden Arten bestehend, ist von Roth- und Brauneisenstein begleitet. Die Gänge dieser Formation setzen meistens in sehr alten Gebirgen auf, der Rotheisenstein macht die Hauptausfüllung aus, und mit diesem zeigt sich Eisenkiesel, Quarz, Hornstein, Uranglimmer, Eisenglanz, wie zu Eibenstock und Johanngeorgenstadt im Erzgebirge. Auch auf Lagern und liegenden Stöcken des Brauneisensteins im ältesten Flötzkalkstein findet man ihn. Die nadelförmige

Abänderung findet man schon am Westerwalde, am Stahlberg in der Nähe von Schmalkalden, bey Christiansund in Norwegen. Der strahlige von Ilefeld und Ilmenau, vom Westerwald, und in England von Aberdeen, Devonshire u. s. w. ist sehr ausgezeichnet, an den nehmlichen Orten, aber auch zu Johanngeorgenstadt, in Böhmen bey Presniz auf dem Irrgange und Niclasberg zu Platten.

Cronstedt p. 152. §. 116. Magnesia (Braunstein) mit einem geringen Theilo Eisen a) schwarz metallisch 3) mit Strahlen 4) drusenartig. Wallerius Magnesia gen. 23. spec. 153. §. 66. 2. Magnesia fuliginosa, particulis acerosis, nitens, fragilis manus inquinens. Magnesia fuliginosa 1ster Th. p. 342. Syst. Nat. XII. 3. p. 121. Molybdaenum (Magnesia) tritura atra. Rom. D'Isle 3. p. 101. Kirvan 2. p. 351. Hauy 4. p. 326. Reuss 2. 4. p. 448 strahliges Gr. Braunsteinerz und p. 433 blättriges. Brochant 2. p. 414 u. 417. Mohs 3. strahliges p. 442, blättriges p. 443. Tabellar. Uebers. p. 68 eben so. Karsten p. 72 eben so. Brongniart 2. p. 104. Hausmann Handb. blättricher p. 288, strahliger p. 289. Breithaupt eben so. 4. 1. p. 138 u. p. 144. Iameson 3. p. 317 u. 319. Leonhard p. 371.

b) DICHTER GRAUBRAUNSTEIN Wr. (Manganèse gros metalloid-compacte H.) — Zwischen *eisen*-Schw. und *stahl*-Gr. — *derb* (am häufigſten), *eingeſpr.*, *nierförmig*, *dendritiſch* und *ſtaudenförmig* — *weniggl.* bis *ſchimmernd*, *Metallgl.* — Brch. *eben*, zuweilen dem *erdigen*, öfters dem *flachmuſchl.* nahe — Brchſt. *unbeſt. eck.* — Mitunter *dick- und krummſchaal. abgeſ.* — Strich *dunkler*, *glanzlos* — *färbt nur dann ab*, wenn er ſich der folgenden Art nähert — *weich.*

Verhält ſich vor dem Löthrohr wie die vorige Art. Braunes Manganox. 50, Sauerſtoff 33,7, Kohle 0,4, Baryt 14,7, Kieſel 1,2 der von Romaneche; braunes Manganox. 55, Sauerſtoff 17, kohlenſ. Kalk 7, Baryt 9, Kieſel 6, Waſſer 5, der von Aveline, beide Analyſen von Vql. Schwarzes Manganox. 85, Sauerſtoff 11, Kieſel 4 vom Wurzelberg nach Hausmann. Dieſe letzte Analyſe ſtimmt ziemlich genau mit Berzelius oben angeführter Angabe.

Dieſe Art iſt häufig mit der dichten Abänderung des Schwarz-Braunſteins verwechſelt. Man unterſcheidet aber ſehr genau den Uebergang aus dem faſrigen ſtrahligen Bruch in den vollkommen dichten. Doch läſst es ſich nicht leugnen, daſs ſie dem Schwarz-Braunſtein nahe verwandt iſt, wovon unten ein mehreres.

Fundort. Das Vorkommen iſt im Allgemeinen bey der vorigen Art angegeben. Dieſe Art kommt vorzüglich in der dort genannten zweiten Formation vor, und ſelbſt die dort genannten Fundörter in dem Erzgebirge, in Böhmen, in Thüringen, am Harze (ausgezeichnet am Wurzelberge), bei Chriſtianſund in Norwegen u. ſ. w. ſind dieſelben. Sehr oft von Schwarz-Braunſtein begleitet.

Cronſtedt §. 116. 1 u. 2. (?) Magneſia mit einem geringen Antheil Eiſen - derber, ſtahldichter. Wallerius 1. p. 342. Spec. 158. 1) Magneſia fuliginoſa ſolida (?) Hauy Tabl. comp. p. 110. Kirvan 2. p. 355. Reuſs 2. 4. p. 454. Mohs 3. p. 447. tabell. Ueberſ. p. 69. Brochant 2. p. 418. Karſten p. 72. Brongniart 2. p. 109. Hausmann Handb. p. 291. Breithaupt 4. 1. p. 196. Iameſon 3. p. 321. Leonhard p. 374 mit dem Schwarz-Braunſtein verbunden.

c) ERDIGER GRAUBRAUNSTEIN (Manganèſe ox. pulverulent H.) Zwiſchen *Eiſen*-Schw. und *ſtahl*-Gr. — innwend. zuweilen in das *Bläuliche* ſpielend — *derb*, *eingeſpr.*, *angeflogen*, in *zarten*, *lichten*, *glänzenden Dendriten* — *zerreiblich* — aus ſtärker und ſchwächer *halbmetalliſch ſchimmernden*, *zartſchuppigen* Theilen beſtehend — *ſtark abfärbend* — mehr oder weniger *zuſammengebacken* — *Schwer* im geringen Grade.

Manganoxyd im Maximo der Oxydation.

Die vorhergehende Art zeigt, wie durch den Uebergang in den ſtrahligen und faſrigen, ſo auch durch den Uebergang in den erdigen, daſs ſie zu dieſer Gattung gehört. Der erdige Graubraunſtein iſt kaum mit einem andern Foſſil zu verwechſeln. Farbe, fettiges Anſehen und bedeutend geringeres ſpecifiſches Gewicht ſondern den erdigen Graphit, der noch am Aehnlichſten iſt, hinreichend. Merkwürdig iſt das Vorkommen nicht bloſs als dendritiſche Zeichnung, ſondern auch in Maſſen-Dendriten, welches dieſer Art, wie dem dichten Schwarz-Braunſtein und dem Wad eigen iſt. Bekanntlich beſtehen die Dendriten, die ſich auf den Klüften vieler Gebirgsarten bilden — ſo ausgezeichnet auf den Pappenheimer Schiefern — aus Manganoxyd.

Fundort. Mit dichtem Graubraunſtein, zuweilen (der dendritiſche) auf faſrigem Brauneiſenſtein, auſserdem als Begleiter des leztern Foſſils. Raſchau im Erzgebirge, Johanngeorgenſtadt, Stahlberg bei Schmalkalden und Naſſau (der dendritiſche), Chriſtianſund u. ſ. w.

Kirvan 2. p. 353 wohl zum Theil mit Wad verwechſelt. Brochant 2. p. 420. tabell. Ueberſ. 70 Wad (zum Theil). Karſten 72 u. No. 130 zerreibliches Grau - Manganerz. Hausmann Handb. p. 292 f) dendritiſcher g) ochriger Grau-

Braunstein. Breithaupt 4. 1. p. 140. Jameson 3. p. 323. Leonhard p. 373.

KUPFERMANGANERZ. Breithaupt — *Bläul.* - Schw. — *derb, kleinnierförmig, traubig,* — *glänz.* von *Fettgl.* — Brch. *unvollk. muschl.* — Brchst. *unbest. eck. n. snd. schrfk.* — *undrchstg.* — zwischen *halbhart* und *weich* — *n. snd. spr.* — *l. zrsprb.* — *fühlt sich fettig an* — 3,197 — 3,216 — Sieht besonders dem festen schwarzen Erdkobold ähnlich, nur dass es härter, glänzender, schwerer ist. — Besteht nach Lampadius aus 82 Th. schwarzem Manganox. 13,5 braunem Kupferox. 2 Kiesel und soll in der Gegend von Schlackenwalde in Böhmen vorkommen, von woher es nach Freiberg gebracht ward. — In wiefern dieses Fossil, dessen Vorkommen unbekannt ist, wirklich als eine eigene Gattung zu betrachten ist, ob das Kupferoxyd nicht als eine bloss zufällige Beimischung anzusehen ist, muss eine genauere Untersuchung ausmitteln.

Breithaupt 4. 2. p. 201.

15.

SCHWARZ - BRAUNSTEIN. Hausmann (Schwarzeisenstein Wr.)

a) BLÄTTRIGER SCHWARZ - BRAUNSTEIN Hausmann. *Pech* - und *Kohlen* - ins *Eisen* - Schw. zuwei-

zuweilen ins *röthl.* — *derb*, *eingeſpr.* kryſtalliſirt.

In langgezogenen, ſpizwinkl. Octaedern und aus dieſen in Nadeln, die *klein* und *ſehr klein*, *auf*- und *übereinander* auch *reihenförmig zuſammen gehäuft ſind* — äuſserl. *glänzend*, innw. *weniggl.* v. *Demantgl.* — dem *Fettgl.* nahe — Brch. *unvollk.* meiſt *krummblättr.*, *ein Drchg.* vorzüglich deutlich — auch *grad- büſchelförmig auseinander laufend ſtrahl.* — Prchſt. *unbeſt. eck. n. ſndrl. ſtumpfk.* — der blättr. *klein-* und *feinkörn.* abgeſ. — *undrchſig.* — Strich *dunkel-röthl.-br.* — *halbhart* ins *weiche* — *n. ſndrl. ſpr.* — *l. zrſprgb.* — *ſchwer.*

Das chemiſche Verhalten unbekannt. Noch nicht analyſirt.

Dieſe merkwürdige Art, zuerſt als eine eigene Gattung, durch Werner fixirt, durch kryſtalliniſche Struktur, wie durch Farbe, Glanz und Strich hinlänglich bezeichnet, hat zuerſt der Trennung der Gattungen des Graubraunſteins und Schwarz-Braunſteins eine entſchiedene oryktognoſtiſche Bedeutung gegeben. Die Kerngeſtalt dieſer Gattung ſcheint ein Prisma zu ſeyn und Iameſon nennt ſie daher *prismatiſches Braunſteinerz.* Auf keine Weiſe läſst die kryſtalliniſche Struktur ſich auf diejenige des Graubraunſteins zurückführen. Hausmann verband dieſes Foſſil zuerſt, als eine Art mit der nachfolgenden des Wernerſchen Schwarzeiſenſteins, eine Vereinigung, die auch von Mohs (die Charaktere der Claſſen u. ſ. w. S. 188) angenommen iſt. Sie iſt ſehr wahrſcheinlich gegründet, obgleich die groſse Seltenheit des Foſſils, welches nicht mehr gefunden wird, es nicht erlaubt, das genauere Verhältniſs dieſer Art zu den nachfolgenden auf eine entſchiedene Weiſe nachzuweiſen.

Fundort. Ward in vorigen Zeiten, nicht ganz ſelten von Graubraunſtein begleitet, in der Braunſteinformation von Oehrenſtock bei Ilmenau in Thüringen gefunden. Seitdem dieſer Bergbau eingieng, iſt das Foſſil ſelten geworden.

Reuſs 2. 4. p. 463. Verhärtetes Schwarzbraunſteinerz. Karſten ebenſ. Hausmann Handb. p. 293. Breithaupt 4. 1. p. 149. Jameſon 3. p. 326.

b) FASRIGER SCHWARZBRAUNSTEIN. Hausm. (faſriger Schwarzeiſenſtein Wr.) Mittel zwiſchen *bläul.* - *Schw.* und *Stahl* - Gr. — *derb*, *nierförmig* und *traubig* — innw. *ſchimmernd* und *ſtarkſchimmernd* von *halbmetalliſchem* Glanze — Brch. *grad* - oder *krumm* - immer *zart* - *ſtern* - und *büſchelförmig auseinander lau-*

ſend faſrig — Brchſt. *keilförmig*, auch *ſplittr.* — Anlage zur *groſs*- und *grobkörnigen Abſndrg.* dieſe wieder nach der Oberfläche *dünn- und krummſchaalig* abgeſ., ſo daſs die Abſndrgfl. die Faſern des Bruchs durchſchneiden (Glaskopfſtruktur) — Strich *unverändert, glänzender* — ritzt den Fluſsſpath, ſchwer ritzbar durch Quarz — *ſpr.* — *l. zrſprgb.* — 4,585 Breithaupt.

Noch nicht analyſirt, beſteht aus ſchwarzem Manganoxyd und Eiſenoxyd. Hausmann vermuthet, daſs dieſe ganze Gattung ein Manganoxydhydrat ſeyn könne. — Berzelius Annahme ſiehe unten.

Werner hatte dieſe Art und die folgende zu den Eiſenerzen gerechnet. Viel näher ſind ſie aber dem Grau-Braunſtein verwandt; ja, es läſst ſich nicht leugnen, daſs ſich Uebergänge bilden, durch welche die Grenzen der Trennung ſehr ſchwer feſtzuhalten ſind. Der Uebergang in faſrigen Brauneiſenſtein iſt viel undeutlicher. Es iſt immer zu tadeln, wenn ſehr nahe verwandte Foſſilien durch die Claſſification zu weit von einander entfernt werden und dadurch die Schwierigkeit der Unterſcheidung zugedeckt wird. Ob dieſe und die folgende Art mit der vorhergehenden wirklich vereinigt werden darf, verdient, wie oben erwähnt wurde, eine genauere Unterſuchung. Eine genaue chemische Analyse aller Arten der Gattung ist sehr wünschenswerth.

Fundort. Der fasrige Schwarzbraunstein ist selten, er kommt immer mit der nachfolgenden vor und ausgezeichnet bei Schmalkalden.

Reuss 2. 4. p. 105. 2. fasriger Schwarzeisenstein. Mohs 3. p. 415 ebens. tabell. Uebers. p. 66 ebenso. Breithaupt 3. 2. p. 279. ebenso. Hausmann Handb. fasriger Schwarz-Braunstein. p. 293.

c) DICHTER SCHWARZBRAUNSTEIN Hausmann (dichter Schwarzeisenstein Wr.) — Farbe wie die der vorigen Art — *derb, knollig, nierförmig, traubig, staudenförmig, kolbenförmig, tropfsteinartig, röhrförmig.* — Oberfl. *rauh, matt* oder *schwachschimmernd* — innw. *schimmernd* ins *weniggläuzende, halbmetall.* — Bruch *groß-* und *flach-muschl.* einerseits ins *ebene,* andererseits ins *unebene von kleinem und feinem Korne* — Brchstk. *unbesteck. etwas scharfk.* — nach der Richtung der Oberfläche *dünn-* und *krummschaalig* abges. Zuweilen Anlage zur *stängl.* Absndrg. — die übrigen Kennzeichen wie die der vorigen Art. — 4,052 der von Spizleite, 4,233 der von Johanngeorgenstadt, 4,283 der von Baireuth nach Blöde, — 3,838 Leonhard.

Nach Berzelius und Arfvedson enthält der dichte Schwarzbraunstein zwei Mischungsgewichte. Manganoxyd im Maximo gegen einen Waſſer. Daſs viele einen bedeutenden Eiſengehalt haben, iſt freilich ausgemacht, ob aber dieſer als weſentlich oder nur als zufällig zu betrachten iſt, muſs durch genauere Forſchung ausgemittelt werden.

Der dichte Schwarz-Braunſtein bildet die Hauptart der ganzen Gattung. Er kommt am häufigſten vor, zeigt eine groſse Menge Abänderungen der äuſsern Geſtalt, und kann als die urſprünglichſte Form der Gattung betrachtet werden. Werner war der erſte, der ſie als eine ſolche fixirte. Vor ihm war ſie theils mit den ſchwarzen Abänderungen des Brauneiſenſteins, theils mit dem Graubraunſtein verwechſelt, und die Trennung dieſer Gattung von den Braunſteinen hat wohl auch dazu beigetragen, daſs ſie ſelbſt jezt noch oft verkannt und mit den genannten Gattungen verwechſelt wird. Merkwürdig iſt die Wiederholung der Formen der Roth- und Brauneiſenſteine, beſonders der letzteren. In der That zeigt der dichte Schwarzbraunſtein die nehmliche Unklarheit der Glaskopfſtruktur, der nierförmigen und traubigen Geſtalten, daſſelbe Verſchmelzen dieſer Formen in unregelmäſsige, kugliche Anhäufungen und den häufigen Uebergang in die unbeſtimmtere ſtaudenförmige Geſtalt. Er unterſcheidet ſich aber von dieſen durch Farbe, Glanz, gröſsere Härte. Auch mit dem dichten Eiſenglanz kann er manchmahl verwechſelt werden, aber auch hier ſondern Farbe, Glanz, geringere Härte und Schwere. Der Graubraunſtein iſt durch Strich, gröſsere Weichheit und Leichtigkeit zu unterſcheiden.

Fundort. Faſt nur in Ur- und Uebergangsgebirgen auf Gängen, am häufigſten von Brauneiſenſtein, ſonſt auch von Graubraunſtein, ſeltener ſpäthigen Eiſenſtein begleitet. Im Ganzen noch immer ein ziemlich ſeltenes Foſſil. Im Erzgebirge bey Schneeberg an der Spizleite, Johanngeorgenſtadt auf dem Schimmel, bei Ehrenfriedersdorf am Schlegelsberg. In Thüringen bei Schmalkalden am Stahlberg bei Broterode. Im Weſterwald auf dem Hollerter Zug bei Kirchen u. ſ. w.

Kirvan 2. p. 207. Reuſs 2. 4. p. 103 dichter Schwarzeiſenſtein. Mohs 3. p. 414 ebenſ. tabell. Ueberſ. p. 66 ebenſ. Karſten p. 66 ebenſ. Brochant 2. p. 268 ebenſ. Hausmann Handb. p. 274 dichter Schwarzbraunſtein. Breithaupt 3. 2. p. 272 dichter Schwarzeiſenſtein. Iameſon 3. p. 268 ebenſ. (Es iſt auffallend, daſs Iameſon die übrigen Arten des Schwarzbraunſteins anerkennt und dennoch den dichten und faſrigen, von den übrigen getrennt, unter den Eiſenerzen anführt). Leonhard p. 374 dichtes Schwarz-Manganerz.

d) ERDIGER SCHWARZBRAUNSTEIN (Mang. ox. noir pulverulente H. ochriger und dendritischer Hausmann). — Farbe, wie die beiden vorigen Arten, nur oft *schwärzlicher* — ins *Eisen-* und *gräul.* - Sch. — *derb, staudenförmig, in Nieren, meist angeflogen,* zuweilen zu *dendritischen Massen* geordnet (Massendendriten Hausm.) — *zerreibl.* — Brch. *erdig, matt,* zuweilen *schimmernd* — der festere mit Spuren *von concentrisch schaaliger Absndrg.* — etwas *abfärbend,* — *fühlt sich mager an* — *leicht.*

Noch nicht chemisch analysirt.

Diese Art unterscheidet sich von dem erdigen Grau - Braunstein besonders durch die bläuliche Farbe, durch die geringere Schwere und durch das Vorkommen. Sie ward ohne allen Zweifel von Werner mit diesem vereinigt. Die dendritische Abänderung kann nicht als eine eigene Art betrachtet werden.

Fundort. Auf Schwarz - Braunstein, auch in dendritischen Massen auf Mergel und Quarz, zu Schmalkalden, Johanngeorgenstadt, Iberg bei Grund, Mariaspring bei Göttingen.

Reuss a. 4. p. 459 zerreibliches Schwarzbraunsteinerz (zum Th.) Hauy 4. p. 326 und (der dendritische) Tabl. comp. p. 111 (z. Th. tabell. Uebers. p. 70. Karsten p. 72. Hausmann Handb. p. 295. Iameson 3. p. 321. Leonhard p. 375.

16.

WAD. Hausmann.

1) FASRIGES WAD. Hausm. *Nuſs-ſchwärzl.* Br. ins *Schwarze* — *derb, verworren dendritiſch* und *ſtaudenförmig.* — Brch. *faſrig, federartig auseinander lauſend,* oft *metalliſch glänzend* (eiſen-Schw. ins Stahl-Gr.) — der derbe *concentriſch ſchaalig* Abſndrg. die den faſrigen Brch. durchſchneidet (Anlage zur Glaskopfſtruktur) — *färbt ab* — *ſehr leicht.*

Noch nicht analyſirt. Höchſt wahrſcheinlich eine Verbindung von einem Eiſen-Manganoxydhydrat.

Ueber das Verhältniſs der Arten, ſo wie über die genauere Beſtimmung der Gattung werde ich mich unten äuſsern.

Fundort. Iberg bei Grund, im Bayreutiſchen zu Neila und am Erzberge. Vorzüglich ausgezeichnet zu la Romaneche nach Dolomieu (Journ. d. Mines. 19. S. 32.)

Hausmann Handb. p. 296. Iameſon 3. p. 328. Leonhard p. 376.

2) VERHÄRTETES WAD. Iameſon (ochriges feſtes Wad Hausmann. Mang. ox. brunatre concretioné H.) Mittel zwiſchen *Nelken*- und *Leber*-Br. vorzüglich ausgezeichnet — *derb,*

kleinnierförmig, undeutlich *traubig*, *tropfſteinartig* und *ſtaudenförmig* — *matt* — Brch. *eben* ins ausgezeichnet *groſs- und flachmuſchlige*, aus dieſem ins *Erdige* — Brchſt. *unbeſt. eck. ſehr ſtumpfk.* — zuweilen *dick-* bis *dünnſtängl.*, *grad- und krumm-ſtängl.* abgeſ. (dem ſtängl. Thoneiſenſtein täuſchend ähnlich) — Strich *fettig glänzend* — *etwas fettig anzufühlen* — *ſehr weich* bis ins *zerreibliche* — *färbt ſtark ab* — *ſehr leicht*, der am meiſten ausgezeichnete *ſchwimmend.*

Noch nicht analyſirt.

Dieſe ſehr ausgezeichnete Art, die Hauptart der Gattung, bildet in die vorhergehende und nachfolgende den Uebergang.

Fundort. Nach Hausmann am Harz zu Iberg, Zellerfelder Hauptzug, Galgenberg, Gräfenhagenberg, nach Leonhard auf mehrern Gruben des Weſterwaldes, in der hieſigen Sammlung ausgezeichnete Stücke, nach welchen die obige Beſchreibung entworfen iſt, angeblich aus dem Altenkirchſchen (in Sayn).

Reuſs 2. 4. zerreibliches Schwarz-Braunſteinerz (zum Th.) p. 459. Hauy 4. p. 326. Tabl. comp. p. 111. tabell. Ueberſ. p. 70. Karſten p. 72. Hausmann Handb. p. 297. Iameſon 3. p. 329. Leonhard p. 376 mit der nachfolgenden Art verbunden.

c) ERDIGES WAD. (ochriges loſes Wad Hausmann. Manganeſia oxydé brunatre pulverulente H. z. Th.) *ſchwärzl.-br.* ins *bräunl.-*Schw. — in *Pulverform dendritiſch* — *feinerdig* — *matt* — *zerreiblich* — *färbt ſtark ab* — *mehr oder weniger zuſammengebacken* — übrigens wie die vorige Art.

Von dieſer Art wohl vorzüglich hat man die merkwürdige Beobachtung, daſs ſie zu $\frac{1}{4}$ mit Leinöl gemiſcht, und gelinde erhitzt, ſich ſelber entzündet, Eine Selbſtentzündung die noch nicht erklärt iſt. Ob die Analyſen von Wedgewood (43 Manganox., 43 Eiſenox., 4,5 Bley (?) 5, Glimmer (?)) und Bergmann (87,5 Manganox., 12,5 Eiſenox., Bleyox. (?) Kieſel, Baryt) hierher gehören, bleibt unentſchieden.

Das erdige Wad vom Krone Kohlenberger Stolln im Huththale am Harz enthält, nach Kl. 68 Manganox., 6,5 Eiſenox., 17,5 Waſſer, 1 Kohle., 1. Baryt, 8 Kieſel. Die Erdarten wohl beigemengt.

Wir haben nur dieſe drey Arten, die ſich hinlänglich unterſcheiden laſſen, angenommen. Das faſrige Wad iſt durch ſo viele Kennzeichen getrennt, daſs die Trennung hinlänglich gerechtfertigt ſcheint. Das verhärtete Wad zeigt ſich in ſo vielen Formen; Farbe, Bruch und Zuſammenhang treten ſo ausgezeichnet characteriſtiſch hervor, daſs dieſe Art durchaus geſchieden werden muſste, dahingegen iſt die dendritiſche Form des erdigen Wad offenbar kein hinlänglicher Grund zur Trennung. Bey der Beſchreibung des braunen Eiſenrahms habe ich Gründe angegeben, die mich bewegen, Hausmanns ſchaumiges Wad von den übrigen Arten durchaus zu trennen. In der That bildet das Wad eine ſehr ausgezeichnete, von den frühern Mineralogen nicht gekannte, von Werner überſehene, und ſelbſt von den neuern Mineralogen (Hauy, Hausmann, Leonhard), nicht feſt genug beſtimmte Gattung. Was dieſen verhinderte, das Eigenthümliche ſcharf in das Auge zu faſſen, war zum Theil die Verwirrung, die aus der Vermengung mit dem braunen Eiſenrahm entſtehen muſste. Merkwürdig ſcheint die auffallende Aehnlichkeit der äuſsern Form — bei ſo entſchiedener Abweichung aller übrigen Kennzeichen, die ſich zwiſchen dem verhärteten Wad und dem ſtänglichen Thoneiſenſtein zeigt. Dieſe zeigt ſich beſonders bey den derben Maſſen mit einem ebenen, ins groſs- und flachmuſchliche übergehenden Bruch, aus welchem ſich die ſtängliche Abſonderung, völlig wie bey dem genannten Thoneiſenſtein, herausbildet. Das verhärtete Wad iſt überhaupt die reinſte

Art und ſtellt den Charakter der Gattung am vollſtändigſten dar; das faſrige ſcheint zwar vorzüglich ſich an den Schwarzbraunſtein anzuſchlieſsen, doch aber auch Uebergänge in Graubraunſtein zu bilden. Die hier beſchriebene erdige Art iſt aber, wie faſt alle erdigen metallhaltigen Foſſilien, nur als eine untergeordnete zu betrachten.

Fundort. Begleitet den vorigen. So bey Leadhills in Schottland, in Derby und Devonſhire, in Altenkirchen im Saynſchen; ſehr ſchwarz, zuſammengebacken, einer Pulvermaſſe ähnlich fand es Dolomieu in Romaneche (Journ. d. m. 19. S. 34).

Kirvan 2. p. 293. Hauy Tabl. comp. p. 111. Hausmann Handb. p. 298. Iameſon 3. p. 330. Leonhard p. 376.

17.

TRIPLIT Hausmann (Manganèſe phosphaté H. Eiſenpecherz Wr.) *Schwärzl.*-Br. einerſeits ins *Röthl.*- andererſeits ins *Bräunlich*-Schw. — *derb, eingeſprengt* — innw. *glänzend* bis *weniggl.* von *Fettgl.* zuweilen dem *Demantgl.* nahe — Brch. *unvollk. flachmuſchl.* ins *Ebene*, auch *blättr. 3f. Drchg.*, parallel mit den Stfl. einer S. *ein Drchg. unvollk.* — Brchſt. *unbeſt. eck. ſchrfk.* — *Undrchſtg.*, an den Kanten *drch-*

ſchnd. — Strich *gelbl.-Gr.* — ritzt den Apatit, wird durch den Feldſpath geritzt — 3,731 Karſten, 3,767 — 3,775 Ullmann. Erhält gerieben — E.

Schmilzt vor dem Löthrohr leicht mit Aufwallen zu einer von dem Magnet anziehbaren Schlacke. Manganoxydul 42, Eiſenox. 32, Phosphorſ. 27. Vql.

Dieſe Gattung, die von Werner zu den Eiſenerzen gerechnet wurde, hat freilich einige Verwandſchaft, theils mit dem Stilpnoſiderit, theils mit dem Wieſenerz, iſt aber dennoch vollkommen von beiden zu unterſcheiden, und zwar vorzüglich durch Glanz, Bruch und Härte. Sie ſcheint ſich zu den Braunſteinerzen zu verhalten wie die phosphorhaltigen Eiſenerze zu dieſen.

Fundort. Wie der Stilpnoſiderit kommt auch dieſes Foſſil in Urgebirgen vor. Bis jezt iſt nur ein ſolcher Fundort bekannt, und zwar zu Limoges im Departement haute Vienne, wo Alluan (Journ. d. mines. XI. S. 295) es in einem, in Granit aufſitzenden Quarzgange, in welchem auch der derbe Beryll vorkommt, entdeckt hat. Gehören die Maſſen, die man in Penſylvanien entdeckt hat wirklich hierher?

Hauy Tabl. comp. p. 111. Karſten p. 72 Phosphormangan. Brochant 2, p. 528. Brongniart 2. p. 112. Hausmann Handb. 3. p. 1079. Breithaupt 3. 2. p. 300. Iameſon 3. p. 333. Leonhard phosphorſaures Mangan p. 377.

18.

PYRODMALIT Hausmann. *Lichte gelbl.*- ins *piſtazien*-Grün, auch *leber*-Br. (Hausmann) äuſserlich (nach Hiſinger wahrſcheinlich zufällig) *gelbl.*-Br. — nur kryſtalliſ. in *regelmäſsigen* 6*ſ*. S. zuweilen mit abgeſt. Endk. — Die Endfl. der Kryſtalle *perlmutterartig* glänzend, die Stfl. *wenigglänzend* von Glasgl. Queerbr. *ſchimmernd* — Brch. *blättrig* 4*ſ*. *Drchg*. parallel mit den Stfl. und Endfl. der 6ſ. S. der parallel mit den Endfl. *ſehr deutlich*, und glänzend die parallel mit den Stfl. weniggl. und *verſteckt-blättr.* Queerbr. *uneben* ins *ſplittr.* — Brchſt. *ſcheibenförmig*. — Zuweilen *ſchaalig abgeſ.* parallel mit dem Hauptdurchgang der Blätter — *undrchſtg.*, an den Kanten *drchſnd.* — wird vom Stahl geritzt. — Strich *gelbl.*-*grün* — 3,08.

Entwickelt vor dem Löthrohr ſtarke ſalzſaure Dämpfe, indem er röthl.-braun wird, ſchmilzt in ſtarkem Feuer zu einer ſchwarzen Schlacke und dann zu einer runden Perle, die dem Magnet folgt. 35,40 Kieſel, 32,60 Eiſenoxyd., 23,10

Manganox., 6,50 Salzſ. und Waſſer, 0,60 Thon zufällig Hiſinger. 35,85 Kieſel, 35,48 Eiſenox. 23,444 Manganox., 2,905 Salzſ., 1,21 Kalk zufällig Hiſinger und Berzelius. In der Voraussetzung, daſs die Salzſäure an einen Theil des Eiſenoxyds gebunden iſt, beſtimmt Hiſinger die Beſtandtheile folgendermaſsen genauer: 35,85 Kieſel, 21,88 Eiſenoxydul, 21,140 Manganoxydul, 14,095 baſiſches ſalzſ. Eiſenox.; 5,895 Waſſer und Verluſt, 1,210 Kalk zufällig.

Dieſe Gattung iſt höchſt merkwürdig und ſehr ausgezeichnet. Sie ward in einem einzelnen loſen Block durch Claſon und Gahn entdeckt, durch Hiſinger und Hausmann zuerſt beſchrieben, und die kryſtalliniſche Struktur, das hervortretende des Durchganges parallel mit der Endfläche, der beſondere Glanz dieſer Fläche, ihre Neigung zur ſchaaligen Abſonderung, ſo wie die chemiſche Eigenſchaft bezeichnen ſie auf die beſtimmteſte Weiſe. Es iſt der Mineralogie wichtig, daſs ſie aufhört eine bloſse Seltenheit zu ſeyn, daſs ſie von Neuem entdeckt wird.

Fundort. Sie ward auf Bielke-Grube in der Nähe von Philippſtad in Nordmarken in Wermeland in Schweden auf einem Lager von Magneteiſen mit Kalkſpath und Hornblende gefunden (Hausmann in Molls Ephemer. IV. S. 390

und ſcandinav. Reiſe. 5. S. 350 dann Hiſinger Samling die en mineralog. Geografie ofwer Swerroy S. 175 und in den Anmerkungen zu Bloede's Ueberſetzung dieſer Schrift. S. 422.)

Karſten p. 103 Pyrosmalit. Lucas Tabl. method. Fer muriaté 2. 418. Hausmann Handb. p. 1068. Iameſon 3. p. 311. Leonhard p. 387.

19.

WOLFRAM Wr. (Scheelin ferruginé H.) *Gräul.* - *bräunl.* - und *Sammt* - Schw. Selten *ſtahlfarbig angelaufen* — *derb*, ſelten *einge-ſprengt* und kryſtalliſ. Kerng. ein quadratiſches Octaeder. Winkel der Pyram. gegeneinander 98° 12′ 48″ der Stfl. gegeneinander 155° 22′ 56″. Am leichteſten theilbar nach der Richtung der gemeinſchaftlichen Grundfl. — nach Weiſs.

1) Prismatiſcher. Die Kerngeſtalt langgezogen, indem zwey einander gegenüber liegende Flächen der 4ſ. Pyr. wachſen und eine Schärfe an der Stelle der Spitze bilden. Dadurch entſteht eine verſchobene 4 S. an den Endfl. zgſchrft., ſo daſs die Zſchrfgfl. auf die ſcharfen Stk. aufgeſetzt ſind. Bey dieſer Kryſtalliſation, die von Werner als die Stammkryſtalliſation betrachtet wird, zeigen die Stk. und die Zſchrfgsk. der Endfl. gleiche Winkel, nehmlich 98° 12′ 48″. Vollkommen

rein, ohne irgend eine andere Modification wird sie schwerlich vorkommen. Die reine primitive Gestalt kommt, so weit mir bekannt ist, nie vor, wohl aber eine Annäherung, indem die verschobne 4s. S. kürzer wird, so dass die beiden Ecken der auf die scharfen Stk. aufgesetzten Zschrfgfl. nur durch eine kurze Schärfe getrennt sind. Doch auch diese Form fast immer mit mehreren unten beschriebenen Modificationen.

2) Säulenförmiger, var. 1 als verschbne 4s. S. betrachtet, die Zschrfgk. so stark abgestumpft, dass eine S. mit vollk. Endfl. daraus entsteht. Höchst selten.

3) Abgestumpfter, var. 2 die Stk. abgest. Die Abstfg. der schrf. Stk., die als die Schärfe des verlängerten Octaed. zu betrachten ist, correspondirt dem Hauptdrchg. parallel mit der gemeinschaftlichen Grundfl. der Kerngestalt.

4) Rechtwinkl. säulenförmiger (primitif. H. T. LXXXV. f. 226), var. 3, wenn die rechtwinkl. Abstgfl. die Stfl. des langgezogenen Octaeders var. a. ganz verdrängen. Die daraus entstandene völlig rechtwinkliche 4s. S. betrachtete Hauy, durch den deutlichen Hauptdurchgang verleitet, als Kerngestalt. Zwey einander gegenüberstehende Fl. sind breiter.

5) Enteckter (epointé f. 227), var. 4 an den Ecken so stark abgest., dafs sich über den schmalen Stfl. eine Zschrfg. bildet, deren Zschrfgk. auf die breiten Stfl. aufgesetzt sind — oder dieselbe S. mit 4 Fl. scharf zgspzt., die Zspgfl. auf die Stk. schief aufges. und so, dafs sie sich gegen die schmälern Stfl. stärker neigen, die Endsp. stark abgest. Die schmälere Stfl. der Hauptdurchgang. Neig. der Abstgfl. gegen die breitere Stfl. 116° 34′ gegen die schmälere 140° 43′.

6) Unibinairer (unibinaire f. 227), var. 5 an den Stk. abgest. Die wieder hervortretenden Flächen der verschobnen 4s. S. oder der langgezogenen Kerngest. var. 1. Neigung der Abstgfl. oder primitiven Fl. gegen die breitere Stfl. 139° 6′ gegen die schmälern Stfl. 130° 54′. (Diese beiden Winkel-Bestimmungen geben für die stumpfen Stk. der, durch die Verdrängung der rechtwinklichen Fl. entstehenden verschobnen S. 98° 12 der Neigungswinkel der beiden Pyr. der Kerng. gegeneinander.

7) Progressiver (progressif. f. 229), var. 1 die Kanten der Zschrfg. und Stfl. abgest. Diese Abstgfl. sind dieselben, die bei var. 5 vorkommen; nur dafs dort die (primitiven) Zschrsgfl. fehlen.

8) Zugeschärfter, var. 1, 2 und 3, die verschobne 4s. S. an den scharfen Stk. einfach, aber

auch doppelt zgſchrft. Dieſe Zſchrfg. geht oft in eine Rundung der verſchobnen S. über, die dann gleichſam aus zwey gebogenen, unter einem ſehr ſpitzen Winkel zuſammenſtoſsenden Fl. zu beſtehen ſcheint.

9) Zugeſpitzter, var. 1, 2, 7 und 8, die Ecken der ſtumpfen Stk. und der Endk. abgeſt., wodurch eine 4ſ. Zſpg. entſteht.

10) Schief abgeſtumpfter, var. 9, wenn die Zſchrfgfl. var. 1 verdrängt oder faſt verdrängt ſind, ſo daſs die Abſtg. der ſtumpfen Ecken var. 9 eine auf die ſtumpfen Stk. aufgeſ. Zſchrfg. der Endfl. bilden. Meiſtens wächſt in dieſem Falle die eine Zſchrfgfl. ſo ſehr an, daſs ſie die zweite faſt ganz verdrängt. Dieſe bleibt nur als eine ſchiefe Abſtg. der Kante, die aus der durch die eine Zſchrfgfl. entſtandene ſchiefe Endfl. der verſchobnen S. und der gegenüber ſtehenden, meiſt abgerundeten Ecke, gebildet wird, übrig. Auch an dieſer Kryſtalliſation findet man oft die Spuren der Zſchrfg. var. 1 und var. 4.

11) Hemitropiſcher. Dieſe Hemitropie entſteht, wenn man ſich die S. var. 10 mit aufgeſetzten Endfl. in zwey Hälften nach der Richtung der breiten Diagonale getheilt denkt, die eine Hälfte ruhend, die zweite völlig umgedreht, in welchem Fall die eine, von unten heraufgedrehte,

aufwärts gehende Hälfte der ſchief angeſetzten Endfl. mit der unveränderten unterwärts gehenden einen ſehr ſtarken einſpringenden Winkel bildet.

Kryſtalle (beſonders die nicht ſeltenen Hemitropien) *groſs, mittl. Gröſse, klein* — ſehr ſelten *frei* und *um und um kryſtalliſirt*, meiſt *aufgewachſen.* Die Fl. *meiſt glatt*, die Stfl. der S. der var. 2, vorzügl. aber var. 8 und 9 *der Länge nach geſtreiſt* — meiſt ſtarkgl. Innwendig der Hauptdrchg. parallel mit der gemeinſchaftlichen Grundfl. *ſtarkgl.*, die übrigen Drchg. *glänzend*, der Queerbr. *weniggl.* von *Fettgl.* — der ſich bei den ſtarkgl. *dem Demantgl.* nähert. — Brch. *vollk.* und *gradblättr.* 6*f.* Drch. ein Drchg. *vorzügl. deutl.* (parallel mit der kurzen Diagonale der verſchbnen S., die übrigen: — 4 parallel mit den Octaederfl. und einer parallel mit der langen Diagonale der S. den Hauptdrchg. rechtwinklich ſchneidend (mit dieſem leztern die Abſtg. var. 3 und die Stfl. var. 4 bildend) — *ſchwer zu erkennen.* — Der blättr. Brch. ins *breit-* bis ins *ſehr ſchmalſtrahlige ſich verlaufend* — Queerbr. *uneben von grobem und kleinem Korne* — Brchſt. *unbeſt. eck. ſchrfk.* — *Fortificationsartig gebrochene dünnſchaalige Abſndrg.*, die ſich zuweilen der *längl. körnigen* nähert (die der gröſsern derbern Stücke ausgezeichnet characteriſirende Abſndrg., bezieht ſich offenbar auf den 4ſ. Drchg. der octaedr. Kerngeſt.) — Die Abſndrgſl. *glatt* oder *geſtreift* und *ſtarkglänzend* — *undrchſtg.* — Strich *röthl.-br.* — rizt den Flusſpath, wird durch Feldſpath gerizt — *wenig ſpr.* — *l. zrſprgb.* — 7,130 Gellert, 7,145 bis 7,157 der kryſtalliſirte von Zinnwalde, nach Breithaupt, 7,33 Hauy und eben ſo nach Breithaupt der kryſtalliſ. von Schlackenwalde — Erhält gerieben — E.

Unſchmelzbar, zerkniſtert vor dem Löthrohr. Wolframſ. 65, Manganoxydul 22, Eiſenoxydul 13,5. D'Elhuyar. Wolframſ. 67, Manganoxydul 6,25, Eiſenoxydul 18, Kieſel (zufällig) 1,50. Vql. Wolframſ. 78,775, Manganoxydul 6,220, Eiſenoxydul 18,320, Kieſel 1,250 Berzelius.

Der Wolfram war den alten Mineralogen, unter dem Nahmen Spuma lupi, nicht unbekannt. Cronſtedt und Wallerius rechneten ihn zu den Braunſteinarten, Linnee vereinigte ihn mit dem Molybdaen. Lehmann glaubte in ihm eine Zuſammenſetzung von Zinn und Eiſen zu finden, ohne allen Zweifel dazu bewogen durch das Anſehen, welches auf Eiſen ſchlieſsen lieſs, verbunden mit dem Vorkommen in der ſächſiſchen und böhmiſchen Zinnformation (Porbierkunſt, S. 8).

Erſt nachdem ſchon lange das eigenthümliche Metall des Schwerſteins durch Scheele entdeckt war, ward die eigentliche Natur des Wolframs durch die Gebrüder D'Elhuyar aufgeſchloſſen, indem dieſe in der Substanz das nehmliche Metall (Wolfram, Scheelium) fanden. Die Gattung iſt ſo ausgezeichnet durch die, auch in den derben Stücken, leicht zu erkennende, kryſtalliniſche Strucktur, verbunden mit Farbe, Glanz und Schwere, daſs eine Verwechſelung kaum möglich iſt. Denn die oberflächliche Aehnlichkeit mit dem Uranpecherz verſchwindet bei der leichteſten Vergleichung. So auffallend wie nun auch die kryſtalliniſche Struktur iſt, ſo iſt die genauere Beſtimmung derſelben doch nicht leicht. Hauy nahm, verführt durch den Hauptdurchgang und die undeutlichen Spuren eines dieſen rechtwinklich ſchneidenden Durchganges eine rechtwinkliche Säule, als die Kerngeſtalt an, aber Weiſs ward erſt auf die völlige Uebereinſtimmung der Winkel der Stſl. an den ſtumpfen Stk. mit dem Winkel der Zſchrfg. bey var. 1 aufmerkſam und bewieſs (de chart. geom. princip. formar. cryſt. octaedr. S. 19) daſs ein Octaeder die Kerngeſt. ſey. Dadurch iſt zuerſt ein Zuſammenhang in die verſchiedenen Modificationen der cryſtalliniſchen Form gekommen, die dem Hauy nur sehr unvollkommen bekannt waren. Weiss hat schon vor fast 12 Jahren mir den Zusammenhang der Wolframskrystallisationen mündlich entwickelt, und diese Beobachtung ist der Wissenschaft um so wichtiger, da sie, irre ich nicht, den Grund gelegt hat zu demjenigen System der Krystallisation, welches, wenn es öffentlich dargestellt seyn wird, ohne allen Zweifel die feste Grundlage für diesen Theil des oryktognostischen Studiums bilden wird. Ich muss bedauern, dass ich den genauen Zusammenhang der damaligen Darstellung, die einen bleibenden Eindruck auf mich machte, nicht ganz behalten habe, und dass die ursprüngliche Anlage dieser Schrift mir es nicht erlaubt, die Methode meines Freundes hier anzuwenden.

Fundort. Merkwürdig ist das Vorkommen dieses Fossils in der sehr complicirten Zinnsteinformation, deren mannichfaltige Zusammensetzung ich bey dem Zinnsteine darstellen werde. So findet man ihn in dem sächsischen Erzgebirge zu Ehrenfriedersdorf, Geyer und am häufigsten zu Zinnwalde, so in böhmisch Zinnwalde und zu Schlackenwalde, so in England in Cornwallis. Diese Zinnsteinformation kommt bekanntlich nur in Urgebirgen vor, und nur äusserst selten findet man auch den Wolfram in andern Gebirgen.

Auf dem Harz (bey Strausberg und Altenbraack) findet man ihn, ohne den Zinnſtein und ſeine Begleiter, in einem mächtigen im Grauwackengebirge aufſetzenden Gang, in eingewachſenen Kryſtallen im Quarze, doch nur ſparſam. Der Gang gehört zu der dortigen Bleyglanz-, Fahlerz- und Spatheiſenſteinformation. (Mohs). In Frankreich findet man ihm zu Puy les mines, in England, auſser Cornwallis auf Rona, einer der Hebriden u. ſ. w.

Cronſtedt p. 133 §. 117. Magneſia mit einem geringen Theil von Eiſen und Zinn. Wolfram. Spuma lupi. Waller. 1. p. 324. gen. 23. ſpec. 155. Magneſia cryſtallina, nigra fuſca vel rubra, intrinſece ſtriata, atritu rubens. Spuma lupi. Syſt. Nat. XII. p. 122. Molybdanum (ſpuma lupi) tritura rubra. Kirvan 2. p. 380. Hauy 4. p. 427 und Tabl. compar. p. 118. Reuſs 2. 4. p. 541. Mohs 3. p. 618. tabell. Ueberſ. p. 81. Karſten p. 74. Brochant 2. p. 456. Brongniart 2. p. 93. Hausmann Handb. p. 307. Breithaupt 4. 1. p. 242. Iameſon 3. p. 549. Leonhard p. 377.

20.

URANPECHERZ Wr. (Urane oxydulé H.). Meiſt *graul.* - auch *eiſen* - ſelten *bräunl.* - oder *grünl.* - Schw. — *Derb*, ſelten *eingeſprengt*, auch zuweilen *nierförmig*. — Aeuſserl. *wenig-glän-*

glänzend, im Brch. *glänzend* bis *weniggl.* — *Fettgl.* — zuweilen dem *halbmetallischen* nahe. — Brch. *mehr oder weniger vollk. flachmusch-lig* — selten ins *unebene vom grobem Korne* — Brchst. *unbest. eckig*, *etw. schrfk.* — Anlage zu *grob* - und *klein eck. körniger Absndrg.* — Bey dem nierförmigen eine *gebogen* - *krumm* - *und dick* - *schaalige* Absndrg., *die von einer kurz keilförmig stängl.* durchschnitten *wird* (rohe Anlage zur Glaskopfstruktur). — Absndrgfl. *glatt* und *glänzend* — *undrchstg.* — *behält im Strich Glanz und Farbe* — ritzt Apatit, wird durch Feldspath geritzt — *spr.* — *zieml. l. zrsprgb.* — 6,37 Guyton, 6,53 Hauy, 6,294 — 6,440 der von Johanngeorgenstadt, Breithaupt, 7,5 von ebendaher Kl.

Unschmelzbar. Uranoxydul 86,5, Eisenoxydul 2,5, Kiesel 5, Schwefelbley 6, die beiden leztern Bestandtheile zufällig. Kl.

Diese sehr ausgezeichnete Gattung ward von den ältern Mineralogen zu den Blenden gerechnet und allgemein nahm man einen Zinkgehalt an. Ob wirklich das *Kugelerz* bey Cronstedt und Wallerius, welches silberhaltig seyn sollte und bey Schemnitz in Ungarn vorkam, hierher gehörte, vermag ich nicht zu bestimmen. Es ist aus den neuern Schriften der Mineralogen ganz verschwunden. Schon Brünnich, in seiner Uebersetzung der Cronstedtschen Mineralogie macht die Bemerkung, dass man zu seiner Zeit keine kugelförmige Blende zu Schemnitz fand und dass die Benennung Kugelerz dort völlig unbekannt sey. Doch läßt die, obgleich selten vorkommende nierförmige Gestalt des Uranpecherzes wohl vermuthen, dass man vor Zeiten auch diese Gattung kugelförmig kann gefunden haben — oder war es die fasrige braune Blende? (Th. 3. S. 363). Diese Joachimsthaler Pechblende — die alte Benennung dieser Gattung — ward von Cronstedt und Wallerius zu den Silbererzen gerechnet, wahrscheinlich, weil der zufällig beigemengte Bleiglanz Silber enthielt, oder weil sie auch mit gediegenem Silber vorkommt, so wie Lampadius auch geschwefeltes Kupfer in dem von ihm analysirten Pecherze fand. Brünnich macht aber auch schon in der oben angeführten Note die Bemerkung, dass die Joachimsthaler nierförmige Pechblende kein Silber gebe. Der Bruch, die Härte und die Schwere, so wie Glanz und Farbe dieser Gattung überzeugten Werner schon frühzeitig von der Eigenthümlichkeit dieser Gattung. Er trennte sie zuerst von den Blenden, fixirte sie für immer und machte die Chemiker auf dieses Fossil aufmerksam. Anfänglich ſetzte er dieſe neue Gattung unter die Eiſenerze, vermuthete aber ſpäter, wahrſcheinlich durch die wirklich bedeutende oryktognoſtiſche Verwandtſchaft dazu gebracht, einen Wolframgehalt, eine Vermuthung, die durch einige Verſuche (bergmänniſch. Journ. 1789. B. 1. S. 612) ſich zu beſtätigen ſchien, bis Klaproth in demſelben Jahr das Foſſil analyſirte und bekanntlich ein neues Metall (Uranium) darin entdeckte.

Fundort. Nur in Urgebirgen in alten Gangformationen mit Kalkſpath, Schwerſpath, Quarz, Bleiglanz, Kupferkies, Rothgültigerz, gediegen Silber. So findet man es zu Joachimsthal und Johanngeorgenſtadt, Schneeberg, Marienberg, ſehr ſelten bis jetzt auſserhalb des Erzgebirges. Iameſon nennt als Fundort Tol Carn und Tincroft in Cornwallis.

Cronſtedt p. 191. §. 174. Silber mit geſchwefeltem Zink, Pechblende. Wallerius 2. p. 340. gen. 57. ſpec. 395. Argentum zinco mineraliſatum, minera nigra vel nigreſcente, nitida. Minera argenti zincoſa. Syſt. Nat. XII. 3. p. 150. Argentum (zincoſum) mineraliſatum argento ſterile. Kirvan 2. 295. Uranerz. Hauy 4. p. 372. Tabl. comp. 113. Reuſs 2. 4. p. 551. Mohs 3. 716. Pecherz. tabell. Ueberſ. p. 80. Karſten p. 74. Brochant 2. p. 460. Brongniart 2. p. 102. Hausmann Handb. p. 325.

Breithaupt 4. 1. p. 271. Iameson 3. p. 558. Leonhard p. 308.

21.

CERERIT Klaproth (Cerit Hisinger und Berzelius. Cerinstein Wr. Cerium oxydé silicifère H.). Zwischen *nelken*-Br. und *kirsch*-R. zuweilen der erstern Farbe näher, zuweilen etwas ins *perl*-Gr. — *derb* und *eingespr.* — *wenigglänzend* bis *schimmernd* — Brch. *uneben* von *kleinem und feinem Korne* zuweilen ins *splittr.* — Brchst. *unbest. eck. nicht sndrl. schrfk.* — *undrchstg.*, an *den Kanten drchschnd.* ritzt den Apatit, wird durch Feldspath geritzt — *spr.* — *nicht sndrl. schwer zrspr.* — 4,55 Vql., 4,66 Klaproth, 4,7 bis 4,9 Hisinger und Berzelius.

Unschmelzbar. Ceriumox. 54,8, Eisenox. 3,5, Kiesel 34, Kalk 1,28, Wasser und Kohlens. 5, Kl. Ceriumox. 50, Eisenox. 20, Kiesel 23, Kalk 5 Hisinger und Berzelius. Ceriumox. 67, Eisenox. 2, Kiesel 17, Kalk 2, Wasser u. Kohlens. 12,0 Vql. Ceriumox. 68,59, Eisenox. 2, Kiesel 18, Kalk 1,25, Wasser und Kohlens. 9,62, neuere Analyse von Hisinger. Ceriumox. 71, Eisenox. 5,25, Kiesel 18, Verl. 5, John. Man sieht aus der Vergleichung dieser Analysen, dass es Klaproth und den ſchwediſchen Chemikern im Anfange nicht gelungen wär, das Ceriumoxyd völlig von dem Kieſel oder vom Eiſenoxyd zu ſcheiden. Nachdem dieſe Scheidung völlig gelungen war, ſtimmen die Analyſen ſehr gut überein.

Dieſe Gattung erregte ſchon frühzeitig die Aufmerkſamkeit der ſchwediſchen Mineralogen. Sie ward von Cronſtedt und Rinmann unterſucht und der erſtere betrachtete das Foſſil, welches er mit dem Schwerſtein verband, wie dieſen, als ein oxydirtes Eiſenoxyd mit einer unbekannten Erde verbunden. (Abhandl. der ſchwed. Acad. 1751. S. 235). Dieſe richtige Vermuthung ward durch die ſpätere Analyſe des D'Elhyar verdrängt, der nichts als Eiſen, Kieſel und Kalk fand (neue Abhandl. d. ſchwed. Acad. 1784. S. 121 und Bergmanns Opuſc. phyſ. chem. Vol. VI. S. 206). Seit der Zeit findet man das Foſſil nirgends erwähnt und erſt nach der obenangeführten durch Klaproth beſtätigten Analyſe des Berzelius, der ein neues Metall in ihm entdeckte, zog es wieder die Aufmerkſamkeit der Mineralogen auf ſich. Obgleich ſich die Verwandtſchaft dieſes Foſſils mit den übrigen, mehr metalliſchen Oxyden nicht leugnen läſst, iſt es dennoch durch Farbe, Glanz, Härte und Schwere ſo beſtimmt characteriſirt, daſs eine Verwechſelung kaum möglich ist. Die Aehnlichkeit mit dem Zinnstein ist sehr entfernt und von den Schwerstein ist es fast durch alle Kennzeichen zu unterscheiden. (Hisinger und Berzelius Afhandl. in Phys. Kem. und Mineral. I. S. 58 und IV. S. 327).

Fundort. Selten rein oder derb, öfters eingesprengt mit Wismuthglanz, Kupferkies, Molybdän, Wolfram (?) Hornblende, Strahlstein und Glimmer auf einem Kupferkieslager im jüngern Gneus in Görans und Bastnäs Grube bey Riddarhytta in Westmannland.

Cronstedt §. 8. p. 222. Eisenkalk mit unbekannten Erdarten vereinigt. Tungstein 1) dicht 1) röthlich oder fleischfarbig. Wallerius gen. 53. spec. 337. Minera ferri lapidea, gravissima, granularis. zum Theil. Kirvan 1. p. 152. Ferricalcit. Hauy Tabl. comp. p. 120. tabell. Uebers. p. 83. Karsten p. 74. Hausmann p. 305. Breithaupt 4. 1. p. 386. Iameson 3. p. 568. Leonhard p. 388.

22.

ALLANIT Thompson. *Schwärzl.* - Br. — *derb, eingespr.* und kryftall. (Kerngest. rechtwinkl. Prism. Bournon.

1) Säulenförmiger, eine verschbne 4s. S. Neigungsw. 117° und 63°.

2) Zugeſpitzter, var. 1. 4ſ. zugeſp., die Zſpgfl. auf die Stfl. aufgeſ., die Stk. rechtwinkl. abgeſt. Dieſe Fl. gehören der Kerng.

Glänzend, innwend. *ſchimmernd* von *halbmetalliſchem* Glanze, der in *Fettgl.* übergeht. — Brch. *undeutl. blättr. ein Drchg.* nur wahrnehmbar. Querbrch. *kleinmuſchl.* — Brchſt. *unbeſt. eck. ſchrſk.* — *undrchſtg.*, kaum an den Kanten *drchſchnd.* — Strich *gelbl. grau*, — giebt Feuer mit dem Stahl, ritzt den Apatit, wird vom Quarz geritzt — *ſpröde*, — *leicht zrſprb.* — 3,52 — 4,0 Thompſon.

Schmilzt zu einer undurchſichtigen, ſchwarzen, glänzenden Kugel, die dem Magnete folgt. Ceriumox. 33,9, Kieſel 35,4, Eiſenox. 25,4, Thon 4,1, Kalk 9,2, Geſammtmenge 108,6. Der Ueberſchuſs iſt wahrſcheinlich Kieſel des Mörſers. Thompſon, der von Grönland. Ceriumox. 28,19, Kieſel 30,17, Eiſenox. 20,72, Thon 11,31, Kalk 9,12, Kupfer 0,87. Hiſinger, der von Riddarhyttan.

Dieſe Gattung, die mir nur aus ſehr unkenntlichen Bruchſtücken bekannt iſt, ward von Giſeke in Grönland zuerſt entdeckt und iſt von Bournon (Catalogue. S. 355) zuerſt, dann von Iameſon beſchrieben. Es ſcheint wahrſcheinlich, daſs ihre Kerngeſtalt ein rechtwinkliches

Prisma bildet. Textur alſo, Farbe, Härte, Strich und Schwere ſcheinen auf eine eigenthümliche Gattung zu deuten, und nicht, wie Berzelius vermuthet, auf eine Miſchung von Cererit und Hornblende (Thompſon Transact. of royal Society of. Edinb. VI. S. 371). Thompſon nannte das neue Metall Iunium.

Fundort. Nach Giſeke in Grönland bei Alluk und Iglorſoit im Granit mit vielem Glimmer, nach Hiſinger in Cererit und Strahlſtein eingewachſen bey Girans zu Riddarhyttan.

Lucas 2. p. 498. Cerium oxydé ſiliciforme noire. mineral. Stud. von Selb und Leonhard 1. p. 304. Iameſon 3. p. 570. Leonhard p. 389.

23.

TANTALIT Eckeberg (Tantale oxydé ferro-manganifère. H.) — *Gräul.*- *bräunl.*- und *eiſen*-Schw., zuweilen mit Anſtrich von *Blau.* — *derb, eingeſpr.* kryſtalliſ.

1) Primitiver. Eine breite, rechtwinkl. 4ſ. S. Leonhard.

2) Abgeſtumpfter, var. 1 die zwei einander gegenüberſtehenden breitern Endk. abgeſt., die Stk. ungleich zgſchrſt. Neig. der Abſtgfl. der Endk. gegen die Endfl. 118° 20′, gegen die breitere Stfl. 151° 40′, der einen Zſchrfgfl. gegen die

breitere Stfl. 113° 25', gegen die ſchmälere 156° 35'. Leonh.

3) Enteckter, var. 2, aber die Stk. nur abgeſt. und zwey einander gegenüberſtehende Ecken ſo abgeſt., daſs die Spitze dieſer Abſtgfl. auf die Kante der breitern Stfl. und der Abſtgfl. der Stk. aufgeſetzt iſt. Neig. dieſer Fl. gegen die breitere Stfl. 129° 56', gegen die ſchmälere 106° 30', gegen die Abſtgfl. der Stk. 125° 32', gegen die Endfl. 133° 50'. Leonhard.

4) Zuſammengeſetzter, var. 2 die Stk. zugeſchrft. wie var. 3, die Ecken abgeſt., aber die Kante zwiſchen dieſer Abſtg. und der breiten Stfl. ſchief abgeſt. Leonhard.

5) Hemitropiſcher, entſteht, wenn man ſich bey var. 3 (wohl auch bey var. 4) die S. parallel mit der breiten Stfl. getheilt, und die eine Hälfte ruhend, die andere umgedreht denkt.

Die Kryſtalle *klein* u. *mittl. Gröſse*, die ſchmälern Stfl. der S. *geſtreift*, nach der Richtung der breitern Stfl. der S. *treppenförmig auf einander gewachſen*, ſelten *freyer zuſammengehäuft* — *eingewachſen* — äuſserl. und innw. *glänzend* bis *wenigg1.* von *Fettgl.* dem *halbmetalliſchem*, auch *ſchwach metalliſchem* nahe — innw. meiſt nur *fettglänzend.* — Brch. *uneben von grobem Korne* ins *klein -* und *unvollk. muſchlige.* —

Brchst. *unbest. eck. zieml. schrfk.* — *undrchstg.* — Strich *bräunl.* etwas *lichter* — ritzt den Apatit, wird vom Quarz geritzt — *sehr spröde* — *schwer zrsprgb.* — 7,95 Eckeberg, 7,15—7,65 Wollaston, 7,3 Klaproth — 5,918 (?) Hatchett. Erhält gerieben — E.

Unschmelzbar. Tantalox. 80, Eisenox. 15, Manganox. 5 der von New-London. Tantalox. 85, Eisenox. 10, Manganox. 4 der aus Schweden. Beide Analysen von Wollaston. Tantalox. 83, Eisenox. 12, Manganox. 8 ebendaher nach Vql. Tantalox. 66,99, Zinnox. 16,75, Eisenox. 7,67, Manganox. 7,98, Kalk 2,40, und nach einer anderen Analyse Tantalox. 66,66, Wolframsäure 5,78, Zinnox. 8,02, Eisenox. 10,64, Manganox. 10,20 von Finbo. Tantalox. 66,22, Wolframs. 6,19, Zinnox. 8,26, Eisenox. 9,58, Manganox. 7,15, Kalk 1,19, und nach einer andern Analyse Tantalox. 66,345, Wolframs. 6,120, Zinnox. 8,4, Eisenox. 11,07, Manganox. 6,600, Kalk 1,5 der von Brodbo. Tantalox. 83,2, Zinnox. 0,6, Eisenox. 7,2, Manganox. 7,4 eine Spur von Kalk, der von Kimito. Diese Analysen sämmtlich von Berzelius. Tantalox. 75, Zinnox. 1, Eisenox. 17, Manganox. 5 der aus Bayern nach Vogel. Tantalox. 74, Zinnox. 0,4, Eisenox. 20,8, Manganox. 4,8 ebendaher nach Dunin Borkowfki. Es erhellt aus diefen Analyfen, dafs das Zinnoxyd, welches in dem fchwedifchen Tantalit von 16,75 bis 0,6 im Hundert wechfelt, in mehrern ganz fehlt, als ein blofs zufälliger Beftandtheil zu betrachten ift. Merkwürdig ift allerdings, dafs man eine Spur von dem Zinnoxyd auch in dem bayerfchen Tantaliten fand. Eben fo mufs man die Wolframfäure, die blofs in dem fchwedifchen Tantalit gefunden ward, fo wie den Kalk, von welchem das nehmliche gilt, als zufällig betrachten. Berzelius hält den Tantalit für ein tantalfaures Mangan-Eifenoxyd, zuweilen mit Tantal-Eifen gemengt. Im letzten Falle giebt er einen röthl. braunen Strich und ift fpecififch fchwerer.

Der englifche Chemiker Hatchett erhielt aus Nordamerica ein Foffil, welches dem chromfauren Eifen ähnelte. Durch die Zerlegung entdeckte er eine metallifche Säure. Das Metall diefer Säure, ein neues, nannte er Columbium (Nicholf. Journ. 1802. Januar. S. 156). Eckeberg unterfuchte zu derfelben Zeit ein fchon lange vorher bekanntes, aber zu den Zinnerzen gerechnetes Foffil, von Kimito in Finnland und entdeckte in diefem ebenfalls ein neues Metall, welches er Tantalium nannte (Kongl. Vetenfk. Acad. uga Handlingar, 1802. Quart. 1. S. 68).

Man fand bald die groſse Aehnlichkeit zwiſchen beiden Subſtanzen und ihre Gleichheit ward durch Wollaſton entſchieden (Nicholſ. Journ. 26. S. 23). Hatchetts Columbit aus Nordamerica ward von Wollaſton unterſucht und er fand in dieſem die nehmlichen Beſtandtheile wie in dem Tantalit. Das ſpecifiſche Gewicht — wahrſcheinlich bey einem nicht ganz reinen Stück unterſucht — war zu gering angegeben. — Dieſe Gattung nun, nachdem in Bayern eine Reihenfolge deutlicher Kryſtalle entdeckt iſt, wird ohne allen Zweifel, ſo wie ſie immer genauer ihrem Umfange nach, bekannt wird, eine bedeutende Rolle in der Oryktognoſie ſpielen, Sie gehört offenbar in die groſse Familie der mehr metalliſchen Oxydverbindungen und viele derbe Stücke haben einige Aehnlichkeit, ſowohl in Farbe, als Glanz und Bruch mit dem chromſauren Eiſen. Aber der Bruch iſt mehr dem unebenen nahe, der Glanz iſt geringer, dem metalliſchen näher, der Strich giebt eine andere Farbe und vorzüglich iſt das ſehr bedeutende ſpecifiſche Gewicht ein entſchieden ſonderndes Kennzeichen. Intereſſanter iſt die Verwandſchaft des Tantalits mit dem Wolfram. Zwar zu verwechſeln ſind dieſe Gattungen nicht, denn der eine ausgezeichnet deutliche Durchgang des Wolfram, mit ſeiner glänzenden

Bruchfläche fehlt bey dem Tantalit, dieser ist auch härter und schwerer. Merkwürdig ist aber die Verwandtschaft der Krystallformen, die höchst wahrscheinlich noch deutlicher erscheinen wird, wenn die krystallinische Textur des Tantalit genauer untersucht wird. In der obigen Beschreibung der Gattung bin ich Leonhard gefolgt, muss es aber bedauern, dass ich nicht die frühere, in seinem Handbuch freilich genauer bestimmte Beschreibung der Krystallformen, in den Schriften der bayerschen Academie von 1816—17 benutzen konnte. Die herrlichen Sammlungen der Krystalle des Tantalits in München — vorzüglich die des Bergrath Fluel — konnte ich nur flüchtig betrachten und in der hiesigen Sammlung sind die Krystalle zu undeutlich, um durch diese etwas Entschiedenes zu bestimmen. Schwierig ist es wohl immer, eben weil der Durchgang der Blätter ganz in dem unebenen Bruch verschwindet. Indessen kann ich mich noch immer nicht von der prismatischen Gestalt der primitiven Form überzeugen. Schon Hauy, der freilich nur den schwedischen, undeutlicher krystallisirten Tantalit kannte, war ungewiss, ob er eine prismatische oder octaedrische Kerngestalt annehmen sollte. Die Hemitropie (var. 5), die sehr deutlich vor mir liegt, zeigt eine starke Zuschärfung der rechtwinklichen Säule. Die eine ſehr ſtarke, auf die breitere Seitenfläche der 4ſ. S. aufgeſetzte Zſchrfgfl. (diejenige, die zwiſchen b und M liegt nach Leonhard), würde, wenn ſie die übrigen Flächen verdrängte, eine verſchobene 4ſ. S. von 86° 40′ und 93° 20′ bilden. Eine ſolche Säule hat Hausmann (er ſetzt 85° und 95° etc.) angenommen. Die Abſtumpfung der einander gegenüberſtehenden Ecken bildet, wie Breithaupt angiebt, eine Zuſchärfung der Endfläche, hier wie bey dem Wolfram, und bey der mir vorliegenden Hemitropie giebt dieſe Abſtumpffl. mit der zweiten Zuſchärfungsfläche der Säule einen Winkel von 125° 32′ — grade wie Leonhard ihn gefunden hat. — Aber denſelben Winkel bildet die erſte Zuſchärfungsfläche auch mit der zweiten. Nun iſt der Winkel dieſer Abſtumpffl. mit der Endfl. 133° 50′, wie ich ihn, mit Leonhard übereinſtimmend, gefunden habe, woraus der Zuſchärfungswinkel, wenn die Flächen wachſen = 86° 40′, der oben angegebene Winkel der geſchobenen 4ſ. Säule. Wenn wir uns nun die Flächen der rechtwinklichen Säule, die zweyte Zuſchärfungsfläche derſelben und die Abſtumpfung der Endkante wegdenken, ſo entſteht eine verſchobene 4ſ. S. mit zugeſchärfter Endfläche, ſo, daſs die ſpitzen Winkel der Säule und die Zuſchärfungswinkel der Endflächen völlig gleich ſind; kurz ein in die Länge gezogenes Octaeder hier, wie, nach Weiſs, beim Wolfram. Ein Grund, warum mir aber dieſe Form als die primitive erſcheint, iſt auch die treppenförmige Zuſammenhäufung, die eben nach der Richtung der verlängerten Octaederflächen ſtatt findet. Dieſes Octaeder wurde aber ein ſchiefes mit rhombiſcher Grundfläche und Winkeln von 120° und 60°, deſſen erſten Neigungswinkel ich deutlich habe beſtimmen können. Der Grundkantenwinkel dieſes niedrigen Octaeders wäre 86° 40′. Die breiten, auch am meiſten glänzenden Flächen der 4ſ. Säule, gäben mit den Endflächen, Abſtumpfungen der gemeinſchaftlichen Grundfläche, die ſchmäleren Seitenflächen Abſtumpfungen der in einer Schärfe verlängerten Spitze des langgezogenen Octaeders und der gröſsere Glanz der breitern Flächen, ſo wie die Streifung der ſchmälern deuten auf einen hervortretenden Durchgang in dieſer Richtung.

Fundort. Nordamerica zu Newlondon in Konnektikut. In Schweden in den Steinbrüchen von Finbo und Broddbo in der Nähe von Fahlun mit Pyrophyſalith, Feldſpath und Quarz und in Brodkärns — Zinnsgut in Kimito Kirchſpiel in Finnland im grobkörnigen Granit. In Bayern, ebenfalls im Granit mit Beryll, Iolith, Uranglimmer, Leberkies und ſpäthigem Eiſenſtein zu Bodenmais.

Reuſs 2. 4. p. 685. Tantalit u. p. 632. Columbeiſen. tabell. Ueberſ. p. 83. Tabl. comp. p. 120. Hausmann Handb. p. 310. Breithaupt 4. 2. p. 191. Iameſon 3. p. 561. Leonhard p. 380.

24.

YTTEROTANTALIT. Eckeberg (Tantal oxydé yttrifère H.) *Eiſen*-Schw. ins *gelbl.*-Br. zuweilen *grün* gefleckt oder *geſtreiſt.* — *Eingeſprengt in eckigen Körnern von Haſelnuſs-Gröſse* und *kleiner*, auch aber undeutlich *kryſtalliſ.* wie es ſcheint in einer verſchbnen 4ſ. S. mit Winkeln von ohngefähr 95° und 85°, dieſe an den ſcharfen Stk. abgeſt. mit Neigungswinkeln gegen die primitiven Stfl. von etwa 131°. Zuweilen die Kanten zwiſchen der einen Abſtgfl. und der Stfl. wieder abgeſt. mit Neigungswinkeln von 144° 50′ und 120° 10′, wodurch, wenn die Form nicht völlig ausgebildet iſt, die Kryſtalle ein keilförmiges Anſehen erhalten. — Die Kryſtalle *klein* und *ſehr klein*, *meiſt tafelartig*, faſt immer *abgerundet.* — Oberfläche *rauh.* — Innwendig *glänzend* und *weniggl.* von einem *Fettgl.* der ſich dem *metalli-*

ſchen nähert. — Bruch bey den hellern nach einer Richtung *blättr.* (parallel mit den Stfl. der verſchbn. 4ſ. S.), bey den dunklern der Drchg. ſelten zu erkennen, meiſt *uneben* ins *muſchl.* — Brchlt. *unbeſt. eck. ſchrfk.* ſelten deutlich zu erkennen. — *Feinkörnig abgeſ.* — *undrchſig.* zuweilen der ſchwarze *an den Kanten drchſchnd.* — ritzt den Apatit, wird vom Glaſe geritzt — *leicht zrſprgb.* — *ſpröde* — der dunkle giebt ein *graues*, der hellere ein *weiſses Pulver* — 5,395 der dunklere, nach Berzelius, 5,887 der der hellere nach Eckeberg.

Unſchmelzbar. Tantalox. 45, Eiſenox. und Yttererde 55 Vql. Tantalox. 57, Wolframſ. 8,25, Yttererde 20,25, Kalk 6,25, Eiſenox. 5,50, Uranox. 0,50, 4,25 Verl. der ſchwarze mit blättr. Brch. Tantalox. 59, 50—60. 124, Yttererde 24, 90—29, 78, Kalk 3, 29—0,5. Uranox. 8,23—6,622, Eiſenox. 2,72 — 1,55, zinnhaltige Wolframſ. 1,25 — 1,044, der hellere. — Tantalox. 51,325, Yttererde 38,515, Kalk 3,260, Uranox. 1,111, zinnhaltige Wolframſ. 2,592, Eiſenox. 0,555, der ſchwarze ohne blättr. Bruch. — Alle dieſe Analyſen von Berzelius. Dieſe geringen, wohl zum Theil zufälligen Abänderungen, können uns nicht berechtigen, mit Berzelius drey verſchiedene Arten anzunehmen. Seltſam klingt es, wenn er die erste Art die schwarze und die dritte die dunkle nennt.

Diese von Eckeberg zuerst entdeckte Gattung muss, obgleich sie theils dem Gadolinit, theils dem Tantalit verwandt ist, doch von beiden getrennt werden. Sie ist schwerer als der Gadolinit, leichter als der Tantalit. — Der unebene Bruch ist characteristisch für den Tantalit, der muschlige für den Gadolinit, der Ytterotantalit zeigt Spuren vom blättrigen und der Queerbruch neigt sich theils zum Unebenen, theils zum Muschligen. Endlich ist, nach Hausmann, die feinkörnige Absonderung bezeichnend, für diese leztere Abänderung. Ihm verdanken wir auch die erste genauere Entwicklung des Verhältnisses dieser drey verwandten Arten zu einander. (Weber Beitr. zur Naturkunde. 2. S. 78). Vrgl. Gadolinit. 2r Th. S. 1 u. f.

Fundort. In einem Feldspathlager, welches in jüngern Gneise vorkommt, mit Gadolinit bey Ytterby in Roslagen in Schweden, ein ähnliches Vorkommen (ohne Gadolinit) in der Nähe von Fahlun.

Reuss 2. 4. p. 637. tabell. Uebers. p. 83. Karsten p. 74. Hauy Tabl. comp. p. 120. Hausmann Handb. p. 322. Iameson 3. p. 503. Leonhard p. 499.

25.

RUTIL Wr. (Titane oxydé H.). — *Röthl.*-Br. ins *hyacinth* - und *blut* - R., zuweilen ins *dunkle ifabell* - Glb. — Selten *derb, eingefpr.* — am häufigften kryftall.

1) Primitiver. T. LXXXIV. f. 218. eine rechtwinkl. 4f. S. Die Kerngeft. theilbar nach den beiden Diagonalen der Grundfl. felten, verlängert.

2) Bisunitairer (bisunitaire f. 219), var. 1 an den Stk. abgeft. Oft wachfen die Abftgfl. fo, dafs eine neue rechtwinkl. S. daraus entfteht, deren Abftgfl. die zurückgedrängten Stfl. der primitiven Form bilden. Neig. diefer Abftgfl. gegen die Stfl. 135°. Sie correfpondiren den Drchg. parallel mit den Diagonalen.

3) Zugefchärfter. var. 1 an den Stk. fehr flach zgfchrft. Wr.

4) Subtractiver (foustractif. f. 221), var. 2, wenn die primitiven Fl. verdrängt find, die Stk. abgeft., die Abftgfl. fchief aufgefetzt. Neig. diefer Abftgfl. gegen die Stfl. 133° 26′.

5) Ternairer (ternaire f. 220.), var. 4, wenn die Abftgfl. die Stfl. verdrängen, wodurch eine ftark verfchbne 4f. S. entfteht. Stumpfer Winkel 126° 52′.

6) Dioktaedrischer, var. 4 die Endk. abgest, wenn diese Abstg. wächst, entsteht eine 8s. S. 4s. zgsp., so dass die Zspgfl. auf die abwechselnden Stfl. aufgesetzt sind. Sollte die von Jameson angeführte 6s. S. mit 6s. Zspg., die Bruce im Americain Magazin S. 238 beschreibt, nicht hierher gehören? Neig. der Zspgfl. gegeneinander 117° 2′. gegen die Stfl. 131° 21′.

7) Enteckter var. 1, die Ecken abgest. Durch das Wachsen der Abstgfl. entsteht eine 4s. Zspg., so dass die Zspgfl. auf die Stk. aufgesetzt sind. Leonhard. Doch ist die S. kaum die primitive, und die Zspgfl. ohne allen Zweifel die der 6n Var.

8) Knieförmiger (geniculé f. 219. 220 u. 221.), eine merkwürdige Zwillingskrystallisation, wo die Endfl. zweyer Krystallisationen, aller genannten Varietäten, zusammengewachsen sind, aber so, dass die Säulen sich verlängern nach aussen, und allmählig verkürzen nach innen, so dass sie unter einem Winkel zusammenstossen. Wo auch eine Zspg. war, ist diese ganz verschwunden, so dass man nicht, wie bey dem Zinnstein, einen einspringenden Winkel wahrnimmt. Neig. der S. gegen einander 114° 2.

9) Nadelförmiger und haarförmiger. Verlängerungen der S. zuweilen bis zur höchsten Zartheit.

Kryſtalle ſelten *groſs*, meiſt *mittl. Gröſse* und *klein* — ſelten *auf-* meiſtens *eingewachſen* — ſo die nadel- und haarförmigen Kryſtalle in Bergkryſtalle, die letztern in drey Winkeln von 60° ſich durchkreuzend, wie *gegittert*. Stſl. *ſtark der Länge nach geſtreift*, die Abſtgſl. *glatt* — äuſserl. *glänzend* und *weniggl.* — innwendig von *ſtarkgl.* bis *weniggl.* — *Demantgl.* — dem *halbmetalliſchen* nahe — Bruch *gradblättr.* nicht immer vollk. *4ſ. Drchg. Zwey* parallel *mit den Stſl.* (weniger deutlich) und *zwey* parallel *mit den Diagonalen der Grundſl.* (ausgezeichnet) Queerbruch zwiſchen *uneben von grobem Korne* und *unvollk. muſchl. weniggl.* Zuweilen den blättr. Brch. faſt gänzlich verdrängend. — Brchſt. *unbeſt. eck. nicht ſndrl. ſchrfk.* — Einige derbe Abänderungen mit Anlage *zur ſchal. Abſndrg.* — *undrchſtg.* zuweilen *an d. Kanten drchſchnd.* — Giebt Feuer mit dem Stahl — zwiſchen Feldſpath und Quarz. — Strich *braun, gelbl. - Gr. ins ſtroh-glb.* — *ſpröde* — *n. ſndrl. ſchw. zrſprgb.* — 4,180 Kl., 4,246 La Metherie, 4,1023 Hauy, 4,213 der aus Ungarn u. 4,206 der aus Piemont. Breithaupt.

Unſchmelzbar. Titanoxyd nach Kl. reines (wie der ſpaniſche Rutil) oder mit einer Spur von Eiſen (wie der vom Speſſart und Arendal) oder mit wenigem Chromoxyd (wie der von Westmannland) nach Vql. u. Eckeberg.

Born war der erste, der dieses Fossil, wie es in Ungarn gefunden wird, unter dem Nahmen rothen Schörl (Catalog. method. et raisonn. de la Collect. d. M. Raab. S. 168) genannt hat. Klaproth bewiefs im Jahre 1795, dafs es das Oxyd eines Metalls war, und es zeigte sich, dafs dieses das nehmliche Metall war, welches schon viel früher, zwar nicht völlig reducirt, aber doch so dargestellt, dafs man seine metallische Natur erkennen, und als ein neues betrachten mufste, im Jahre 1781 von dem englischen Chemiker Gregor in dem Menakan entdeckt ward, und von ihm Manachene genannt war. Er ist also, wie die englischen Chemiker mit Recht behaupten, der erste Entdecker. Die Klaprothsche Benennung Titanium hat sich indessen erhalten. Die Oryktognosten wurden nun auf dieses Fossil, welches sich durch Farbe, Glanz, Härte, Schwere und vorzüglich durch die krystallinische Textur so entschieden von den Schörlen unterscheidet, aufmerksam. Es ist eine sehr ausgezeichnete Gattung und die Aehnlichkeit mit dem Zinnstein ist in der That nur eine entfernte, wie wir unten darthun werden. Merkwürdiger ist die interessante Verwandtschaft mit dem Magneteisenstein.

Zwar ist der Rutil sehr verschieden von dieser Gattung, aber es bilden sich durch Nigrin und Titaneisenstein allmählige Uebergänge in den titanhaltigen Magneteisenstein, die diese Gattungen mit einander vereinigen. Breithaupt macht auf die fehlende Analyse des haarförmigen Rutils aufmerksam, und dass es noch zweifelhaft scheinen könnte, ob er auch zum Rutil gehört. In der That könnte die beständige lichtere Farbe und der hellere (strohgelbe Strich) Kennzeichen, die diese besondere Form beständig begleiten, Zweifel erregen. Hausmann nimmt drey Arten a) den blättrichen, b) den schaaligen, c) den dichten, an, die doch kaum als Arten zu sondern sind. Reuss und Karsten sonderten die erste und letzte.

Fundort. Die ersten Krystalle dieser Gattung wurden zu Rhoniz bey Murany in Oberungarn gefunden und galten für eine grosse Seltenheit. Seit der Zeit hat man aber den Rutil in sehr vielen Gebirgen gefunden, ja er scheint eines der gewöhnlichsten Erzeugnisse der Urgebirge zu seyn. Sein Vorkommen ist, nach Allem was man bis jetzt entdeckt hat, sehr einförmig und in allen Gebirgen fast das nehmliche. Man findet ihn in den Gliedern der Urschieferformation, besonders in Gneis und Glimmerschiefer, dann auch in Chlorit, Hornblendegeſtein und auſserdem in Gängen der älteſten Formation. Bey dieſer Gleichförmigkeit beſchränken wir uns auf die Angabe ſolcher Oerter, die durch ſchöne Kryſtalle ausgezeichnet ſind. Dieſe ſind Roſenau in Ungarn, Cajunlo und Vuitrage in Burgos in Spanien, das Faſſathal in Tyrol. Die nadel- und haarförmigen gegitterten finden ſich im Pinzgau in Salzburg, am St. Gotthard, im Chamounythal. Der derbe bey Arendal, an dem Speſſart u. ſ. w.

Kirvan 2. p. 405. Titanerz. Hauy 4. p. 390 und Tabl. comp. p. 115. Reuſs 2. 4. p. 669 gemeiner, p. 577 blättriger Titanſchörl. Mohs 3. p. 455. tabell. Ueberſ. p. 82. Karſten p. 74 gemeiner und blättriger Rutil. Brochant 2. p. 470. Brongniart 2. p. 97 Titane ruthile. Breithaupt 4. 1. p. 252. Hausmann Handb. p. 320. Iameſon 3. p. 351. Leonhard p. 198.

DER NIGRIN (Titane oxydé ferrifère H.) *Pech-Schw.*, zuweilen ein wenig ins *Röthliche* — in *ſtumpfeck. Körnern* und kryſtall. meiſt in abgerundeten Bruchſtücken der Rutilkryſtalle. — Brch. *verſtecktblättr.* Queerbr. hervortretend und *vollk. muſchl.* — 4,445 — 4,740 Kl. 4,605 Esmark, 4,543 Lampadius, 4,673 Lowitz, 3,7 Vql. und Hecht, im Uebrigen wie der Rutil, ſcheint kaum eine eigene Gattung zu bilden, vielmehr

mehr nur eine Zwischenbildung zwischen dem Rutil und Magneteisenstein. In dieser Rücksicht schliefst er sich an den Titaneisenstein an, hat aber völlig die Textur des Rutils, von welchem er sich in der That nur durch die Farbe, durch den etwas stärker werdenden muschlichen Bruch und durch ein geringes Uebergewicht der specifischen Schwere, durch den stärkern Eisengehalt hervorgerufen, unterscheidet. Er enthält, nach Kl. Titanox. 84, Eisenox. 14, Manganox. 2, nach Lampadius Titanox. 87, Eisenox. 9, Manganox. 3, nach Lowitz Titanox. 53, Eisenox. 47. — Das Eisenoxyd möchte, wie das Manganox., dennoch nur als ein zufälliger Bestandtheil zu betrachten seyn. Werner, der die Gattuug zuerst fixirte und auch benannte, hob sie später auf. In wie fern der Menakeisenstein (siehe oben p. 29) auch den frühern Nigrin einschliefst, wäre nach der von Breithaupt gegebenen Beschreibung schwer zu bestimmen, wenn nicht die bekannten Fundörter des Nigrins völlig ausgeschlossen wären. Es ist aber daraus zu schliefsen, dafs Werner nicht, wie Breithaupt früher vermuthete, den Nigrin mit dem Menakeisenstein, vielmehr mit dem Rutil, als eine blofse Abänderung verbunden hat. — Man findet ihn immer mit Rutil, und ursprünglich theilt er wohl dessen Vorkommen. So kommt er lose, mit Rutilkörnern vor in Ohlapian in Siebenbürgen (der von Klaproth analysirte), im Ural eben so, (der von Lowitz analysirte). Mehrere Fundörter anzugeben ist schwierig und unsicher, weil man sich nicht auf die richtige Bestimmung der Körner verlassen kann.

Hauy 4. p. 400 doch wohl mit Titaneisenstein. Reuss 2. 4. p. 393. Mohs 3. p. 454. tabell. Uebers. p. 82. Karsten p. 74. Brongniart 2. p. 99. Hausmann Handb. p. 318. Eisentitan. Iameson 3. p. 342. Leonhard p. 149.

26.

ANATAS H. (Octaedrit Saussure und Wr.) *Indig*-Bl. *dunkel röthl.*, *gelbl.*- und *nelken*-Br., was selbst ins *dunkel bräunl.*-Schw. übergeht — nur krystallis.

1) Primitiver. (T. LVII. f. 167.) Die Kerngest. ein rechtwinkl. spitz. Octaeder. Endspitzwinkel 157° 10′. Der ebene Winkel jedes Dreiecks an der Endspitze 40° 3′. Winkel über der Grundfl. 69° 56′. Theilbar nach der Richtung der gemeinschaftl. Grundfl.

2) Basirter (basé f. 168) var. 1 mit abgest. Endsp. Neig. der Abstgfl. gegen die Octaederfl. 111° 25.

3) Dioktaedrischer (dioctaèdre f. 169), var. 1 mit 4 Fl., die auf die Stfl. des Oct. aufges. sind, etwas scharf zgsp. Neig. dieser Zspgfl. gegen die Octaederfl. 150° 26′.

4) Abgestumpfter, var. 3 die Zspgsp. abgest. Leonhard.

5) Flachkantiger (prominule f. 170), var. 1, mit 8 Fl. zgsp., zwey und zwey gegeneinander geneigt und gemeinschaftl. auf die Kanten der 4s. Pyr. aufges. Neig. der gegeneinander geneigten Zspgfl. 169° 50′, einer jeden Zspgfl. gegen die grade unter liegende Octaederfl. 129° 11′ gegen die schräge unterliegende 121° 4′.

6) Säulenförmiger, var. 1 die Kanten und Eck. der gemeinschaftl. Grundfl. abgest. Leonh.

7) Entkanteter, var. 2 die Kanten der Pyr. abgest. Leonh.

8) Säulenförmig entkanteter, var. 7 an der Kante der gemeinschaftl. Grundfl. abgest. Verbindung von var. 6 u. 7.

9) Ringsumfacettirter, var. 1 die Endsp., die Stk., die Kanten und Ecken der gemeinsch. Grundfl. abgest. Leonh.

Kryst. *klein* und *sehr klein*, *aufgewachsen* und fast immer *einzeln*, selten in der Richtung der Hauptaxe *reihenförmig zusammengehäuft*. — Aeusserl. *glatt*, zuweilen die primitiven Fl. der

Queere nach gestreift — äuſserl. *ſtarkgl.* innw. ebenſo bis *gl. von Demantgl.* — Brch. *grad-blättrig 5f. Drchg.* 4 parallel mit den Octaederſl. einer mit der gemeinſch. Grundſl., der letzte beſonders deutlich. Brchſt. *octaedriſch* oder *tafelförmig* — *drchſchnd.* bis zum *halbdrchſtg.* — Strich *graul.-weiſs* — Ritzt den Apatit, wird durch den Quarz geritzt — *ſpröde* — *l. zrſprgb.* — 3,8511 Hauy — Phosphoreſcirt. — Leitet die Elektr., erhält gerieben — E.

Unſchmelzbar. Titanox. Vql.

Dieſe ſehr merkwürdige Gattung, die, obgleich ſie noch immer ſehr iſolirt ſteht, in oryktognoſtiſcher Rückſicht, doch höchſt wahrſcheinlich in der Zukunft dazu dienen wird, die vorhergehende Gattung mit der nachfolgenden zu verbinden, ward ſchon ſehr frühe (im Jahre 1783) von Bournon entdeckt, der ſie Romé de L'Isle mittheilte. Sie ward ſpäter unter dem von Werner angenommenen Nahmen Octaedrit von Sauſſure (Voyaye dans les Alpes no. 190) beſchrieben, ohne doch die Aufmerkſamkeit der deutſchen Oryktognoſten auf ſich zu ziehen. Hauy hat, für die oryktognoſtiſchen Syſteme, dieſe Gattung zuerſt genauer beſtimmt. Er ſtellte ſie unter die erdartigen Foſſilien, zwiſchen Diallage und Dioptas. Die ihm von Esmark mitgetheilte Beobachtung, daſs dieſes Foſſil mit einer gleichen Menge Borax ein ſchmaragdgrünes Glas giebt, welches beim Erkalten in Nadeln anſchieſst, daſs es mit noch mehr Borax hyacinthroth wird, ſo aber, daſs dieſes hyacinthrothe Glas, mäſsig erwärmt, blau; ſtärker erhizt, weiſs — in beiden Fällen undurchſichtig — bey noch ſtärkerer Erhitzung aber wieder hyacinthroth und durchſichtig wird, machte ihn, wie früher ſchon Esmark ſelber, auf die wahrſcheinlich metalliſche Natur dieſes Foſſils aufmerkſam. Vauquelins Analyſe, durch Hauy veranlaſst, bewieſs, daſs das Foſſil ein faſt reines Titanoxyd von demſelben Verhältniſs der Oxydation, welches man bey dem Rutil findet, ſey, und hier zeigte ſich nun wieder jene Schwierigkeit, die öfters in der Oryktognoſie vorkommt, wenn man die tiefſte Bedeutung der Eigenthümlichkeit der Gattungen durch die Reſultate der chemiſchen Analyſe ausgedrückt glaubt. Es ſchien Hauy, obgleich er es verſuchte, unmöglich, die Kryſtallformen des Rutil und des Anataſe aus denſelben Grundformen herzuleiten. Zwar bemerkt Weiſs, in der Anmerkung zur Ueberſetzung des Hauy'ſchen Werks, daſs die rechtwinkliche 4ſ. S. ſich leicht auf ein rechtwinkliches Octaeder zurückführen läſst. Aber ſolche lediglich mathematiſch formelle Reductionen, wenn ſie nicht durch die Natur ſelbſt gerechtfertigt werden, haben durchaus keine Bedeutung. Die Farbe iſt zwar an und für ſich, und in den meiſten Fällen ein unſicheres, ſchwankendes Kennzeichen, nicht geeignet, eine Gattung zu fixiren, wenn ſie aber, innerhalb beſtimmter, höchſt eigenthümlicher Grenzen, eine eben ſo beſtimmte kryſtalliniſche Form begleitet, wenn dabei Glanz — der reine Demantglanz — Schwere und Vorkommen verſchieden ſind, dann hat man Grund, in einer ſolchen Vereinigung von Kennzeichen eine, der heutigen chemiſchen Analyſe noch nicht zugängliche, Eigenthümlichkeit anzuerkennen und feſtzuhalten. Sehr intereſſant ſcheint uns die Kryſtalliſationsſuite, die Leonhard zuerſt beſchrieben hat, und die eben dadurch, daſs ſie innerhalb der Grenzen des ſpitzigen Octaeders als Grundform bleibt, und ſich um dieſe bewegt, die Gattungs-Verſchiedenheit noch feſter begründet.

Fundort. Der Anatas gehört noch immer zu den ſeltenen Foſſilien. Urſprünglich auf Gängen in Urgebirgen in der Dauphiné, meiſt einzeln aufgewachſen oder treppenförmig zuſammengehäuſt mit Feldſpath, Axinit, Bergkryſtall, Chlorit und Craitonit. Seitdem hat man ihn an andern Orten gefunden. Nach Bournon in Spanien und

Cornwallis, nach Efchwege in dem Innern von Brafilien (in Minas Geraes) und v. Buch entdeckte einen Kryftall von feltener Gröfse in einer Drufenhöhle im Uebergangsthonfchiefer in Hadeland in Norwegen.

De L'Isle 2. p. 406. Schörl bleu. Hauy 3. p. 163 und Tabl. comp. p. 116. Reufs 2. 4. p. 580. Mohs 3. p. 462 tabell.Ueberf. p. 82. Karften p. 74. Brochant 2. p. 548. Brongniart 2. p. 101. Hausmann Handb. p. 322 mit Rutil vereinigt. Breithaupt 4. 1. p. 249. Iamefon 3. p. 355. Leonhard p. 145.

28.

TITANIT Rofe. (Titan filiceo-calcaire H.)

a) SPHEN (gemeiner Sphen Hausmann). — *Lauch - Piftazien - Gras - gelbl.* - Grn. *honig*-Glb., bis ins *hyacinth*-R. — kryftallif. (Kerng. eine niedr. 4f. S. mit einer auf der ftumpfen Stk. unter einen Winkel 94° 54′ grade aufgefetzten Endfl. Winkel der Säule 133° 48′ und 46° 12′).

1) Einfach enteckter. Die oben befchriebene Kerng. Die fpitze Ecke, die die etwas fchief aufgefetzte Endfl. mit der hintern ftumpfen Stk. macht, ftark abgeft. Neig. diefer Abftgfl. gegen die ftumpf. Stk. 127° 30′, gegen die primitive Endfl. 137° 27′. Sie ift faft immer rauh, gewöhnlich fehr mächtig, fo dafs eine ftark verfchobne

4f. S. mit einer fehr fchief aufgefetzten Endfl. entfteht. Die Abftgfl. der fpitzen Ecke gehört der Kerng.

2) Zweyfach enteckter, var. 1 die Ecke der ehr fchief angefetzten Endfl. und der ftumpfen Stk. abgeft. Neig. diefer Abftgfl. gegen die ftumpfe Stk. 145° 53'. (Rofe fig. 2).

3) Abgeftumpfter, var. 2 die fchrf. Stk. abgeft. Neig. gegen die Stfl. 113° 6' (f. 4.)

4) Zugefchärfter, var. 2 die fcharfen Stk. zgfchrft. Winkel der Zfchrfg. 103° 58' (f. 3).

5) Entfchärfter, var. 4 die Schärfe der Zfchrfg. wieder abgeft. Eine Verbindung von var. 3 u. 4 (f. 5).

6) Vorwärts abgeftumpfter, die S. var. 4 oder 5, die ftumpfe Ecke, die die fehr fchief angef. Endfl. var. 1, und die Zfchrfgk. mit den hintern Stfl. machen, fchief abgeft., fo dafs die Abftgfl. mit den fchiefen Endfl. einen fehr ftumpfen Winkel (von 158° 3') bilden. Neig. derfelben gegen die Zfchrfgfl. var. 4. 93° 59' (f. 3).

7) Dreyfach enteckter, var. 2—6, wenn die Ecke, die die Abftgfl. var. 2 mit der ftumpfen Stk. bildet, abermals abgeft. ift, fo dafs von der zurückgedrängten primitiven Endfl. an bis zur ftumpfen Stk. drey untereinander fich zeigende Abftg. ftatt finden. Neig. diefer Abftgfl. gegen

die ſtumpfe Stk. 156° 38′. Die Abſtgsk. zwiſchen dieſer und Abſtgfl. var. 2 iſt gewöhnlich undeutlich und abgerundet.

8) Abgeſtumpfter. Die Kante zwiſchen der Abſtgfl. var. 7 und der Zſchrfgfl. var. 4 ſchief abgeſt., ſo daſs die Abſtgfl. ein Dreyeck bildet, deſſen Spitze auf der ſchiefen Endfl. var. 1, deſſen Grundlinie auf der hintern Stfl. ruht. Neig. dieſer Abſtgfl. gegen die Zſchrfgfl. 159° 38′ (fig. 3, 7, 8).

9) Hinterwärts enteckter, var. 1 — 8. Die Ecke, welche die weniger ſchief angeſetzte (primitive) Endfl. mit der hintern ſtumpfen Stk. bildet, abgeſt. Neig. gegen die ſtumpfe Stk. 148° 27′.

10) Hinterwärts abgeſtumpfter, var. 1 — 8 die ſtumpfe Ecke, die von der wenig ſchiefen (primitiven) Endfl. der ſehr ſchiefen (var. 1) und der hintern Stfl. gebildet wird, ſtark und ſchief abgeſt., ſo daſs die Abſtgfl. auf die hintern Stfl. unter einen ſehr ſtumpfen Winkel aufgeſ. iſt. Da dieſe Varietät alle Hauptflächen in der gröſten Regelmäſsigkeit in ſich vereinigt (Roſe f. 7 u. 8), ſo erlaube man uns, die etwas verwickelte Kryſtalliſation, deren Hauptverhältniſſe ſich nur erkennen laſſen, wenn man die urſprüngliche Hauptlage der Flächen richtig gefaſst, durch das

Zusammenfassen aller Flächen das nähere Verhältniss gegeneinander darzustellen. Man findet diese Krystallisation, von einer licht hyacinthrothen Farbe mit kugelförmig zusammengehäuften blättrigen Chlorit und Adular auf St. Gotthard. Man denke sich also die verschbne 4s. S. zugschrft an den schrf. Stk. (var. 1) mit der sehr schiefen, auf die stumpfe Stk. aufges. Endfl. (var. 1), die Ecke, die sie, wo sie aufges. ist, bildet, zweyfach (var. 2 u. 7) abgest. Dann erscheint die primitive, gewöhnlich stark glänzende Fl. als eine etwas schief aufgesetzte Abstgfl. der obern, durch die Endfl. und die beiden hintern Stfl. gebildeten Ecke. Die Abstg. (var 10) bildet ein kurzes und breites Dreyeck, dessen Grundlinie unter einem sehr stumpfen Winkel auf der *hintern Stfl.* ruht, während etwas unter diesen die Abstgfl., var. 6 eben so nach der *vordern* Endfl. hervorragt. Die Abstgfl. var. 8 endlich erscheint nun als eine schiefe Abstg. der Ecke, welche durch sie und die beiden Zschrfgfl. gebildet wird.

11) Entrandeter, var. 6 und 10 die Kante der Abstgfl. var. 6 und der hintern Stfl. abgest. Neig. dieser Abstgfl. gegen die primitive Endfl. 146° 45′, gegen die hintere Stfl. 106° 18′.

12) Seitwärts abgestumpfter, var. 6, die Ecke, gebildet durch die schiefe Endfl. (var. 1), die hin-

tere Stfl. und die Abſtgfl. var. 6, ſchief abgeſt. Neig. gegen die hintere Stfl. 55° 44′.

13) Irregulairer. Wenn die Abſtgfl. var. 10 ſo wachſen, daſs ſie die hintern Stfl. zum Theil, die Abſtgfl. var. 6 aber ſo, daſs ſie nach vorne die Endfl., var. 1 ſowohl, als die primitive ganz verdrängen, dann entſteht eine Art irregulaires Octaeder, deſſen 4ſ Pyr. aus zwey nebeneinander liegenden Fl. der Abſtg. var. 6, die ſich unter einem Winkel von 136° 6′, aus zwey Fl. der var. 10, deren Fl. ſich unter 110° 54′ gegeneinander neigen. Die Reſte der Zſchrfgfl. var. 4 erſcheinen, als Abſtgfl. der Kanten der gemeinſcht. Grundfl., die Reſte der Stfl. als Zſchrfgfl. der abwechſelnd. Ecken der Grundfl. und die Abſtgfl. var. 8 als widerſinnig. Abſtg. der über die Abſtg der K. der gemeinſch. Grundfl. liegenden Ecken. Doch bildet dieſe Form durch das zufällige Wachſen und Abnehmen der verſchiedenen Flächen nicht ſelten ſcheinbar höchſt irregulaire faſt kugelförmige Geſtalten (fig. 9 und 10).

14) Irregulair ſäulenförmiger. Eine unregelmäſsige verſchbne 4ſ. S. mit Winkeln von 67° 46′ und 112° 14′, die ſchrf. Stk. abgeſt. und die Ecke der ſchrf. Stk. und der Endfl. einerſeits ſchief und ſehr ſtark abgeſt., andererſeits ſchief zgſchrft., die Endfl. unregelm. 3ſ. zgſp., die Ecke zwiſchen

der Zſpg. und die Kanten der ſchiefen ſtarken Abſtg. der Ecke der ſchrf. Stk. und Endfl., ſo wie die zwey nebeneinander liegenden Endk. abgeſt. Die höchſt unregelmäſsige Kryſtalliſation entſteht, indem die Abſtgfl. var. 8 der Ecke der ſchiefen Endfl. var. 1, der Zſchrfgfl. der S. und der hintern Stfl. ſich ausbreitet, die übrigen Flächen verdrängt, die Abſtgfl. var. 2 als Abſtg. der ſchrf. Stk., die ſchiefe Endfl. eine ſtarke Abſtg. der ſcharfen, vordern obern und hintern untern Ecke geſtaltet, und die übrigen Flächen nach den Enden zurückdrängt (fig. 11 u. 12).

15) Unſymmetriſch - octaedriſch zugeſchärfter, var. 13. Die Kanten der beiden unter 136° 6′ gegeneinander geneigten Pyrfl. zugeſchrft. Neigung dieſer Zſchrfgfl. gegeneinander 157° 7′ (f. 21 als Zwilling).

16) Unſymmetriſch ſäulenförmiger. Eine verſchbne unſymmetriſche 4ſ. S. mit Winkeln von 137° 27′ und 42° 33′, die Enden zgſchrft, ſo daſs die Zſchrfgfl. auf die ſtumpfen Stk. aufgeſ. ſind, die Ecken, die die Zſchrfgfl. und die Stfl. bilden, abgeſt. Dieſe S. entſtehen, indem die primitiven und die ſchiefen Endfl. ſo überhand nehmen, daſs ſie faſt alle übrigen zurückdrängen. Die Abſtgfl. var. 6 bilden Zſchrfg. der Enden und die zurück-

gedrängten Stfl. der primitiven S. die Abſtg. der Ecken (f. 24).

17) Hemitropiſcher. Es iſt eine Eigenthümlichkeit der Kryſtalle dieſer Gattung, mannichfaltige, zuweilen höchſt complicirte Hemitropien zu bilden; ja mehrere der angeführten Varietäten kommen nur als Zwillinge vor. Die Grundform der hemitropiſchen Bildung läſst ſich, bey aller, oft äuſserſt ſchwer zu enträthſelnden Verwickelung auf folgende reduciren. Man denke ſich die primitive Geſtalt, nach einer Ebene, parallel mit der primitiven Endfl., in zwey gleiche Theile getheilt. Die untere Hälfte ruht, während die obere ſich um ihre Hälfte herumdreht. Dann entſteht, wenn dieſe Hälften, bey der Umdrehung ſonſt in ihrer Lage beharren, auf der einen Seite ein einſpringender Winkel, gebildet durch die ſtumpfen Kanten und je zwey und zwey Stfl., auf der andern Seite bilden eben ſo, je zwey und zwey Stfl., vier ſich durchkreuzende auswärtsgehende, und ſich in einer ſtumpfen auswärtsgehenden Ecke begegnende Kanten. Der einſpringende Winkel der Flächen beträgt 170° 44′. Der Neigungswinkel zweier auswärtsgehenden Kanten der nehmlichen Hälfte beträgt 133° 50′ (die Neigung der Stfl. gegeneinander), der Neigungswinkel der Kanten, die die herumgedrehten Hälften

verbinden 170° 12′. Auch auf der hintere Fläche der auswärtsgehenden Ecke kann ein einſpringender Winkel ſich zeigen, dann nehmlich, wenn die Spitze der ſchiefen Endfl. var. 1 oder die der Abſtpfgfl. var. 2 über die Hälfte der Theile hervorragt, in welchem Falle die durch den Schnitt abgetrennte Spitze der vorderen oberen Endfl. oder Abſtgfl., die untere; die der hintern untern, die obere Fl. des einſpringenden Winkels bilden wird. Dieſe Hemitropien erſcheinen höchſt modificirt — theils indem faſt alle Modificationen Zwillinge bilden, ſo daſs bald die ſtark hervortretende Endfl. var. 1 die Stfl., bald umgekehrt dieſe jene, bald ſelbſt die Abſtgfl. var. 6 die übrigen Fl. u. ſ. w. verdrängen, theils indem die beiden Hälften nicht bloſs umgedreht auf einander ruhen, ſondern auch in einander verwachſen ſind, ja häufig ſich völlig durchwachſen — theils endlich dadurch, daſs, beſonders bey den ſich in einem ſchiefen Kreuz, doch ſo, daſs die eine Hälfte bedeutend gröſser iſt als die andere, durchwachſenden Hälften, die primitive Fläche, in deren Parallele der Schnitt gedacht werden muſs, und deren Neigung gegen die Säule, bey der Umdrehung die Winkel der Durchkreuzung beſtimmt, beſonders heranwächſt, die Stfl. ſeitwärts drängt und Tafeln bildet, wie man ſie, vorzüglich häuſig bey den ſich durchkreuzenden Hemitropien des Sphens vorſindet (fig. 13—27).

Die Kryſtalle ſind ſehr ſelten *mittlerer Gröſse*, meiſt *klein* und *ſehr klein*. Die Stfl. der primitiven S. die primitive Endfl. und mehrere Abſtgfl. ſind *glätt*, die der Stfl. nach *der langen Diagonale ſchwach geſtreiſt*, die ſchiefe Endfl., var. 1 iſt meiſt *rauh* und auch andere Flächen, wie z. B. die primitive Endfl. bei den tafelartigen Hemitropien werden *rauh*. — Die Kryſtalle ſind ſtets *aufgewachſen*. — Aeuſserl. von *ſtarkgl.* bis *ſchimmernd* von *Demantgl.*, der ſich *dem Fettgl. nähert* — innw. dem *ſtarkgl. nahe*, von *Glasgl.* in *Fettgl.* übergehend — Brch. *unvollk. blättr.; drey Drchg.* parallel mit den Stfl. der S. und einer wenig ſchief angeſetzten Endfl., ſo wie zwey andere den Flächen einer Zſchrfg. von 115° 30′, deren ſchieflaufende Endkante in der Richtung der ſchief angeſetzten Endfl. liegt parallel, zu unterſcheiden; ſonſt *kleinmuſchl.* ins *unebene* — Brchſt. *unbeſt. eck. nicht ſndrl. ſchrfk.* — Von *vollkommen drchſtg.* bis *an den Kanten drchſnd.* — Ritzt den Apatit, wird von dem Feldſpath geritzt — Strich *ungefärbt* — *n. ſndr. ſpr.* — *l. zrſprgb.* 3,49 Kl., 3,46 Breithaupt, 3,4—3,6 Roſe — Erhält durch Reibung+E. Manche Kryſtalle werden polariſch elektrifch — Phosphorifirt, erwärmt, mit lebhaftem weifsem Lichte.

Schmilzt fchwer zu einem bräunlichem Schmelz. Kalk 16, Kiefel 36, Titanox. 46. Verluft durch Glühen, 1 Kl. aus dem Felberthale im Salzburgifchen, Kalk 32,2, Kiefel 18, Titanox. 33,3. Cordier vom Gotthard.

Diefe höchft merkwürdige Art, die zu den übrigen der Gattung, wie der Bergkryftall zum Quarz, oder noch genauer, wie der Adular zum gemeinen Feldfpath fich verhält, ward zuerft von Vizard auf St. Gotthard entdeckt. Sie war auch Sauffure bekannt, der die einfachfte Hemitropie der primitiven Säule kannte und zum Strahlftein rechnete. Hauy war fchon frühzeitig auf das völlig abweichende und überhaupt eigenthümliche aufmerkfam, fo wie auch Cordier in diefem Foffil eine eigene Gattung erkannte (Journ. d. phyf. an 6. S. 49). Cordier's oben angeführte Analyfe brachte Hauy zuerft dazu, diefe Art mit den nachfolgenden zu vergleichen und er verfuchte es nun, die kryftallinifche Struktur des Sphens mit dem des norwegifchen Titanits (Menakerzes) in Uebereinftimmung zu bringen. Es darf uns nicht wundern, dafs es ihm weder früher (Bulletin des fcienc. d. l. fociet. philomathiq. an. 12 No. 87. S. 206 u. 207) noch ſpäter gelang. Die Kryſtalliſation des Sphens gehört zu den ſchwierigſten in der ganzen Oryktognoſie und nur wenn man im Beſitz einer ſehr vorzüglichen Sammlung iſt, kann es gelingen, ſie zu beſtimmen. Der Sphen blieb daher noch immer, ſeinem wahren Umfang nach, unbekannt, und in Deutſchland — ſo viel ich weiſs, zuerſt von Mohs angeführt — war er faſt gar nicht gekannt. Ietzt weiſs man nun, daſs Fleurians Semeline (Nöggeraths Spinellin 11 Th. S. 31) hierher gehört. Für die Oryktognoſie war noch immer nicht viel gewonnen, durch die Verbindung des Sphens mit dem Titanit, eine Verbindung, die bloſs chemiſch begründet, noch immer nicht oryktognoſtiſch nachgewieſen war. In der That auch nicht durch Hauy's Entwickelung im Tabl. compar. Intereſſant war die Entdeckung polariſcher Elektricität bey den unſymmetriſchen Kryſtallen des Sphens, wie bei andern ähnlichen. Hauy fand ſogar bey einem Zwillingskryſtall, daſs die aneinander liegenden Pole deſſelben umgekehrte Elektricitäten hatten, wie, ſagt er, wenn man zwey Magnete der Länge nach ſo übereinander legt, daſs die ungleichnahmigen Pole einander berühren. Die höchſt verwickelte und eigenthümliche kryſtalliniſche Struktur dieſer Gattung und mit dieſer ihre Bedeutung und Umfang iſt zuerſt auf eine ſehr gründliche Weiſe von Roſe, einem Schüler des gröſten Cryſtallographen unſerer Zeit, entwickelt, und giebt einen erfreulichen Beweiſs von der umfaſſenden Gründlichkeit dieſer Schule. Ich habe, ſo weit die Anlage dieſer Schrift es erlaubte, dieſe Unterſuchungen benutzt (de Sphenis atque Titanitae ſyſtemate cryſtallino Diſſert. Berl. 1820 und Leonhard Taſchenb. 1822. S. 393). Die angenommene Grundform wird auch durch die Theilungsebene der Hemitropien beſtätigt. Die Gründe, die mich bey der Eintheilung der Gattung in Arten leitete, werde ich unten entwickeln.

Fundort. Scheint vorzüglich in Urgebirgsmaſſen vorzukommen, und hat in ſeinem Vorkommen manches Uebereinſtimmende mit dem Feldſpath. Der Sphen galt lange für ein ſeltenes Foſſil, in neuern Zeiten hat man es aber in mehrern Ländern entdeckt, doch iſt es ſchwer, die Fundörter dieſer Art zu beſtimmen, da man ſie, eben ſeit der erweiterten Entdeckung mit der nachfolgenden verband. In der That ſcheinen die meiſten angegebenen Fundörter für die nächſtfolgenden Arten zu gelten, der eigentliche Sphen aber, faſt ausſchlieſslich mit Chlorit, Adular, Epidot (ſelten als Einſchluſs in Bergkryſtall, wie der Rutil) auch mit Turmalin, Asbeſt, Amianth, Apatit, in Druſenhöhlen auf Gängen in Glimmer- Chlorit- und Hornblendeſchiefer vorzukommen — ſo im Felberthal im Pinzgau und vorzüglich in mehrern Thälern des Gotthardgebirges. Dieſe letztere Gegend iſt vorzüglich ihrer ſchönen Kryſtalle wegen — alle beſchriebenen kommen dort vor — merkwürdig. Die tafelartigen Hemitropien ſind faſt immer mit Chlorit überzogen. Ob der wahre Sphen (wie der glaſige Feldſpath) in den Flöztrappgebirgen vorkommt, kann noch für zweifelhaft gelten. Fleurian's Semeline in der Nähe des Laacherſee's iſt, nach Roſe, dem gelben Menackerz ſeiner kryſtalliniſchen Form nach, nahe verwandt, und der, den man in der Nähe von Töplitz findet, ſcheint ganz der genannten Gattung an zu gehören.

Hauy 1. p. 144. Tabl. comp. p. 116. Reuſs 2. 4. p. 590 ſpäthiger Titanit z. T. Mohs 1. p. 68. tabell. Ueberſ. p. 82 z. Th. Karſten p. 74 z. Th. Hausmann Handb. p. 614 z. Th. Breithaupt 4. 1. p. 264. Jameſon 3. p. 849 z. Th. Leonhard Handb. p. 597 mit den folgenden Arten verbunden.

b) BRAUN MENACKERZ Wr. (Titane ſiliceo-calcaire H. z. Th.) *Dunkel-röthl.-*, auch *ſchwärzl*-Br. Die erſte Farbe ins *bräunl.*-R. —

Bis jetzt nur kryſtalliſirt. (Kerngeſt. die des Sphens).

1) Ditetraedriſches (ditetraedre. T. LXXXIV. f. 224.), eine ſehr ſtark verſchbne. 4ſ. S, an den Enden ſehr ſcharf, aber ungleich zgſchrft., ſo daſs die Zſchrfgfl. auf die ſtumpf. Stk. aufgeſ. ſind. — Neigung der Stfl. d. S. gegeneinander 136° 6′ und 43′ 54. Neig. der Zſchrfgfl. gegen die vorderen Stfl. 144° 53′, gegen die hintern 141° 35′. Entſteht, indem bey der Sphen-Kryſtalliſation die Abſtgfl. var. 6. ſo ſtark heranwächſt, daſs ſie nicht allein die ſehr ſchiefe Endfl. var. 1., ſondern auch die Stfl. der primitiven S. verdrängt, es bleiben dann nach vorne oben, und nach hinten unten, die primitive Endfl., und nach hinten oben, und nach vorne unten die Abſtgfl. var. 2. als Zſchrfgfl. der ſo gebildeten S. übrig. Roſe f. 30.

2) Abwechſelnd abgeſtumpftes. Die Ecken der untern vorderen und obern hinteren Zſchrfgfl. mit der ſtumpfen Stk. abgeſt. Neig. dieſer Abſtgfl. gegen die Zſchrfgfl. 162° 6′, gegen die Stfl. var. 1. 153° 55′. Roſe f. 3.

3) Uniternaires (uniternaire. f. 225.), var. 1. die Ecken der Zſchrfgfl. und der ſcharfen Stk. abgeſt. Die Abſtgfl. der Sphenkryſtalliſ. var. 7. R. f. 32.

Wenn die Zſchrfgfl. die ſtumpf. Stk. verdrängen, entſtehen unſymmetriſche ſehr flache Octaeder.

Die Kryſtalle *mittl. Gröſse* und *klein*, oft mit undeutlich ineinander sich verlaufenden (wie geſchmolzenen) Flächen. Faſt immer *ein-*, ſelten *aufgewachſen* — äuſserl. *glatt, ſtarkgl.* bis *glänzend* von *Glasgl.* — Brch. *uneben von grobem bis zum kleinen Korne* ins *klein-* und *unvollk. muſchl.*, zuweilen mit Spuren *von verſteckt-blättr.* — Brchſt. *unbeſt. eck., nicht ſndrlich. ſcharfk.* — *undrchſtg.*, *an den K. drchſchnd.* — Härte der vorigen Art. — *ſpr.* — *l. zrſprngb.* — 3,510 des von Passau Kl. Unſchmelzbar, wird nur an den Kanten ein wenig angegriffen. — Kalk 33, Kieſel 35, Titanox. 33. Kl., der von Passau.

Dieſe Art des Titanits, wie er in Norwegen gefunden ward, iſt zuerſt — und zwar ſeit den lezten Jahren des vorigen Jahrhunderts — in Deutſchland bekannt geweſen und ward von Werner als eine eigene Gattung fixirt. Ihre Verwandtſchaft mit dem Sphen ward durch die chemiſche Analyſe vermuthet, durch Hauy nur unvollkommen, durch Roſe entſchieden begründet. Obgleich es nun gewiſs iſt, daſs ſie mit dem Sphen eine Gattung bildet, glauben wir uns dennoch berechtigt, ſie, als eine eigene Art zu ſondern. Die enge Grenze einer faſt unveränderlichen Farbe, der Bruch, die Undurchſichtigkeit, verbunden mit der beſtimmten, nur ſehr wenige Modificationen erleidenden kryſtalliniſchen Form, deuten auf eine beſtimmt fixirte Eigenthümlichkeit der Bildung, die einmal erkannt, auch in der Oryktognoſie anerkannt werden muſs. In der That bilden ſich keine wahren Uebergänge in die vorhergehende, und auch Roſe, indem er den Zuſammenhang der kryſtalliniſchen Form mit der des Sphens nachwieſs, muſs doch geſtehen, daſs die Zwiſchenbildungen, die den allmähligen Uebergang von den Sphenkryſtallen in die des braunen Menackerzes vermitteln, nicht entdeckt ſind. Solche Verhältniſſe fordern nothwendig Aufmerkſamkeit und werden nie ohne Schaden überſehen.

Fundort. Wenn der Sphen am häufigſten, in Gängen und Druſen aufgewachſen, ſo ſcheint dieſe Art, wie die folgende, faſt ausſchlieſslich in Urgebirgs-Lagermaſſen eingewachſen vorzukommen, auch, obgleich ſeltener, unmittelbar in Urgebirgsmaſſen, wie in Syenit, Gneis, Glimmerſchiefer, Urkalk, Grünſteinſchiefer u. ſ. w. Das erſte Vorkommen zeigt ſich in den bekannten, oryktognoſtiſch ſo reichen Magneteiſenſteinlagern in Gneis bey Arendal in Norwegen, wo das braune Menackerz mit Epidot, Granat, Augit, Hornblende, Aleolith, Feldſpath u. ſ. w. begleitet ſich findet. Das zweite zeigt ſich in Schweden zu Trollhätta und Söderfors, in Bayern bey Passau, in Schottland u. ſ. w.

Hauy 4. p. 408. Tabl. comp. p. 116. Reuſs 2. 4. p. 584. gemeiner Titanit. Mohs 3. p. 468. Brunon tabell. Ueberſ. p. 82. Karsten p. 74. gemeiner Sphen. Brochant 2. p. 477. Hausmann Handb. p. 613. gemeimer Sphen. Breithaupt 4. 1. p. 260. Jameſon 3. p. 345. Leonhard p. 598. mit den Sphen verbunden.

c) GELB-MENACKERZ Wr. (Titanite ſiliceo-calcaire H.) — Sehr characteriſtiſch *erbſen-*, dann auch *iſabel-ſtroh-*Glb., auch *gelbl.*-Gr., *derb*, und *kryſtalliſ.* (Kerngeſt. des Sphens)

Die Kryſtalle, mit wenigen Modificationen, denen des braunen Menackerzes völlig ähnlich. — Aeuſserlich und innerlich *glänzend* von *Fettgl.* — Brch. theils *uneben von kleinem Korne*, theils *unvollk. blättr.* Die zwei Drchg. parallel mit den Stfl. einer 4ſ. verſchbn. S. ziemlich deutl. — Brchſt. *unbeſt. eck. ſchrfk.* — Anlage *zur grad-ſchaligen Abſndrng.* — *An den Kanten ſtark drchſchnd.* — Härte der vorigen Arten. — *ſpr.* — *l. zrſpr.* — 3,702 Hausmann.

Unschmelzbar. Noch nicht untersucht.

Diese Art kam zuerst, mit der vorigen zugleich, aus Norwegen, und Werner bestimmte sie, der vollkommenen Uebereinstimmung der Krystallisation ohnerachtet, als eine eigenthümliche Gattung. Was ihn dazu bewog, waren ohne allen Zweifel die überraschenden Erscheinungen, dass diese so nahe verwandten Fossilien, wo sie das völlig gleiche Vorkommen theilen, dennoch so selten in einander übergehen, dass die Farben, selbst in einander eingewachsener Krystalle, völlig getrennt bleiben, ferner die grössere Durchsichtigkeit, der deutlichere blättrige Bruch und die Anlage zur schaligen Absonderung. Läst es sich nun gleich nicht läugnen, dass diese Art, selbst durch einige Modificationen der Krystallisationen des Sphens (wie die sogenannten Semeline vom Laacher-See) in diese Art Uebergänge bildet und als ein vermittelndes Glied der beiden vorhergehenden Arten betrachtet werden kann, so scheint mir doch manches Eigenthümliche auch hier sich zu zeigen, was man nicht übersehen darf, besonders die Farbe, die, wenn man die Art reinlich sondert, innerhalb ebenso enger Grenzen, wie die vorige Art, beschränkt ist, verbunden mit der Grösse und Gestalt der Krystalle und die schaalige Absonderung.

Fund-

Fundort. Das ausgezeichnetste Vorkommen dieser Art ist in Arendal, mit dem Braun-Menackerz auf die dort angezeigte Weise, dann eingewachsen in Grünstein im Pinzgau.

Hauy 4. p. 401. und Tabl. comp. p. 116. Reufs 2. 4. p. 590. späthiger Sphen mit der ersten Art verbunden. Mohs 3. p. 460. no. 3280 und 3281. mit dem Braun-Menackerz. Tabell. Uebers. p 82. mit dem Sphen. Karsten p. 74. ebenso. Hausmann Handb. p. 614. ebenso. Breithaupt 4. p. 263. Iameson 3. p. 549. foliated Sphen (mit dem Sphen verbunden). Leonhard p. 597. ebenso.

29.

ZINNSTEIN Wr. (Etain oxydé H.) *Schwärzl.-nelken-haar-röthl.*- und *gelbl.*-Br. Aus dem Schwärzl.-Br. ins *pech-sammt*- und *gräul.*-Schw., aus dem gelbl.-Br. ins *gelbl.*- und *asch*-Gr., wohl auch ins *gräul.*-W., endlich aus gelbl-Gr. ins *isabell-wein*-Glb. und *hyacinth*. R. Alle Farben *wenig lebhaft*. — Selten und dann nicht lebhaft, *bunt angelaufen*. — *Derb*, am häufigsten *eingespr.*, und zwar *äufserst fein* und *fein* — auch oft in *mehr oder weniger abgerundeten Stücken* und in *Körnern*, am häufigsten krystallis.

1) Primitiver. Ein rechtwinkliches Octaeder. (Kerngest.) Neig. der obern Pyramidal-Fl. gegen

die untern 67° 42', der Pyramidal-Fl. gegeneinander 133°, selten. Wr.

2) Dodecaedrischer (dodecaèdre. f. 179.), eine rechtwinkl. 4s. S. 4s. flach zgsp., so dass die Zspgfl. auf die Stk. aufges. sind. Entsteht aus var. 1. wenn die Abstgfl. der Ecken der gemeinschaftl. Grundfl. zur S. heranwachsen. Neig. der Zuspgfl. gegen die Stfl. 113° 12'. Die Zspgfl. gehören der Kerngest.

3) Octosexdecimaler (octosexdecimal. f. 180.), var. 2. die Stk. u. die Ecken, die zwey Zspgfl. mit der Stfl. machen (die letztern stark), abgest. Die Zuspgfl. sind jetzt auf Abstgfl. der Stk. aufges. und sie selbst erscheinen als Abstg. der Stk. einer neuen, durch Abstg. der genannten Ecken entstandenen, auf die Stfl. aufges. 4s. Zspg. Neig. der Zspgfl. var. 2. gegen die Abstgfl. der Ecken 150° 52' gegen die Abstgfl. der Stk. 123° 51. De L'Isle var. 5. a.

4) Bissexdecimaler (bissexdecimal. f. 181.), var. 3. die Stk. der 4s. S. zgschrft., die Zschrfgk. wieder abgest. Neig. der Zschrfgfl. gegen die Stfl. 161° 34', gegen die Abstgfl. der Zschrfgk. 153° 26'.

5) Ringfacettirter (annulaire. f. 182.), var. 3. die Zspg. abgest., die Abstgfl. der Stk. gewachsen, so dass eine gleichwinkl. 8s. S. mit abgest. Endk. entsteht.

6) Dioctaedrischer (dioctaedré. f. 178.), var. 3. wenn die Abstgfl. der Ecken der Stfl. und zweyer Zspfl. diese ganz verdrängt haben, wodurch eine rechtwinkl. 4s. S. mit abgest. Stk. 4s. zgsp., so dass die Zspgfl. auf die Stfl. aufges. sind, entsteht. De L'Isle var. 4. Neig. der Zspgfl. gegen einander 121° 43', gegen die Stfl. 133° 29'.

7) Quadrioctonaler (quadrioctonal. f. 177.), var. 6. wenn die Abstgfl. der Stk. verschwunden sind, so dass eine vollk. 4s. und 4s. zgsp. S., die Zspgfl. auf Stfl. aufges. entsteht. — De L'Isle var. 3.

8) Wiederkehrendflächiger (recurrens. f. 184.), var. 3. die Kanten der Stfl. und der Zspgfl. abgest. De L'Isle var. 9.

9) Distischer (distique. f. 185.), var. 8. die Abstgfl. der erwähnten Kanten wachsen so an, dass sie 8 scharfe Zspgfl. bilden, die je zwey und zwey auf eine Stfl. etwas schief aufges. sind und gegen die Mitte der Stfl. stumpfere (159° 6'), an den Stellen der Stk. etwas schärfere Zspgk. (118° 9') bilden, diese Zspg. wieder rechtwinkl. 4s. zgsp., so dass die Zspgfl. auf die stumpfern Zspgk. der ersten Zspg. aufges. sind. Die Zspgk. dieser neuen Zspg. abgest. Diese letztere ist die Zspg. var. 3. und die Abstgfl. derselben also die Zspg. var. 8.

10) Gegendecrescirender (opposite. f. 183.). var. 9. wo die Abstgfl. der Kante der 4s. zweiten Zspg. ganz verdrängt ist.

11) Hemitropischer (hemitrope. f. 188.). Man denke sich zwey Krystalle der, als Hemitropie am häufigsten vorkommenden 7te Varietät, so gelegt, dass die eine Kante der 4s. Zspg. nach oben liegt. Diese Kante nun, die in var. 6. abgest. ist, correspondirt einer primitiven Fläche von var. 2. Stellt man sich vor, dass diese beiden Krystalle durch eine Fläche, parallel mit der erwähnten Kante so getheilt sind, dass die Theilungsfl. die Säule in einer schiefen Richtung durchschneidend, auf der einen Seite die Ecke der Zspg. berührt, während sie auf der andern über dieser Ecke Reste der beiden Zspgfl. übrig läfst, und stellt man sich ferner vor, dass die beiden Krystalle sich mit diesen Theilungsflächen so berühren, dass die Ecken der Zspg. auf der einen, die Reste der abgeschnittenen Zspgfl. auf der andern Seite übereinander zu liegen kommen, so entsteht daraus ein Zwillingskrystall, mit durch 4 Fl. gebildeten einspringenden Winkeln. Zwey entstehen durch die gegeneinander geneigten Stfl., und zwey, unter einem stumpfen Winkel zusammenstoſsende, aus den Resten der Zspgfl. beider Krystalle entstanden, bilden einen visirartig einspringenden Winkel (*Visirgraupen*). Diese

Zwillingskryſtalle ſind die häufigſten. — Entſteht aber die Hemitropie durch das Zuſammenwachſen ſolcher Kryſtalle, deren Zſpgfl. die primitiven ſelber ſind (wie var. 3.), dann werden die zwey Zuſpgfl. — von jeder Seite eine — ſich vollkommen decken, und alſo zwey Stfl. der einen S. mit zwey der andern eine parallele Lage haben. — Am ſchwierigſten iſt das Geſetzmäſsige der Bildung bey der ſeltnern primitiven Form zu erkennen. Nicht ſelten findet man drey, auch vier Kryſtalle nach demſelben Geſetz zuſammengewachſen (*Drillings-* und *Vierlingskryſtalle*).

Die Kryſtalle *groſs, mittl. Gr., klein* und *ſehr klein.* Die S. meiſt *dick* und *niedrig*, ſelten *nadelförmig*. Man findet die Kryſt. theils *einzeln auf-* und *eingewachſen*, theils *in Druſen zuſammengehäuſt*. Die Flächen ſind theils *glatt*, theils *der Länge nach geſtreiſt*, ſo nicht ſelten die Stfl. der rechtwinkl. 4ſ. S. obgleich ſchwach, die viſirartig einſpringenden Flächen oft ſtärker. — Aeuſserlich — beſonders die primitiven Flächen, die auch immer völlig glatt ſind — *ſtarkglänzend, gl.* und (zuweilen die Stfl. der 4ſ. S.) *wenigġl.* — *Demantgl.*, dem *Glasgl. nahe* — Bruch *dicht, uneben, nämlich von grobem und kleinem Korne*, zuweilen ins *klein- und unvollk. muſchl.* übergehend — zugleich aber, vorzüglich bey den lichtern Kryſtallen, ein *gradblättr.* Br., von *mehrfachem* (8f.) Drchg., vier parallel mit den Flächen der Kerngeſt. erkennbar beym Kerzenlicht, zwey, parallel mit den Abſtpfgfl. der Stk. var. 3. zuweilen ſehr deutlich, ſelbſt *ſpiegelfl.*, zwey andere, parallel mit den Stfl. der 4ſ. S. var. 2. weniger deutlich, meiſt nur *verſtecktblättr.* — Brchſt. *unbeſteck.*, *nicht ſndrl. ſchrfk.* — Der derbe *grob* - bis *höchſt fein-eckigkörnig abgeſ.* — Die lichtern Kryſtalle *halbdrchſtg.*, dem *drchſtgen. nahe*, die dunklern *drchſchnd.* bis *undrchſtg.* — Strich *graul.*-W. — Giebt Funken am Stahle, ritzt den Feldſpath, wird vom Topas geritzt—*ſpr.*— *l. zrſprgb.* — 6,760—6,970 Kl., 6,934 Briſſon, 6,812—6,926 Breithaupt mehrere Abändes Sächſiſchen.

Vor dem Löthrohre reducirbar, doch äuſserſt ſchwer. Giebt im Feuer ein graues Oxyd. Zinnox. 99, Eiſenox. 0,25, Kieſel 0,75, Kl. der Cornwalliſer; *Zinnox. 97,15, Eiſenox. 0,35, Thon 2,50 Kaſtner der Zinnwalder; Zinnox. 94,5, Eiſenox. 1, Kieſel 1, Manganox. 0,5, Thon 3,0, John. — Zinnox. 93,6, Eiſenox. 1,4, Manganox. 0,8, Tantalox. 2,4. Berzelius, der von Finbo.

Der Zinnſtein muſs den Alten ſchon bekannt geweſen ſeyn. Bekanntlich gehört das Zinn zu den ältesten, in der Geschichte bekannten, Metallen. Die Phönicier brachten das Zinn von Britannien, und da alle die übrigen Zinnerze äusserst selten sind und nur in geringer Menge vorkommen, ist es keinem Zweifel unterworfen, dass sie es durch Reduction aus dem Zinnstein erhielten. Da aber der Fundort sehr entfernt war, so wird das Erz von keinem alten Schriftsteller erwähnt (vergl. Plinius L. XXXIV. c. 17). Die frühern Mineralogen haben theils mehrere unnöthige Trennungen und Abtheilungen angenommen (Zinngraupen, Zinnzwitter, Zinnsand u. s. w.), theils haben sie diese Gattung durch andere Fossilien verunreinigt, so hielten sie Wolfram und Schwerstein für Zinnsteine. Cronstedt war der erste, der, noch vor Scheeles Analyse, diese Fossilien von dem Zinnstein trennte und den Umfang der Gattung, wie wir sie jetzt kennen, richtig bestimmte. Dennoch suchte Romé de L'Isle, selbst nach der Entdeckung des Wolframgehalts in dem Schwerstein, darzuthun, dass der in Octaedern krystallisirte Schwerstein, ein weisser Zinnstein sey. — Die Gattung, wie sie jetzt bestimmt ist, kann nicht leicht mit irgend einer andern verwechselt werden. — Hauy macht mit Recht auf die physicalische Merkwürdigkeit aufmerksam, dass das Zinn — eines der leichtesten Metalle — als Oxyd ein so bedeutendes ſpecifiſches Gewicht zeigt. Dieſer groſse Kryſtallograph hatte früher einen Würfel als Kerngeſtalt des Zinnſteins angenommen, obgleich ihm die Willkührlichkeit nicht entging, die dadurch in der Beſtimmung der Kryſtallformen, beſonders in der Annahme der Theilungsfläche zur Erklärung der Hemitropie, nothwendig entſtehen muſste. Durch Bernhardi's Unterſuchungen (Leonhard's Taſchenb. 3ter Jahrg. S. 76) auf die wahrſcheinliche octaedriſche Form der Kerngeſtalt, aufmerkſam gemacht, erſcheint die kryſtallographiſche Beſtimmung dieſer Gattung im Tabl. comp. völlig umgearbeitet, wie die Reſultate derſelben hier angegeben ſind. Philips micrologiſche Beſchreibung der Zinnſteinkryſtalle (Trans. of geolog. Societ. 2) hat nicht viel zur genauern Beſtimmung beigetragen.

Fundort. Es iſt merkwürdig, daſs, obgleich der Zinnſtein in geringer Menge eingewachſen in dem Granit nicht ſelten, und vielleicht häufiger, als man glaubt, vorkommt, reiche Lager dennoch in unſern nördlichen Gegenden ſo ſelten ſind. Der in Granit fein eingeſprengte iſt oft dem bloſsen Auge völlig unkenntlich und wird nur in der feingepochten Gebirgsmaſſe durch Ausſchwemmen entdeckt. Da wo der Zinnſtein ſich in Menge zeigt, kommt er — erſtens in Urgebirgsmaſſen

(Greifen genannt) vor, und zwar in Granit, Gneis, Syenit, Chlorit, Thonfchiefer — dann auf Lagern, Stockwerken und Gängen mit einer merkwürdigen Mannichfaltigkeit von Foffilien, als Wolfram, Schwerftein, Wafferblei, Eifenglanz, Arfenikkies, Kupferkies, Topas, Turmalin, Quarz, Glimmer, Chlorit, Apatit, Flufsfpath, Speckftein, Steinmark u. f. w. Auf diefe Weife findet man den Zinnftein in Böhmen, zu Joachimsthal, böhmifch Zinnwalde, Schlackenwalde u. f. w. im Erzgebirge zu Ehrenfriedersdorf, Altenberg, fächfifch Zinnwalde. Der zweite ausgezeichnete Fundort, wo der Zinnftein auf ähnliche Weife vorkommt, wenn gleich nicht mit fo mannichfaltiger Begleitung — ift Cornwallis (befonders fchöne Kryftalle auf der Pulgooth, unfern St. Austle. Jamefon.) In Frankreich ift, feit 1809, der Zinnftein in einem Gang, der in Granit auffetzt, in der Gegend von St. Leonhard, im Departement von Haute Vienne, durch de Creffac entdeckt; in Schweden durch Berzelius bey Fahlun (Finbo) mit Pyrophyfalith, Tantalit u. f. w. Das Vorkommen in den tropifchen Gegenden von Afien, wo der Zinnftein in bedeutender Menge fich findet, ift bis jetzt nur fehr unvollkommen bekannt. So in Indien, Sumatra, Siam (nach Franklin), Kaanfu in China (nach Sage) — aufserdem in Guanaxuato in

Mexico, nach Sonneſchmid. Ein zweites Vorkommen, meiſt an allen den genannten Oertern, iſt das ſogenannte ſecundaire in Seifengebirgen.

Cronſtedt §. 180. p. 197. Zinn in Form eines Kalks, Zinnſtein (derb), Zinngraupen (groſse), Zwitter (kleine), Kryſtalle. Wallerius 2. p. 319. gen. 56. ſpec. 379. Stannum arſenico mineraliſatum, minera cryſtalliſata, figura polyedrica, diverſo colore. Cryſtalli minerales Stanni (Graupen). p. 320. ſpec. 380. Stann. arſ. mineral. minera irregularis. cryſtallis mineralibus ſtanni minimis, in matrice lapidea aggregatis. Minera cryſtallorum Stanni (Zwitter). p. 321. ſp. 381. St. arſen. et ferro mineral. minera ſolida, colore obſcure rubente. Minera ſtanni ſolida (Zinnberg). p. 322. 7. Stanni minera arenico vel terris immixta. Arena ſtannea (Zinnwäſche). Syſt. Nat. XII. 3. p. 130. 1) Stannum (cryſtallinum) teſſeris cryſtallinis, 2) St. (granulatum) granis cryſtallinis aggregatis, 3) St. (amorphum) rufo-nigricans. Kirvan 1. p. 244. Romé de L'Isle 3. p. 416. Hauy 4. p. 182. und Tabl. comp. p. 101. Reuſs 2. 4. p. 288. Mohs 3. p. 596. Tabell. Ueberſ. p. 73. Karſten p. 72. Brochant 2. p. 334. Brongniart 2. p. 189. Hausmann Handb. p. 314. Breithaupt 4. 1. p. 56. Jameſon 3. p. 439. Leonkard p. 219.

30.

KORNISCH ZINNERZ Wr. (Etain oxydé concretioné H.) *Haar-holz-röthl.-* ins *nelken-*

Br., auch in *bräunl.*-R. aus dem Holz-Br., durch das *gelbl.*-Gr. ins *ifabell*-Glb. — felten *derb*, faſt immer in mehr oder weniger *abgerundeten eckigen Stücken* u. *Körnern*, die als Geſchiebe zu betrachten ſind, ſelten *klein*- und *ſehr klein-kuglich*- und *kleinnierförmig*. Die Geſchiebe *mit 6ſ. pyram. Eindrücken* (von Quarz) — Oberfl. der Geſchiebe *rauh* — Aeuſserl. *wenigglänzend* bis *ſchimmernd* — *Seidengl.* — Innw. *ſchimmernd* bis *faſt matt* — Brch. *grad.*- und *höchſt zart-büſchelförmig auseinanderlaufend faſrig*, zuweilen ins *ſplittrige* (dann *matt*) — Brchſt. *ſplittr.* und *keilförmig* — *Groſs*- u. *grob-eckig-körnige abgeſ. St.*, die von *dünn*- und nach der (nierförmigen) äuſsern Oberfl. *gebogenen krummſchaligen durchſchnitten werden*, und zwar ſo, daſs mehrere, oben angegebene Farben, nach dieſer letztern Abſonderung ſich richtend, gebogene Farbenzeichnungen geben. Die nierförmige Oberfl. iſt dann (wie bey Braunglaskopf) faſt *ſchwarz* — (vollk. Glaskopfſtruktur) — *undrchſtg.* — Str. *grau* ins *Braune* — Härte des Zinnſteins — *ſpr.* — *l. zrſprgb.* — 6,450 Kl., 5,8 Brünnich, 6,302, der von Guanaxuato nach Breithaupt.

Vor dem Löthrohr kniſtert es, ohne reducirt zu werden. Zinnoxyd. 91, Eiſenox. 9, Vql. Zinnox. 95, Eiſenox. 5. Collet Descotils.

Diese, noch immer seltene Gattung, ist mit keiner andern zu verwechseln, auch, der nahen Verwandtschaft ohnerachtet, mit dem braunen Glaskopf nicht. — Von diesem unterscheidet sie sich durch die Kleinheit der körnigen Stücke und nierförmigen Gestalten, durch die Eigenthümlichkeit der Farbe und des Glanzes sowohl, als dutch die Härte und Schwere. Sie kann nicht, als Art, mit dem Zinnstein vereinigt werden, denn es bildet sich kein Uebergang aus jenem in diesen. So merkwürdig es auch ist, wenn wir finden, dafs die verschiedenartigsten Metalloxyde dieselbe, sehr ausgezeichnete Struktur (des Glaskopfs) annehmen, so könnte es doch wohl seyn, dafs hier der Eisengehalt mit dazu beiträgt, der, wahrscheinlich nur ein zufälliger Bestandtheil des Zinnsteins, dem kornisch Zinnerz wesentlich zu seyn scheint..

Fundort. Man fand dieses Erz nur secundair und zwar in Cornwallis mit Quarz und Turmalin verwachsen, welches das ursprüngliche Erzeugnifs desselben auf Gängen sehr wahrscheinlich macht. Nach Sonneschmid (miner. Beschreibung von Mexico. S. 130) findet man es auf Gängen in Porphyr mit Zinnstein, Calcedon und Steinmark — in Guanaxuato. — Auch in Brasilien hat man es neuerdings entdeckt.

Romé de L'Isle 3. p. 438. Mine d'Etain mamelone ou en Stalachite. Kirvan 2. p. 245. Hauy 4. p. 193. und Tabl. comp. p. 102. Reuſs 2. 4. p. 300 Mohs 3. p. 593. Tabell. Ueberſ. p. 75. Holzzinnerz. Karſten p. 70. ebenſo. Brochant 2. p. 430. Hausmann Handb. p. 316. b) faſriger, c) ſplittriger Zinnſtein. Breithaupt 4. 1. p. 53. Jameſon 3. p. 446. Leonhard p. 220. faſriges Zinnerz.

31.

ROTHKUPFERERZ Wr. (Cuivre oxydulé H.)

a) BLÄTTRIGES ROTHKUPFERERZ (Cuivre oxydulé form. determin. et. lamellaire.). Zwiſchen *koſchenill*-R. und *bley*-Gr. ins *dunkel koſchenill*-R.— *derb, eingeſpr. angeſl.*, zuweilen in *Druſenhäutchen* übergehend, *zerfreſſen* u. kryſtalliſ.

1) Primitives (primitif. T. LXXI. f. 91. und neue Ausgabe T. 99. f. 125), ein regelmäſsiges Oct. (Kerngeſt. Drchg. ſehr deutlich).

Dieſes Oct. zeigt folgende Modificationen:

a) Tafelartiges — wenn zwey gegeneinander überſtehende Flächen ſo wachſen, daſs eine 6ſ. Tafel mit abwechſelnd ein- und auswärtsgehenden Stfl. daraus entſteht. Jameſon T. IX. f. 170).

b) Rhomboidales — wenn durch das Wachſen von 6 Fl. des Oct. zwey einander gegenüberſtehende völlig verſchwinden, wodurch ein ſpitzes

Rhomboeder, übrigens mit den Winkel-Verhältnissen des Oct. entsteht. ib. f. 171.

c) Langgezogenes — wenn durch das Wachsen von 4 Fl. eine Schärfe an der Stelle der Spitze entsteht. ib. f. 172.

2) Cubo-octaedrisches (cubooctaédre. f. 93. neue Ausg. f. 120), var. 1 mit abgest. Ecken. Neig. der Abstgfl. gegen die Stfl. 125° 15′ 52″. De L'Isle T. 3. f. 4. 5. 6.

3) Cubisches (cubique. f. 92. n. A. f. 124.), ein vollk. Wrfl. Zwischen var. 2 und 3 bilden sich Uebergänge, so dafs bald, wenn die Abstgfl. der Ecken des Wrfls. wachsen var. 2, bald wenn die Abstgfl. dieser var. wachsen, ein Wrfl. mit abgest. Ecken entsteht.

4) Entkantetes (emarginé. n. A. T. 100. f. 127), var. 1 mit abgest. Kanten. Neig. dieser Abstg. gegen die Stfl. 144° 49′ 8′.

5) Dodecaedrisches (dodécaèdre. n. A. f. 125), Granatdodecaeder — entsteht aus var. 4, wenn die Abstgfl. die Stfl. verdrängen.

6) Cubo-dodecaedrisches (cubododècaèdre. n. A. f. 128), var. 5 die vierkantigen (dem Wrfl. entsprechenden) Ecken abgest.

7) Octododecaedrisches, var. 5 die dreykantigen (dem Oct. entsprechenden) Ecken abgest. Wr.

8) Trimorphiſches (triforme. f. 94. n. A. f. 129), var. 1 alle Ecken und Kanten abgeſt., Verbindung von var. 2 u. 4. De L'Isle f. 8.

9) Vierſeitig zugeſpitztes (Jameſon f. 177), var. 1 die Ecken 4ſ. zgſp., ſo daſs Zſpgfl. auf Stk. aufgeſ. ſind.

10) Fünfſeitig entecktes (ib. f. 178), var. 9 die 4ſ. Zſpg. und alle Kanten des Oct. abgeſt., Verbindung von var. 2, 4 und 9.

11) Dreyfach entkantetes (ib. f. 179), var. 4 die Kanten der Abſtgfl. wieder abgeſt., ſo daſs die Kanten zgſchrft. erſcheinen, die Schrf. abgeſt.

12) Zugeſchärftes (ib. f. 180), var. 1 die Kanten ſehr flach zgſchrft. Wenn dieſe Zſchrfg. wächſt, dann entſteht (wie bei den Diamanten) ein Oct., jede Fläche in drey getheilt, ſo daſs die Theilungskanten aus der Mitte nach den Ecken auslaufen. Dieſe Form zeigt die Neigung zur Bildung des Granatdodecaeders, denn je zwey Zſchrfgfl. bilden eine, wie gebrochene Rhomboederfläche.

13) Trapezoidal-octaedriſches (ib. f. 18), var. 1 an den Ecken 4ſ. zgſp., ſo daſs die Zſpgfl. auf die Stfl. aufgeſ. ſind. Die Fl. würden, wenn ſie die Stfl. verdrängten, die Leucitkryſtalliſ. geben.

14) Achtſeitig zugeſpitztes (ib. f. 182), var. 1 an den Ecken 8ſ. zgſp., ſo daſs zwey Zſpgfl. auf eine Stfl. aufgeſ. ſind.

15) Polysynthetisches (ib. 183), var. 1 die Kanten zgschrft., die Schärfe abgest., die Ecken 4s. zgsp., so dass die Zspgfl. auf Stfl. aufgesetzt sind, die Spitze, die Kanten der Zspgfl. untereinder, und die Kanten der Abstgfl. der Zrschrfg. und der Zspgfl. abgest. Eine Verbindung von var. 2, 4, 11, 13 (die 4s. Zspg. der Ecken), 9 (die Abstg. der Kanten der Zspgfl. untereinander correspondiren mit dieser Zspg.) und 14 (die Abstg. der Kanten der Abstgfl. der Zschrfg. stimmen mit dieser Zspg. überein). Jede Ecke dieses Octaeders hat 17, jede Kante 3, das ganze Krystall also 146 Fl.

Leonhard nennt Zwillinge. Zusammengewachsene Octaeder sind mir zwar bekannt, aber nicht eine wahre Hemitropie. Sollte die Hemitropie des Spinells sich hier zeigen?

Krystalle *klein*, *sehr klein*, höchst selten *mittlerer Grösse* — in *Drusen zusammengewachsen*, selten *einzeln* — Oberfl. *glatt*, bey var. 5 *nach der langen Diagonale gestreift*, oft mit Kupfergrün oder Malachit überzogen (Afterkrystalle des Malachits). Aeusserlich *starkglänzend* bis *gl.* — innw. *glänzend*, von *Demantgl.*, zuweilen dem *halbmetallischen nahe* — Brch. *unvollk. blättr. 4f. Drchg.*, parallel mit den Flächen des regelmässigen Octaeders, oft ins *dichte*, und zwar *unebene von kleinem u. feinem Korne*, ſelten aus *dem verſtecktblättrigen* ins *flachmuſchl.* — Brchſt. *unbeſt. eck., nicht ſonderl. ſchrfk.* — das derbe zuweilen *klein* - und *feineckig - körnig abgeſ.* — das derbe *undrehſtg.*, wenig *an den Kanten drchſchnd*, die Kryſtalle *drchſchnd.* bis *halbdrchſtg.* — Strich *ziegel*-R., mit faſt gänzlicher Beibehaltung des Glanzes — ritzt den Kalkſpath, wird durch Apatit geritzt — *ſpr.* — *l. zrſprgb.* — *fühlt ſich kalt an* — 5,4 Hauy, 5,6 Philips, 5,828 das von Cornwallis, 5,945 das von Cheſſy. Breithaupt.

Wird vor dem Löthrohr zu einem Kupferkorn reducirt. Kupfer 91, Sauerſt. 9, der undurchſichtige ſiberiſche; Kupfer 88,5, Sauerſt. 11,5, der durchſcheinende kryſtalliniſche von Cornwallis, Chenevix. Kupf. 84,75, Sauerſt. 15,25, Prouſt. Das Verhältniſs vom Kupfer zum Sauerſtoff nach Prouſt wie 100:16,28, nach Berzelius, wie 100:12,5. — Chenevix Analyſe ſtimmt ziemlich mit dieſer letztern Annahme, weniger Klaproths, die nur etwa 10 in 100 angiebt.

Dieſe Gattung war den ältern Mineralogen unter dem Namen Kupferleberer z bekannt, ward auch Kupferglas genannt. Die Kryſtalliſation war ſowohl Wallerius als Cronſtedt unbekannt. Das Octaeder finde ich zuerſt von Brünnich in ſeiner Ueberſetzung von Cronstedt erwäht. Romé de L'Isle kannte var. 1, 2 und 8, die auch fast allein Hauy bey der frühern Ausarbeitung seiner Mineralogie bekannt waren. Werner war der erste, der die Gattung auf eine bestimmte Weise fixirte. Der innere Zusammenhang der Krystallisation, Farbe und Glanz zeichnen sie sehr aus. Merkwürdig scheint uns das Anschliessen dieser Gattung an die Schwefelmetalle des Silbers und Quecksilbers. Bey der grossen Uebereinstimmung der Farbe unterscheiden sich Zinnober und Rothgültigerz dadurch, dass diese weich und milde sind, da das Rothkupfererz halb hart und spröde ist, auch giebt das Rothgültigerz einen koschenillrothen, der Zinnober einen scharlachrothen, das Rothkupfererz einen ziegelrothen Strich.

Fundort. Auf Gängen in ältern Gebirgen, vorzüglich von gediegen Kupfer begleitet, aus welchem es offenbar, als ein neueres Erzeugniss, sich gebildet hat, indem es selbst später von Kupfergrün und Malachit überzogen wird. So findet man die ausgezeichnetsten und grössten Krystalle (durch Philips, mit zu grosser Umständlichkeit in Trans. of. geolog. Society. 1. S. 25 beschrieben), auch fast alle die aus Jameson angeführten Krystalle, zu Cornwallis. Ausserdem ist Gumeschowsky in Siberien, Moldawa und Dognatzka im Bannat, Cheſſy bey Lyon, und Rheinbreitenbach im Niederrheinſchen, durch die Kryſtalle bekannt. Auſser den genannten Begleitern findet man zuweilen Olivenerz, Brauneiſenſtein, Quarz u. ſ. w.; höchſt ſelten aber die geſchwefelten Kupfererze. — Bey Sangerhauſen ſieht man Rothkupferz angeflogen auf bituminöſen Mergelſchiefer (nach Freiesleben).

Cronſtedt §. 193. p. 210. rothes Kupferglas, Kupferlebererz. Wallerius 2. p. 276. gen. 54. ſpec. 348. Cuprum minera ſolida, colore rubro, vel hepatico, mineraliſatum. Minera cupri hepatica, a) rubra. Syſt. Nat. XII. 3. Cuprum (rubrum) ochraceo-induratum zum Theil. Kirvan 2. p. 167. Hauy 3. p. 648. Tabl. comp. p. 88. neue Ausgabe 3. p. 460. Reuſs 2. 3. p. 436. Mohs 3. p. 213. Tabell. Ueberſ. p. 56. Karſten p. 62. Brochant 2. p. 183. Brongniart 2. p. 219. Hausmann Handb. p. 238. Breithaupt 3. 2. p. 90. Jameſon 3. p. 133. Leonhard p. 268. mit den beiden folgenden Arten verbunden.

b) DICHTES ROTHKUPFERERZ Wr. (Cuivre oxydulé compacte H.). Mittel zwiſchen *bley*-Gr. und *dunkel koſchenill*-R. — *derb, eingeſprengt, ſtalactitiſch*, mit Anlage *zur nierförmigen Geſtaltung*. — Im Bruche *ſtark ſchimmernd*, ins *weniggl.* — *halbmetalliſch gl.* — Brch. *eben* — Brchſt. *unbeſt. eck.*, *nicht ſndrl. ſchrfk.* — *un*-

drehſtg. — Strich *ſchmuzig ziegelroth*, etwas *glänzend* — übrigens wie die vorige Art. 5,405 Karſten.

Verhält ſich chemiſch, wie die vorige Art.

Werner hat mit Recht das dichte Rothkupfererz, als eine eigene Art betrachtet, es wird durch die dunklere Farbe, durch den Bruch, der alle Kryſtalliſation ausſchlieſst, durch den geringern, mehr metalliſchen Glanz und durch den glänzenden Strich characteriſirt.

Fundort. Sein Vorkommen ſtimmt freilich mit dem der vorigen Art überein, dieſe Art bildet aber in gröſsern oder derbern Parthien die Hauptmaſſe.

Cronſtedt ib. Wallerius ib. Syſt. Nat. ib. Kirvan ib. Reuſs a. 3. p. 433. Mohs 3. p. 213. tabell. Ueberſ. p. 56. Karſten p. 62. Brochant a. p. 181. Brongniart 2. p. 219. Hausmann Handb. p. 239. Breithaupt 3. 2. p. 94. Iameſon 3. p. 132. Leonhard ib.

c) HAARFÖRMIGES ROTHKUPFERERZ (Kupferblüthe) Wr. (Cuivre oxydulé capillaire H.). Ausgezeichnet *karmin*-R. nur bald *heller*, bald *dunkler*, wohl auch ſich dem *koſchenill*-R. nähernd — kryſtall. *in äuſserſt zarten haarförmigen* Kryſtallen, die *zuſammengehäuft* ſind, zuweilen ein *geſtricktes*, zuweilen ein *verworrenes*

Gewebe (wie das Federerz) bildend — *glänzend* bis *weniggl.* von *ausgezeichnetem Demantgl.* — *drchschnd.* — alle die übrigen Kennzeichen, der Zartheit der Kryſtalle wegen, nicht zu beſtimmen — 3,5 giebt Breithaupt als das ohngefähre ſpecifiſche Gewicht an.

Chemiſch noch nicht unterſucht.

Dieſe Art muſs auf jeden Fall getrennt werden. Breithaupt bemerkt mit Recht, daſs es nicht möglich iſt, die zart nadelförmige Kryſtalliſation aus den kryſtalliniſchen Formen des blättrigen Rothkupfererzes herzuleiten, und die von Hauy, in der neuen Ausgabe ſeiner Mineralogie geäuſserte Vermuthung, daſs die zarten Faſern aus aneinander gereihten unendlich kleinen Octaedern beſtehen ſollten, iſt durch Nichts begründet, ja nicht einmahl wahrſcheinlich.

Fundort. Dieſes ſehr ſchöne Foſſil gehört zu den mineralogiſchen Seltenheiten. Es kommt, als Anflug auf dem dichten mit Brauneiſenſtein, Malachit, Kupferglas vor, vorzüglich bey Rheinbreitenbach am Niederrhein, zu Moldawa im Bannate, auch im Ural. Vormals fand man es auch in dem, an ſeltenen Kupfererzen ſo reichen Lorenz-Gegentrum bei Freiberg.

Kirvan 2. p. 169. Hauy 3. p. 651. Tabl. comp. 88. neue Ausg. 3. p. 465. Reuſs 2. 3. p.

439. Mohs 3. p. 226. tabell. Ueberſ. p. 56. Karſten p. 62. Brochant 2. p. 184. Brongniart 2. p. 219. Hausmahn Handb. p. 239. Breithaupt 3. 2. p. 97. Iameſon 3. p. 137. Leonhard a. a. O.

32.

ZIEGELERZ Wr. (Cuivre oxydulé terreux H.).

a) ERDIGES ZIEGELERZ. *Hoch* doch meiſt *dunkel hyacinth*-R. ins *röthl.*- und *gelbl.*-Br. — *derb, eingeſpr.*, als *Ueberzug* — aus *matten, ſtaubartigen Theilen beſtehend* — *mehr oder weniger zuſammengebacken* — *färbt kaum ab* — fühlt ſich *mager an* — *nicht ſndrl. ſchwer ins Schwere.*

b) VERHÄRTETES ZIEGELERZ. — Zwiſchen *hyacinth* - R. und *blei* - Gr. — *derb, eingeſpr.* — *ſchimmernd* bis *weniggl.* — Brch. *groſs*- und *flachmuſchl.*, dem *ebenen nahe* — Brchſt. *unbeſteck. etwas ſchrſk.* — *undrchſtg.* — Strich *etwas glänzender* — *weich, dem halbharten nahe* — *l. zrſprgb.* — *nicht ſndrl. ſchwer.*

Dieſe Gattung iſt, auf eine beſtimmte Weiſe, zuerſt von Werner fixirt, und bildet ein Mittel zwiſchen Roth - Kupfererz und Brauneiſenſtein. Die geognoſtiſche Verwandtſchaft dieſer beiden Gattungen iſt ſehr merkwürdig, und eben weil ſie oft mit einander vorkommen, bilden ſich eine Menge Zwiſchenſtufen, je nachdem der Brauneiſenſtein oder das Rothkupfererz überhand nimmt, die ſich aber nicht oryktognoſtiſch beſtimmen laſſen. Ullmann (ſyſtem. tabell. Ueberſ. der einf. Foſſilien. S. 113 u. 258) hat neben dem Ziegelerz eine Gattung angenommen, die er Kupferbraun nennt. Unter dieſem Nahmen vereinigt Hausmann das Wernerſche erdige und verhärtete Ziegelerz mit einer dritten Art (fasriges Kupferbraun), nachdem er das erdige Kupferroth (Werners Rothkupfererz) davon geſondert hat. Es iſt klar, daſs dieſe letzte Art eigentlich Werners wahres erdiges Ziegelerz iſt, mit einer, nicht ſelten vorkommenden Miſchung von äuſserſt kleinen Rothkupfererzkryſtallen, aus welchen die dunkel hyacinth- und ziegel-rothe Erde ſich herausbildet. Sein Kupferbraun, nach den Farbenangaben zu urtheilen, überſteigt offenbar die Grenzen einer wahren Mittelgattung, und iſt meiſt nur als ein Gemenge von Ziegelerz und Brauneiſenſtein zu betrachten, wie dasjenige, was unter dem höchſt unbeſtimmten Nahmen Kupferpecherz in den frühern mineralogiſchen Lehrbüchern vorkam. Obgleich in den Sammlungen ſolche Mittelbildungen ſehr häufig ſind, viel häufiger, als das wahre Ziegelerz und in mehrern Gegenden ſelbſt von bergmänniſcher Wichtigkeit, ſo glauben wir doch nicht — wie Breithaupt — daſs man die engen Grenzen der beſtimmt eigenthümlichen Zwiſchenbildung, wie ſie Werner mit richtigem Takt heraushob, verlaſſen darf. Die Mittelgattung iſt nehmlich durch die hyacinthrothe Farbe, die nie verſchwinden darf, wenn ſie auch modificirt wird, durch geringere Schwere; die verhärtete Art, durch den ſchimmernden Bruch characteriſirt.

Fundort. Mit den Rothkupfererzen, zu Rheinbreitenbach, Kamsdorf und Saalfeld, bey Lauterberg am Harz, in Siberien, ausgezeichnet bey Oraviza im Bannat u. ſ. w.

Kirvan 2. p. 169. Hauy Tabl. comp. p. 88. Traité neue Ausgabe 3. p. 466. Reuſs 2. 3. p. 443 u. 444. Mohs 3. p. 226. tabell. Ueberſ. p. 56. Karſten p. 62. Brochant 2. p. 187. Brongniart 2. p. 220. Hausmann Handb. p. 240 a) erdiges Kupferroth - Kupferbraun b) muſchliches, c) erdiges zum Theil. Breithaupt 3. 2. p. 99 u. 100. Iameſon 3. p. 142 u. 143. Leonhard p. 270 hat die Gattung eben ſo unbeſtimmt erweitert, wie Hausmann.

33.

KUPFERLASUR Wr. (Cuivre carbonaté bleu H.)

a) FESTE

a) FESTE KUPFERLASUR. *Lasur*- ins *schwärzl.* selten ins *berliner*- am seltensten ins *smalte*-Bl. — *derb*, *eingespr.*, *in Platten*, die sich in schmalen Gangtrumen bilden, *angeflogen*, *kuglich*, *nierförmig*, *traubig*, *tropfsteinartig*, *zellig* und krystallis. (Kerngest. ein irregulaires Octaeder, mit rhombischer Grundfläche, deren Winkel 97° 7′ und 82° 52′. Neigung der obern Pyramidfl. gegen die untere an der breiten Grundkante 97° 46′, an der schmalen 63° 16′. Die Krystalle ers..einen, durch das Verschwinden der 4 schmälern Octaederfl., meist als verschobne 4s. S. mit schief anges. Endfl. Neue Ausg. T. 100. f. 136.)

1) Unibinaire (unibinaire. neue Ausg. T. 101. f. 140) eine meist niedrige und dicke verschobne 4s. S. mit schief anges. Endfl. zwey nebeneinander liegende Endk. wiedersinnig abgest., die Abstgfl. schief anges. Neig. der Stfl. gegeneinander 97° 46′ und 82° 14′; der schief anges. Endfl. gegen die Stfl. 95° 22′ und 84° 38′. Die Stfl. gehören der Kerngest.

2) Sexoctonale (sexoctonal. f. 141) var. 1. die Ecken der spitzen Stk. und Endk. abgest.

3) Dihexaedrische (dihexaèdre. f. 142) die verschbne 4s. S. var. 1. an den spitzen Stk. und an den spitzen Ecken, var. 2, abgest.

4) Subpyramidale (subpyramidé f. 143) die verschbne S. var. 1. an allen Endk. abgest.

5) Binobisunitaire (binobisunitaire. f. 144) var. 1, an den stumpfen Stk. abgest.

6) Sexdecimale (sexdecimal. f. 145) var. 5, an den spitzen Ecken wie var. 2. abgest.

7) Sexbisoctonale (sexbisoctonal. f. 146) die 4s. verschbne S. an den stumpfen Stk stark abgest., alle K. der Stfl. und Endfl., die der Abstgfl. und Endfl. aber nur vorne oben, und hinten unten (also widersinnig), ferner die scharfen Ecken stark abgest. Diese letztere Abstpfg. gehört der Kerngest.

Die Krystalle *klein, sehr klein*, selten *mittlerer Grösse*. Die schief angesetzten Abstgfl. der Endk. (var. 1) und Stk. (var. 3) verlaufen sich oft in die sphärisch convex gebogenen Stfl. der niedrigen S., die dann, mit den schief anges. Endfl. als Rhomboeder erscheinen, die oft *in Kugeln zusammengehäuft* sind, so dass die scharfen Stk. freystehen, oft bilden diese Kugeln *traubige* Parthien. — Auch findet man die Krystalle *in Drusen zusammengehäuft*, nicht so häufig *einzeln aufgewachsen*. — Aeussere Oberfl. bey den Krystallen *glatt* und *starkgl.*, bey den sphärischgebogenen Rhomboedern *nach der langen Diago-*

nale gestreift, bey den gröſsern Maſſen *immer drusig und schimmernd.* — Innw. *glänz.* und *weniggl.* Mittel zwiſchen *Glas-* und *Perlmuttergl.* — Brch. *grad- schmal-* bis *äuſserſt schmal- büschel- und sternförm. auseinanderlaufend* — ſehr ſelten (bey den in Gangtrumen gebildeten Platten) *gleichlaufend strahlig* — Querbrch. *uneben von kleinem Korne*, auch *klein- und unvollk. muschl.* ins *ebene.* Sehr ſelten Spuren von *blättr. Brch. 6f. Drchg.*, 4 parallel mit den Stfl. des primitiven irregulairen Oct.; 1 Drchg. die ſcharfe Ecke und die Mitte der Kante der ſchmälern Octfl., und 1 Drchg., ſehr ſchwer zu entdecken, die ſtumpfen Ecken der gemeinſch. Grundfl. durchſchneidend. Brchſt. bey der ſtrahligen *keilförmig*, ſonſt *unbest. eck. nicht sndrl. schrfk.* — Die tropfſteinartige mit Spuren von *krummschaliger*, nach der Oberfl. *gebogener Abſndrg.* Selten mit einer Anlage *zur körnigen und stängl.* — *Mehr oder weniger an den Kanten drchschnd.*, bis ins *undrchstg.* die dünnen tafelartigen S. *halbdrchstg.* — Strich *lichter ins smalte*-Bl. — Ritzt den Kalkſpath, wird durch Fluſsſpath geritzt — *nicht sndrl. spr.* — *l. zrsprgb.* — 3,608 Briſſon, 3,652 Breithaupt, 3,6 — 3,57 Hauy — Erhält gerieben — E.

Vor dem Löthrohr schwer und unvollk. reducirbar. Löst sich mit Brausen in Salpeters. auf. Kupfer 70, Sauerst. 10, Kohlens. 20 Pelletier. Kupfer 56, Sauerst. 14, Kohlens. 24, Wasser 6 Kl. die aus dem uralischen Gebirge. Kupfer 56, Sauerst. 12,3, Kohlens. 25, Wasser 6,5 Vql. die von Chessy. Kupferox. 69,08, Kohlens. 25,46, Wasser 5,46 Philips.

Diese Gattung war längst bekannt, wenn sie auch in frühern Zeiten zuweilen mit dem Lasurstein verwechselt ward. Das Cuprum Lazureum bey Cronstedt, Wallerius und Linnee war Buntkupfererz. Sie ist durch Farbe, Glanz, Krystallisation und Härte hinlänglich bezeichnet. Ueber die krystallinische Textur herrschte bis vor Kurzem ein grosses Dunkel. Hauy nahm früher ein Octaeder als Kerngestalt an, schwankte später in dieser Annahme, bis ihn die grossen und schönen Krystalle von Chessy für die oben angegebene Kerngestalt bestimmten. Wir müssen bekennen, dass sie, angewandt auf die durchgängig herrschenden Formen, einige Schwierigkeiten zeigt. Ueberhaupt aber sind die Krystalle, durch ihre Kleinheit oft, selbst die grössern, durch die Biegung der Flachen, die die schief angesetzten Abstgfl. undeutlich machen, endlich durch die Gruppirung schwer zu erkennen und zu bestimmen. Ueber das Verhältniſs dieſer Gattung zu der nachfolgenden mehr weiter unten. Beyde kommen oft mit einander vor. Die Kryſtalle der Kupferlaſur verwandeln ſich nicht ſelten theilweiſe in Malachit, und die aus Kryſtallen zuſammen gehäuften Laſurkugeln ſind oft in der Mitte Malachit.

Fundort. Die Kupferlaſur gehört zu den gewöhnlichſten Kupfererzen. Am häufigſten auf Gängen, die in Ur- Uebergangs- und Flötzgebirgen auſſetzen. Die Bildung in den ältern Gängen iſt ſehr neu, und ohne allen Zweifel, wie die des Rothgültigerzes, Glaserzes, des Weiſs- Grün- Schwarz - Bleierzes, durch Umwandlung des urſprünglichen Schwefelkupfers (des Kupferglanzes, Fahlerzes, Kupferkieſes) veranlaſst. Daher findet man in dieſen ältern Gängen die Kupferlaſur in den obern Teufen und in der mannichfaltigſten Begleitung von gediegen Kupfer, Rothkupfererz, Malachit, Brauneiſenſtein, wie im Bannate, in Tyrol und an vielen andern Orten. In Gängen in Flötzgebirgen findet man ſie mit Malachit, eiſenſchüſſigem Kupfergrün, Erdkobolt u. ſ. w. bei Kamsdorf und an mehrern Orten in Thüringen. Die ſiberiſche Kupferlaſur iſt bekannt. — Die ſchönen, bey Cheſſy, in der Nähe von Lyon vorkommenden Kryſtalle, die ſich durch Gröſse und

Deutlichkeit auszeichnen, finden ſich im ältern Flötzſandſtein, der unmittelbar auf Thonſchiefer ruhend, von Muſchelkalk bedeckt wird, dort vorzüglich von Rothkupfererz, Malachit und Steinmark begleitet. Auſserdem kommen die ſchönſten Kryſtalle aus den uraliſchen Gebirgen, aus dem Temeswarer-Bannate u. ſ. w.

Cronſtedt §. 194. p. 211. Kupferglas, Kupferlebererz mit Kalk vermiſcht (angenommen weil die Laſur brauſt) Bergblau. Wallerius 2. pag. 289. gen. 54. ſpec. 359. Cuprum corroſum et ſolutum, a mineris deſtructis praecipitatum caeruleum. Caeruleum montanum c) granulare, d) ſolidum, e) fiſſile; g) cryſtalliſatum, h) ſuperficiale. Syſt. Nat. XII. 3. p. 194. Ochra (cuprigo) germinans caerulea. Kirvan 2. p. 161 u. 175. Hauy 3. p. 656. Tabl. comp. p. 272. neue Ausgabe. 3. p. 488 mit dem Malachit verbunden. Reuſs 2. 3. p. 453. Mohs 3. p. 272. tabc!!. Ueberſ. p. 59. Karſten p. 62. Brochant 2. p. 192. Brongniart 2. p. 220. Hausmann Handb. p. 1020. Breithaupt 3. 2. p. 137. Jameſon 3. p. 148. Leonhard p. 276 mit dem Malachit.

b) ERDIGE KUPFERLASUR. Wr. (Cuivre carbonaté bleu terreux H.) *Smalte*- ſelten ins *himmel*-Bl. — *derb, in kleinen Parthien aufgewachſ.* und *eingeſpr., angeſl.*, als *Ueberz.*, ſelten *kleintraubig, zerreibl., aus matten ſtaubart. Th.* — *ſärbt wenig ab — mehr oder weniger zuſammengebacken.* 3,354 Breithaupt.

Vor dem Löthrohr verhält ſich dieſe Art, wie die vorige.

Die erdige Kupferlaſur iſt durch Farbe, Conſiſtenz und Vorkommen leicht zu erkennen und kaum mit einem andern Foſſil zu verwechſeln. Eine dichte Miſchung von Kalk und erdiger Kupferlaſur, die dem Laſurſtein ähnlich ſehen ſoll, und aus welcher man vorzeiten ein Bergblau fabricirte, war ſchon dem Boetius bekannt (gemmarum et lapidum hiſtoria, Lib. II. cap. 144) und wird unter dem Nahmen *armeniſcher Stein* von Cronſtedt (§. 194. S. 212), Wallerius (2. S. 290) und Linnee (3. S. 146 Cuprum (Armenico) caeruleum calcareum) erwähnt.

Fundort. Sie kömmt ſelten, faſt nie ohne feſte Kupferlaſur vor und theilt daher das Vorkommen derſelben. In den uraliſchen (auf den Ingowſchen) Gruben, bey Cheſſy ohnweit Lyon, bey Kamsdorf und Saalfeld kommt ſie (ſonſt überhaupt ſelten) ausgezeichnet vor. In den alten ſüdlichen Sandſteinflötzen durchdringt ſie mit dem erdigen Malachit den Sandſtein und bildet ſo das ſogenannte Kupferſanderz.

Cronſtedt §. 192. p. 210. Kupfer in Form eines Kalks, mürbe, blau, Bergblau. Wallerius a. a. O. Caeruleum montanum a) purum b) terra calcarea mixtum. Kirvan 2. p. 160. Hauy

3. p. 661. Tabl. comp. 89. neue Ausg. 3. p. 496. Reufs 2. 3. p. 449. Mohs 3. p. 262. tabell. Ueberf. p. 58. Karften p. 62. Brochant 2. p. 191. Hausmann Handb. p. 1022. b) gemeine α) fefte β) zerreibliche Kupferlafur. Breithaupt 3. 2. p. 135. Iamefon 3. p. 146. Leonhard 278.

c) KUPFERSAMMTERZ Wr. *Sehr rein fmalte-Bl.*, bald *heller*, bald *dunkler*. In fehr *zarten und haarförmigen* Kryftallen, die fich theils *kugelförmig* über anderen Foffilien *zufammenhäufen*, fo dafs fie im Durchfchnitte *fternförmig auseinanderlaufend fafrig erfcheinen*, theils einen *fammetartigen Ueberzug bilden*. — Aeufserl. und inwend. *ftarkfchimmernd* von *Seidengl.* — Brch. kaum wahrzunehmen und von der Zufammenhäufung der Kryftalle zu unterfcheiden — wo er dann *höchft zart fafrig* erfcheint. — Die einzelnen Nadeln *fpr.* — Die übrigen Kennzeichen wegen der Zartheit des Foffils nicht zu unterfcheiden.

Verhält fich vor dem Löthrohr wie die fefte Kupferlafur. Auflösbar in Salzf. mit fchwacher Gasentwickelung. Gmelin.

Diefes höchft zarte, ausgezeichnet fchöne und ungemein feltene Foffil ift von Werner als eine eigene Gattung beftimmt. Obgleich es aber kaum, die Farbe ausgenommen, irgend ein Kennzeichen mit der Kupferlaſur gemein hat, obgleich es kaum möglich iſt, die zarten Faſern aus den Kryſtallformen der Laſur, ja ſelbſt aus dem ſtrahligen Bruch, der nie faſrig wird, abzuleiten, ſo glauben wir doch, es mit der Laſur, wie Leonhard, vereinigen zu müſſen, obgleich als eine eigene Art, von der feſten getrennt.

Wie die Kupferlaſur wird es oft in Malachit verwandelt, aber auſserdem zeigt ſich eine merkwürdige Veränderung, die weder bey der Laſur noch bey dem Malachit ſtatt findet, indem nehmlich die blaue Farbe allmählig bläſſer wird, ſo daſs die zarten kugelförmigen Zuſammenhäufungen zuletzt rein weiſs werden. Dieſe Veränderung der Farbe iſt mit einem Zerfallen der Nadeln verbunden, ſo daſs dann das ganze Foſſil in eine höchſt zarte, rein weiſse, kugelförmig zuſammengeballte Erde verwandelt iſt. Eine Veränderung, die doch mit der höchſt eigenthümlichen Geſtaltung, auf ein ſpecifiſches Verhältniſs der noch unbekannten Miſchung zu deuten ſcheint.

Bis jetzt nur, höchſt ſelten zu Orawitza, im Temeswarer Bannate.

Karſten p. 62 und 97. Breithaupt 3. 2. p. 143. Jameſon 3. p. 153. Leonhard p. 279 mit der Kupferlaſur verbunden.

34.

MALACHIT Wr. (Cuivre carbonaté vert. H.)

a) FASRIGER MALACHIT Wr. (C. carb. aciculaire radié H.) *Schmaragd*- ſelten ins *Lauch*- und *Gras*-Grn. — *derb, eingeſpr. angeſt.* als *Ueberzug* und kryſtalliſirt in haar- und nadelförmigen S., die ſich ſelten, als verſchbne 4ſ., durch die Biegung der Stfl. zugeſp. erkennen laſſen. Sie ſind ſtets *aufgewachſen, büſchelartig zuſammengezogen* und die zarteſten bilden *einen ſammtartigen Ueberzug.* — Aeuſserl. *weniggl.*, ſelten *gl.* — innwend. Mittel zwiſchen *gl.* und *weniggl.* bis ins *ſtarkſchimmernde* — *Seidengl.* — Brch. *grob- zart- grad- büſchelförmig auseinanderlaufend faſrig* ins *ſchmalſtrahlige* (dann am *glänzendſten*) — Brchſt. *keilförmig* und *ſplittrig* — Anlage zu *längl. körniger Abſndrg.* (ſelten), meiſt *unabgeſ.* — Die Kryſtalle bis *ſtark drchſchnd.* ſonſt an den Kanten *drchſchnd.* bis *undrchſtg.* — Strich *heller* — *weicher als Kupferlaſur* — *wenig ſpr.* — *l. zrſprgb.* — 3,661 — 3,712 Breithaupt.

Verhält ſich vor dem Löthrohr wie Kupferlaſur. Kohlenſ. und Sauerſt. 19,4, Waſſer 5, Kupfer 75,0, Fontana nach Kirvans Angabe.

Der faſrige Malachit iſt eine ſehr ausgezeichnete Art und beſtimmt von der nachfolgenden zu trennen. Ueber das Verhältniſs beider Arten zu einander und der ganzen Gattung zu der vorhergehenden, werden wir uns unten ausführlich äuſsern.

Fundort. Er kommt in Ur- und Uebergangsgebirgen, meiſt auf Gängen, ſeltener auf Lagern, kaum in Menge mit der nachfolgenden Art vor, ſo daſs beide geognoſtiſch verſchiedene Formationen zu bilden ſcheinen. Der faſrige Malachit bricht mehr einzeln eingeſprengt, aufgewachſen auf eigenthümlichen Gemengen von Rothkupfererz, Ziegelerz, Brauneiſenſtein, Kupferlaſur, mit Kupferkies, wohl auch mit Kupferglas. So findet man ihn im Naſſau Siegenſchen, zu Lauterberg auf dem Harz. — Auch in Flötzgebirgen, wie zu Frankenberg in Heſſen, zu Kamsdorf und Saalfeld in Thüringen, zu Cheſſy bey Lyon. Am ausgezeichnetſten iſt das Vorkommen im Bannate und in den uraliſchen Gebirgen. — In Nordamerica nennt man Maryland und Penſylvanien, in Südamerica die Kupferminen zu Chili.

Wallerius gen. 54. ſpec. 350. p. 287. Cuprum corroſum et ſolutum a) mineris deſtructis praecipitatum viride. Aerugo nativa f) cryſtalliſata. Syſt. Nat. XII. 3. p. 194 Ochra (Aerugo) cupri germinans viridis. Kirvan 2. p. 262. Hauy 3. p. 668. Tabl. comp. 90. neue Ausg. p. 495. Reuſs 2. 3. p. 461. Mohs 3. p. 232. tabell. Ueberſ.

p. 59. Karsten p. 62. Brochant 2. p. 197. Brongniart 2. p. 222. Hausmann Handb. p. 1026. Breithaupt 3. 2. p. 143. Iameson 3. p. 154. Leonhard p. 280.

b) DICHTER MALACHIT. Wr. (Cuivre carbonaté fibreux testacee, concretionné mammeloné et compacte H.) Mittelfarbe zwischen *Smaragd-* und *Span* - Grün, doch mehr das *erste*. Diese Farben kommen in allen Graden der Höhe vor, so dass das Spangrüne sich fast ins *grünl.* W. das Schmaragdgr., indem es immer dunkler wird, sich ins *lauch*-Grn., ja ins *grünl.*-Schw. verläuft. — Die hellern und dunklern Farben richten sich, Zeichnungen bildend, nach der krummschaligen Absndrg., und zeigen sich in grosser Bestimmtheit und Reinheit. Die Oberfl. zuweilen *grünl.*-Schw. überzogen, welches sich dann, nach der Gestalt der Absndrg. ins *lauch*- endl. ins *smaragd-* und *lichte Spangr.* verläuft, am gewöhnlichsten mit einem *dunkel grünl.-weissen Ueberzug*, wie bereift — *derb, eingespr., knollig*, häufiger *nierförmig, getropft, traubig, tropfsteinartig, staudenförmig* und in Afterkrystallen:

a) des Rothkupfererzes, als Octaeder (var. 1), als Dodecaeder (var. 5), dieselbe Krystallis. mit Abstg. der dreykantigen Ecken (var. 7), vielleicht noch mehr Formen.

b) der Kupferlasur, wahrscheinlich alle Varietäten, wenigstens die meisten, am häufigsten in der Form der sphärisch gebogenen Rhomboeder, oft zum Theil als Kupferlasur, zum Theil als Malachit. — Die äussere Oberfl. der besondern äussern Gestalten meist noch *rauh* und *drusig*, selten etwas *glatt*, dann *glänzend* und *wenigl.* — innw. *matt*, durch das *schimmernde* bis ins *fast glänzende*, nach der Verschiedenheit des Bruchs — Brch. meist *dicht* — *uneben*, nehmlich *von kleinem und feinem Korne*, oft ins *klein- und flachmuschliche* (hat den höchsten Glanz) auch ins *ebene*. — Der *höchst feinfasrige* Brch. — so dass die Fasern sich in die dichte Masse verlieren — bildet den Uebergang in den fasrigen Malachit — Brchst. unbest. eck. *nicht sndrl. schrfk.* — Meist *dünn- und krummschalig abges.*, so aber, dass sie wieder in *gross-grob-* und *eckigkörnige* abges. St. versammelt sind, nach der Oberfl. zu und im Innern, wo durch die Zusammenhäufung Höhlen sich bilden, zeigt er dann *kugliche besondere* Gestalten, meist *schwärzl.* gefärbt — *undrchstg.* — Strich *lichter.* — Härte der Kupferlasur — *wenig spr.* — *nicht sndrl. schwer zrsprgb.* — 3,633 Brisson, 3,646 Kirvan, 3,708 Breithaupt.

Verhält ſich vor dem Löthrohr, wie die vorige Art. Kupf. 58,0, Sauerſtoff 12,5, Kohlenſ. 18,0, Waſſer 11,5 Kl. der ſiberiſche dichte Malachit. Kupf. 56,10, Sauerſt. 14, Kohlenſ. 21,25, Waſſer 8,75 Vql. der von Cheſſy. Kupf. 72,2, Kohlenſ. 18,5, Waſſer 9,3 Philips von ebendaher.

Die beiden Arten des Malachits ſind ſehr beſtimmt geſondert. Die Farbe der erſten Art iſt auf Smaragdgrün beſchränkt und ohne Farbenzeichnung, die der letztern wechſelt zwiſchen ſmaragd- und ſpangrün, verliert ſich Schwärzliche einerſeits, in Weiſse andererſeits und zeigt die prachtvollſten Farbenzeichnungen. Der Bruch iſt getrennt, faſrig (ins ſtrahlige) bei der erſten Art, und zeigt den ausgezeichnetſten Seidenglanz (Atlaserz, auch Kupferblüthe, Sammeterz der ältern Mineralogen). — Der Bruch der zweiten Art iſt wohl auch oft faſrig, aber die Faſern ineinander verſchmolzen, bilden einen dichten Bruch. Die ſchaalige Abſonderung und der mannichfaltige Wechſel der kuglichen beſondern Geſtalten iſt bloſs dieſer Art eigen, auch iſt der Glanz weniger ſtark. Das Extrem der Entfernung der zweiten Art von der erſten zeigt ſich durch den muſchlichen Bruch, der mit einem gröſsern — aber nicht Seiden — Glanz aus dem ebenen hervortritt.

Sehr bezeichnend für diese Gattung ist die Art, wie nicht allein der fasrige Bruch sich in den dichten verliert, sondern auch die krummschalig abgesonderten Stücke untereinander, im Kleinen, ja auch die gröfsern kuglichen besondern Gestalten sich in eine feste dichte Masse verlieren, so dafs nur die prachtvolle Farbenzeichnung die Spuren der sonst verwischten Glaskopfstructur anzeigt. So entstehen die grofsen, prächtigen Massen, die in den uralischen Gebirgen (zu Beresow) brechen. Wer in Petit Trianon die grofse Tischplatte, oder, was noch auffallender ist, die Opferschaale gesehen, der mufs gestehen, dafs die grofsen, völlig reinen Massen, die antiken bunten — wie Serpentin, Verde antico und Verde di Corsica — übertreffen. Die Chrysocolla der Alten, von welcher Theophrast (46, 47) und auch Plinius (33, 5) ausführlich handeln, von den Griechen, wie von den Römern sehr geschätzt, indem sie zum Löthen des Goldes, zum Färben und selbst als Arzney gebraucht ward, war ohne allen Zweifel ein dichter Malachit. Die Beschreibungen der verschiedenen Arten waren wohl zum Theil nach der Weise, wie sie schon verändert in dem Handel vorkamen, entworfen. — Bekanntlich verstanden die ältern Mineralogen der neuern Zeit unter Chrysocolla nicht blofs den Malachit

(Kupfergrün) ſondern auch — den Borax (Agricola de natura foſſilium. Wittenberg 1612. S. 56. de re metallica. S. 324). Ariſtoteles (de mirabilibus) nennt als den Ort, wo die Chryſocolla am ſchönſten ſich zeigte, die carthagenienſiſche Inſel Demoneſus, Plinius Cypern, Armenien, wo der koſtbarſte, und Spanien, wo er am häufigſten vorkam. — Ein wahrer erdiger Malachit iſt mir, wie Wernern unbekannt. Hausmann nennt Siberien, Ungarn, Siebenbürgen, den Harz, als Fundörter deſſelben.

Vergleichen wir nun die Kupferlaſur und Malachit mit einander, dann iſt es unzweifelbar, daſs ſie als verſchiedene Gattungen betrachtet werden müſſen. Es geht ſchon daraus hervor, daſs die Kupferlaſur ſich in Malachit verändert. Die epigenetiſche Kryſtalliſation der Kupferlaſur, die wir, wie diejenige des Rothkupfererzes, bey dem Malachit finden, iſt ein unmittelbarer Beweiſs der ſpecifiſchen Differenz beider. Denn eine Epigeneſis ohne qualitative Metamorphoſe iſt ein Widerſpruch. Das Rothkupfererz wird ſich nicht in Kupferlaſur verwandeln. Auch ſind die ſpecifiſchen Kennzeichen, die beide Gattungen trennen, ſehr beſtimmt. Die Farbe ſelbſt hat hier, wie überhaupt bey den Metallen, entſchiedene Bedeutung. Die vollendete individuelle Kryſtalliſation hat sich, bey dem Malachit, in die universelle, mehr durch elektrischen Gegensatz gebildete, ganz verloren. Wir vermuthen, daſs die Kupferlasur ein kohlensaures Kupferhydrat mit Wasser im Minimo, der Malachit ein gleiches mit Wasser im Maximo sey. Eine Vergleichung der bekannten oben angeführten Analysen scheint darauf hinzudeuten. Eine wiederholte vergleichende Analyse muſs die Vermuthung bestätigen oder widerlegen.

Fundort. Der schönste kommt aus den Beresowskschen Gruben im Permskischen in Sibirien. (Hierher die obenerwähnten prachtvollen Massen, ja man hat Massen, die zwischen 4 und 5000 Pf. wögen dort gefunden.) Sie brechen auch hier in Flötzen, wie die des fasrigen Malachits und begleitet von Kupferlasur, Rothkupfererz, Ziegelerz, Kupferglanz, Kupferkies, vorzüglich, wie allenthalben, mit Brauneisenstein. Wie sehr man den Malachit, als ein neues Erzeugniſs ansehen muſs, beweist das Vorkommen desselben in den Permischen Sandflötzen, wo groſse baumartige Farrnkräuter wie in den Gumeschewskyschen Gruben und am Schlangenberge, wo menschliche Knochen, ja ganze Skelette in Malachitmassen verwandelt sind. Sie überziehen auch oft die Grubenzimmerung, und diese durchaus neue Bildung, die dem Malachit allein — nie der Kupferlaſur zukommt, iſt ebenfalls ein Beweis für ſeine ſpecifiſche Verſchiedenheit. (Karſten, Molls Ephemer. 3. S. 11. Renovanz, miner. Nachr. von den ural. Geb. S. 92. Ullmann, ſyſt. tabell. Ueberſ. S. 266.) Auſserdem iſt das Vorkommen in Siebenbürgen (im Bannat dort die Afterkryſtalle des Rothkupfererzes), in Tyrol (bey Schwatz), in Thüringen (bey Saalfeld) ausgezeichnet. — Im Siegenſchen überzieht er die Grubenzimmerung. Seltener findet er ſich in älteren Gebirgen, wie bei Kupferberg in Schleſien, wohl auch bey Bereſowſk, bey Arendal in Norwegen (mit Magneteiſenſtein, Kupferkies und Fahlerz) u. ſ. w. Dann meiſt auf Gängen von Schwefel-Kupfererzen und Kupferlaſur begleitet, faſt immer mit Eiſenerzen; in den Flötzgebirgen mit Brauneiſenſtein.

Cronſtedt §. 194. p. 211. Malachit. Wallerius gen. 54. ſpec. 359. Cuprum corroſum et ſolutum a mineris deſtructis praecipitatum viride. Aerugo nativa c) globularis, d) ſtalactitica, e) ſolida. Syſt. Nat. XII. 3. p. 146. 15. Cuprum (Malachites) viride gypſeum. Kirvan 2. p. 164. Hauy 3. p. 666. n. Ausg. p. 495. Tabl. comp. p. 90. Reuſs 2. 3. p. 467. Mohs 3. p. 272. tabell. Ueberſ. p. 69. Karſten p. 62. Brochant 2. p. 199. Brongniart 2. p. 223. Hausmann p. 1027. Breithaupt 3. 2. p. 149. Jameſon 3. p. 158. Leonhard p. 280.

35.

EISENSCHÜSSIGES KUPFERGRÜN Wr. (Cuivre hydrosilicieux H. zum Theil.)

1) ERDIGES EISENSCHÜSSIGES KUPFERGRÜN Wr. (Cuivre hydrosilicieux fragile H. z. T.) Mittel zwischen *Pistacien-* und *Oliven-*, bald mehr dem erstern, bald mehr dem letztern sich nähernd, zuweilen ins *lauch*-Grn. — in *derben Massen* eingewachsen, als *Ueberzug* — *zerreiblich* — *aus matten staubartigen Theilen* bestehend — mehr oder weniger *zusammengebacken* — Brch. des festern *erdig* — Brchst. *unbest. stmpfk.* — *undrchstg.* — das derbe *milde* — *l. zrsprgb.* — *nicht sndrl. schwer.*

2) SCHLACKIGES EISENSCHÜSSIGES KUPFERGRÜN Wr. (C. hydr. silic. Resinite H.) *Schwärzl.* in *dunkel Pistazien*-Grn. — *derb* in kleinen Partien — *glänzend* und *weniggl.* — *Fettgl.* — Brch. *klein ziemlich vollk. muschl.* — Brchst. *unb. eck. ein wenig schrfk.* — *undrchstg.* — Strich *lichter* — *weich* dem *sehr weichen* nahe — *l. zrsprgb.* — *etwas schwerer* als die vorige Art.

Noch nicht analysirt.

Diese Gattung ist von Werner fixirt und nur von wenigen Mineralogen anerkannt. Indessen muss sie, meiner Ueberzeugung nach, als eine eigenthümliche betrachtet werden. Sie kann nicht mit dem Malachit vereinigt werden, mit welchem ſie zwar vorkommt, aber ohne Uebergänge in ihn zu bilden. Allerdings iſt die Farbe ein Hauptkennzeichen dieſer Gattung, aber ſchon öfters machten wir auf die groſse Bedeutung derſelben, bei der Beſtimmung metalliſcher Foſſilien aufmerkſam. Auſserdem aber wird ſie durch völliges Ausſchlieſsen aller kryſtalliniſchen Bildung, geringere Härte und Schwere ausgezeichnet. Obgleich ſie noch nicht chemiſch unterſucht iſt, ſcheint doch die Wernerſche Behauptung, daſs ſie durch eine innige Verbindung des Brauneiſenocker mit einem erdigen Kupferoxyd entſteht, ſehr wahrſcheinlich. Nur glauben wir nicht, daſs dieſes das Wernerſche Kupfergrün (Kieſelkupfer) iſt und die Vereinigung der Gattung mit der genannten, wie ſie in Hauy's letzter Ausgabe ſeiner Mineralogie ſtatt findet, ſcheint nicht in der Natur gegründet. Die Arten ſind durch angegebne Kennzeichen hinlänglich getrennt, und bilden eine Gattung, die, obgleich von geringem Umfange, ſich doch ſehr eigenthümlich zeigt, auch durch das Vorkommen. Vauquelins analytiſche Unterſuchung, nach welcher er, in einem Kupfergrün ein Kieſelhydrat fand (Journ. d. mines. 33. p. 321.), gilt ohne allen Zweifel nicht dem Wernerschen eisenschüssigen Kupfergrün, und mit Hausmann das schlackige mit dem Olivenerz zu verbinden, scheint mir schon deswegen nicht rathsam, weil es, bey dem höchst seltenen Vorkommen und bei der grossen Beschränktheit dieser Art, sehr zweifelhaft scheint, ob Heergen die ächte Wernersche analysirt hat.

Fundort. Beide Arten kommen gewöhnlich mit einander vor, so, wenn gleich nicht sehr ausgezeichnet, in dem Bannate, am vorzüglichsten aber zu Saalfeld im rothen Berge in Thüringen, in Schwerspath mit Kupferlasur. Hier fand man auch früher das jetzt nicht mehr vorkommende schlackige Kupfergrün. Vollkommen in seiner reinen Eigenthümlichkeit kenne ich es von Schwatz in Tyrol. Die übrigen Vorkommnisse, bey Leonhard angeführt, sind mir zu wenig bekannt.

Reuss 2. 3. p. 483. Mohs 3. p. 290. tabell. Uebers. p. 82. Karsten p. 62. Brochant 2. p. 208. Brongniart 2. p. 224. Hausmann Handb. p. 1043 muschlicher Pharmakochalcit. Breithaupt 3. 2. p. 156. Iameson 3. p. 170. Leonhard p. 281.

36.

KIESELKUPFER John. (Kupfergrün Werner, Kiesel — Malachit Hausmann. Cuivre hydro-ſiliceux H.). *Span-* ins *Seladon*-Grn. bis ins *Himmelblaue* — auf der Oberfl. oft dunkler gefärbt bis ins *gras-* und *ſchmaragd*-Grn. — *derb, eingeſprengt, angeflogen, als Ueberzug* von Druſenhöhlen, *kleinnierförmig, traubig* und kryſtalliſirt. (Kerng. eine rhomboidale 4ſ. S. deren Winkel 103° 20′ und 76° 40′ neue Ausg. T. 100. f. 130.).

1) Ditetraedriſches (ditetraèdre. neue Ausg. f. 131) eine verſchbne 4ſ. S. die Endfl. zgſchrft., die Zgſchrffl. auf die ſchrf. Stk. aufgeſ. Die Stfl. gehören der Kerngeſt.

2) Perihexaedriſches (perihexaèdre. f. 132) eine regelmäſsige 6ſ. S. Die Kerng. mit Abſtg. der ſtumpf. Stk.

3) Bisunitaires (bisunitaire. f. 133) var. 2. mit zgſchrften Endfl., die Zgſchrfgfl. auf einander gegenüberſtehenden ſchmälern Stfl. aufgeſ. Eine Vereinigung von var. 1 und 2.

Die Kryſtalle *mittlerer Gröſse* und *klein*, in den derben Maſſen *eingewachſen*. — Brch. theils *klein-* und *mehr oder weniger vollk. muſchlich* (dann *glänzend* und *weniggl.* von Fettgl.), theils *uneben von feinem Korne*, einerſeits ins *Ebene*, andererſeits ins *Splittr.* (dann *matt*). Brchſt. *unbeſt. eck. zieml. ſchrfk.* — *Undrchſtg., zuweilen an den Kanten drchſnd.* — Strich *lich-*

ter — *Halbhart*, der muſchl. ſplittr. *hart*, ritzt den Feldſpath, wird durch Quarz geritzt — 2,733 Hauy.

Springt vor dem Löthrohr und färbt ſich röthl. Schw., dann Ziegelroth. Kupfer 40, Sauerſt. 10, Kieſel 26, Waſſer 17. Kohlenſ. 7. Kl. das aus Sibirien. Kupfer 40,0, Sauerſt. 7,64, Kieſel 28,37, Waſſer 17,50, Kohlenſ. 3,0, Gips 1,50. John. Kupfer 43,5, Kieſel 40, Waſſer 16,5. Vgl. Kryſtalle.

Dieſe Gattung, offenbar ein kupferhaltiges Kieſelhydrat, erfordert in ihrem ganzen Umfang eine genauere Unterſuchung. An ihrer ſpecifiſchen Differenz kann nicht gezweifelt werden. Werner hat, ohne den ganzen Umfang genauer zu kennen, dennoch dieſe, wie die vorhergehende Gattung, mit ſicherm Tacte geſondert. Fiſcher in Moſkau (Auswahl aus den Schriften der mineralog. Geſellſch. zu Dresden. 1819. 2. S. 88.) war der erſte, der das Wernerſche Kupfergrün in mehrern Arten eintheilte. Er nannte die ganze Gattung Kalait, behauptete, der orientaliſche Türkis wäre nichts, als eine Art dieſer Gattungen (ſein eigentlicher Kalait, Hausmanns dichter Hydrargillit), ſeine zweyte Art war die muſchlige Abänderung des Kieſelkupfers (Agaphit) und die dritte die harte, ſplittrige (Johnit.) Hausmanns Hydrargillit ist eine seltsame Vereinigung der verschiedenartigsten Fossilien des Hauyschen Diaspor, mit dem, den Zeolithen offenbar verwandten Wawellit und mit dem erdigen Aluminit und endlich dem dem Kieselkupfer verwandten Türkis. Ich zweifle, (wie Leonhard) an der Gleichheit des orientalischen Türkis's mit dem Kieselkupfer. Die chemische Analyse beweist, das der Türkis ein kupfer- und eisenhaltiges Thonhydrat ist und die kleinen zugerundeten Stücke, die als Schmucksteine verarbeitet sind, erlauben keine genaue Bestimmung der äußern Kennzeichen. Vor dem Löthrohre verhält sich freilich der Türkis, wie ein vergleichender Versuch mir bewiesen, völlig wie das ächte Kieselkupfer. Nach einer vorläufig bekannt gemachten Analyse des Berzelius (Jahresbericht 1822. S. 96.) besteht der orientalische Türkis aus wasserhaltiger basisch phosphorsaurer Thonerde, phosphorsaurem Kalk und basisch kohlensaurem Kupferoxyd. Das die occidentalischen Türkisse (fossile Thierzähne, vorzüglich von Kupferoxyd durchdrungen und durch dieses gefärbt) von den orientalischen völlig verschieden sind, leidet freilich, seit der Reise des Agaphi in Persien, der den Türkis als derbe Masse in Thonschiefer fand, so wie nach den Untersuchungen von Fischer keinen Zweifel. Aber ihn

ihn mit der, jetzt durch Hauy auch seiner krystallinischen Struktur nach bestimmten Gattung des Kieselkupfers zu verbinden, scheint mir nicht zulässig. Fällt aber diese Vereinigung weg, dann hat man kaum einen hinlänglichen Grund zur Theilung der Gattung in Arten. Dr. Glocker hat das Verdienst, zuerst gezeigt zu haben, dass das ächte Kieselkupfer in der Nähe von Breslau vorkommt. (Grundriss der Mineralogie. S. 297. und Isis. IX. 1820. S. 818.) Selbst den doppelten schiefwinklichen Durchgang parallel mit den Seitenflächen einer Säule erkannte er. In der That finden wir dort nicht blos derbe und traubige Stücke, sondern auch die Krystalle der zweiten Varietät. Diese sind auf der Oberfläche immer tiefer grün gefärbt, im Innern dahingegen sehr lichte himmelblau und spangrün. Ich halte mich für überzeugt, dass diese Gattung ein reines kupferhaltiges Kieselhydrat ist, und ursprünglich keine Kohlensäure enthält. Der Gehalt an Kohlensäure, in Klaproth's und John's Versuchen, mag von einer theilweisen Zersetzung der Oberfläche, die mit einer dunkelern Färbung verbunden ist, herrühren. Ich habe die Ullmannsche Analyse (Kupfer 32. Sauerst. 8, Kiesel 40, Wasser 12, Kohlans. 8.) deswegen nicht angeführt, weil ich nicht ganz sicher bin, ob das Dillenburgische Fossil zu der erſt neuerdings ſchärfer beſtimmten Gattung gehort. Die Verwandtſchaft des Kieſelkupfers mit dem Allophan (ſiehe Supplement) verdient aber eine genaue Unterſuchung.

Fundort. Der kryſtalliſirte mit Brauneiſenſtein bey Ecatharinenburg im uraliſchen Gebirge und in einem mit Brauneiſenſtein durchdrungenen Quarz in dem Thon- und Kieſelſchiefer des Zobtengebirges bey Jordansmühl (Glocker). Auch die traubigen und dichten Abänderungen finden ſich hier. In der Bucharey auf ähnliche Weiſe. Hauy nennt Ehl, in der Nähe von Rheinbreitenbach, Chili, in derſelben Gegend, aus welcher das Salzkupfererz kömmt, und Cap Gates in Spanien.

Kirvan 2. p. 165 z. Th. Reuſs 2. 3. p. 277. z. Th. Mohs 3. p. 287 z. Th. tabell. Ueberſ. p. 50 z. Th. Brochant 2. p. 203 z. Th. Hausmann Handb. p. 1028. Kieſelmalachit z. Th. Breithaupt 3. 2. p. 130 z. Th. Iameſon 3. p. 167 z. Th. Leonhard p. 289. z. Th. Hauy neue Ausg. 3. p. 471.

37.

PHOSPHORKUPFER Wr. (Cuivre phosphaté H.) Die ſeltenen Kryſtalle *ſmaragd- gras- lauch-*, am ſeltenſten *piſtazien-* das derbe *dunkel ſpan-* ins *ſmaragd-* Grn. (letzteres durch eine ſtarke

Beimischung von *Blau* von dem Smaragdgrün des Malachits verschieden) auch *schwärzl.* - Grn. Sowohl die Kryſtalle als die unkryſtallisirten Massen häufig *grünl.*-Schw. angelaufen — *derb, unvollk.* und *vollk. nierförmig, traubig, kugl.* mit *drusiger Oberfl.* und kryſtallisirt.

1) Primitives (primitif. H. neue Ausg. T. 102. f. 152). Kerng. ein unregelmäſsiges Octaeder mit rechtwinkl. gemeinsch. Grundfl. verlängert gedacht, so daſs es eine verschbne 4ſ. S. mit zgſchrftn. Endk. 1, die Zſchrfgfl. auf die ſchrf. Stk. aufgeſetzt (wie es oft vorkommt) folgende Winkel zeigt: ſtumpfw. Neig. der Stfl. der Säule gegeneinander 109° 28′, der Zſchrfgfl. gegeneinander 98° 12′, der Zſchrfgfl. gegen die Stfl. 112° 12′. Die rechtwinkl. gemeinsch. Grundfl. geht durch die ſtumpfen Stk. der S. und durch die Zſchrfgk. Die Verlängerung der primitiven Geſtalt ſelten bis zum Nadelförmigen.

2) Zugeſchärftes, var. 1, die Ecken der gemeinsch. Grundfl. ſehr flach zgſchrft., die Zſchrfgfl. auf die Stk. aufgeſ.

3) Abgeſtumpftes, var. 2, die ſtumpfen Stk. der verlängerten primitiven Geſtalt abgeſtumpft.

4) Entkantet, dieſelbe, die Kanten zwiſchen den Zſchrfgfl. und Stfl. abgeſt. Gewöhnlich ſind

die Kryſtalle *undeutlich* mit *abgerundeten convexen Flächen, klein* und *ſehr klein* (die kleinſten allein ausgezeichnet piſtazien-Grn.) *in Druſen gewachſen*, die nierförmigen Geſtalten überziehend — die Kryſtalle *glänzend*, die nierförmigen und derben Maſſen *ſchimmernd* und *matt* — inwendig *weniggl.* u. *ſchimmernd* — *Fettgl.*, der ſich dem *Perlmuttergl.* nähert, die deutlichen Kryſtalle *Glasgl.* — Brch. *grad- und grobfaſrig büſchelförmig auseinanderlaufend*, zuweilen *ſplittrig*, und in derben Maſſen *uneben von kleinem Korne* bis ins *Erdige.* — Brchſt., *keilförmig ſplittr.* und *unbeſteck. nicht ſndrl. ſchrfk.* — die Kryſtalle *durchſtg.* und *halbdrchſtg.* — *undrchſtg.* — Strich *blaſs ſpangrn.* — ritzt den Kalkſpath, wird durch Fluſsſpath geritzt — *ziemlich ſpr.* — *l. zrſprgb.* — 4,07 — 4,3 Herſart.

Vor dem Lothrohre ſchmilzt es leicht zu einer kleinblaſigen, metalliſch glänzenden, äuſserlich ſtahlgrauen, innwendig röthlich-braunen Kugel. Kupferoxyd 68,13, Phosphorſ. 30,95 Kl. das von Rheinbreitenbach.

Das phosphorſaure Kupfer bildet eine ſehr ausgezeichnete, ſelbſt mit den nahe verwandten Malachiten nicht zu leicht zu verwechſelnde Gattung, die durch die dunklere, bey den hellern grünen mehr ins Blaue spielende Farbe, so wie durch etwas Eigenthümliches der nierförmigen Gestalt, die oft unvollkommen, wie ineinandergeflossen erscheint, vorzüglich auch durch Glanz und Härte zu unterscheiden ist. Die Krystalle, besonders die deutlich krystallisirten mehr durchsichtigen wurden wohl auch zu den Olivenerzen gezählt. Hauy hat gezeigt, dass sie ganz von diesen verschieden sind und die eigenthümliche Kerngestalt zuerst genauer bestimmt. Leonhard giebt die Winkel anders an, nehmlich statt 98° 12′, 110° 51′, statt 109° 28′, 95° 2′ und statt 112° 2′, 110° 31′.

Fundort. Noch immer ist diese Gattung äusserst selten. Der bekannteste Fundort ist Rheinbreitenbach, wo sie in einem Grauwackengebirge, mit Quarz, Calcedon (von diesem zuweilen überzogen), Hornstein, Kupferroth, Ziegelerz, gediegen Kupfer, Malachit u. s. w. ungewiss, ob auf einem Lager oder auf einem Gange vorkommt. Ein zweiter (1812 entdeckter) Fundort ist Libethen unweit Neusohl im Sohler Komitat, wo sie ebenfalls auf einem Lager in Grauwacke, meist nach dem Ausgehenden zu, und in der Nähe offener Klüfte bricht. Dort fand man zuerst die deutlichen Krystalle, die eine genauere Bestimmung der krystallinischen Struktur möglich machten.

Reuſs. 2. 3. p. 203. Karſten. p. 62. und derſelbe n. Schriſt. der naturforſchenden Geſellſchaft in Berlin, 3. 2. p. 302. tabell. Ueberſ. p. 61. Tabl. comp. p. 92. Hauy. neue Ausg. 3. p. 519. Brochant. 2. p. 544. Brongniart. 2. p. 227. Hausmann. Handb. p. 1035. Pſeudomalachit. Breithaupt. 3. 2. p. 183. Jameſon. 3. p. 179. Leonhard. p. 273.

38.

SALZKUPFER Wr. (Cuivre muriaté H.). *Lauch-* ins *ſchwärzl.-*, andererſeits ins *piſtazien-*, das ſandige *gras-* Grn. — *derb*, *unvollk. nierförmig*, mit *ſehr druſiger Oberfläche*, in *loſen*, *ſchuppigen*, *kryſtalliniſchen Körnern* (der grasgrüne Kupferſand, Sable vert de Peru) und kryſtalliſ.

1) Primitives, die Kerng. ein noch nicht beſtimmtes rectangulaires Octaeder, oft in die Länge gezogen und die Stfl. in die Länge geſtreift, zuweilen ſelbſt haarförmig verlängert.

2) Quadrihexagonales (quadrihexagonale) var. 1. die Spitzen des Oct. abgeſt.

Die Kryſt. *klein* und *ſehr klein*, *Druſen* bildend. Aeuſserl. *glänzend*, innw. *gl.* und *wenigg*l. von *Perlmuttergl.* — Brch. *ſchmal- kurz-* und *büſchelförmig auseinanderlaufend ſtrahlig* — Brchſt. *ſplittr. ſpitz keilförmig*, auch *unbeſt.*

eck. nicht ſndrl. ſchrfk. — Das derbe eine Anlage *zur körnigen Abſndrg.* — Kaum an den K. *drchſchnd.* — ritzt Gips — Strich *apfelgrn.* — *wenig ſpr.* — *l. zrſprgb.* — 4,43.

Vor dem Löthrohr färbt es die Flamme grün und blau, ſchmilzt leicht zu einem gediegenen Kupferkorn, indem es ſalzſaure Dämpfe entwickelt. Kupferox. 76,6, Salzſ. 10,6, Waſſer 12,7, Prouſt das aus Chili; Kupferox. 70,5, Salzſ. 11,4, Waſſer 16,1, derſelbe, das aus Peru; Kupferox. 73, Salzſ. 10,1, Waſſer 16,9. Kl. das aus Peru. — Dombey brachte den grasgrünen ſchuppigen Kupferſand zuerſt von Chili nach Europa. Er ward von Larochefoucauld (Mem. de l'Acad. d. S. 1786. S. 195.) analyſirt, der ihn als ſalzſaures Kupfer erkannte. (Kupferox. 63, Salzſ. 10, Waſſer 12, Sand und kohlenſ. Eiſen 12). Das ſtrahlige und kryſtalliſirte fand Heuland ſpäter (1797). Die Gattung iſt zwar der vorhergehenden oryktognoſtiſch mehr verwandt, aber doch durch Farbe, Glanz, beſonders durch den eigentbümlichen kurz- und breitfaſrigen Bruch, ferner durch Abſonderung, Strich und Weichheit von ihr zu unterſcheiden, und überhaupt ſehr beſtimmt characteriſirt.

Fundort. Dombey erhielt die Nachricht, daſs der Kupferſand, an den Ufern des Lipé, 100

Lieues von Cupispus, in der Wüſte von Atacama, ein Fluſs, der Peru von Chili trennt, vorkommt, und Heuland erhielt das fasrige aus Remolinos, wo es in einer bis jetzt unbekannten Gebirgsart auf Gängen bricht, und von Quarz, Calcedon, Brauneiſenſtein, Rothkupfererz, Malachit und Gips begleitet wird. (Journ. d. phyſ. t. 63. S. 373). Nach Freiesleben (geognoſt. Arb. 6. S. 106.) hat man am Erla-Rothenberge bey Schwarzenberg im Erzgebirge ſalzſaures Kupfer von Quarz, Hornſtein, Kupfer- und Eiſenerzen auf Klüften des dortigen Eiſenſtein-Zuges gefunden, und Thompſon und mehrere neuere Mineralogen fanden es, begleitet von Salzſäure, in den Lavaſtrömen vom Veſuv 1804. und 1805.

Karſten. p. 62. Tabl. comp. p. 62. Hauy. neue Ausg. 3. p. 484. Brongniart. 2. p. 228. Hausmann. Handb. p. 1039. Smaragdokalzit. Breithaupt. 3. 2. p. 180. Jameſon. 3. p. 176. Leonhard. p. 272.

39.

DIOPTAS H. (Kupferſmaragd Wr.) *Smaragd*-Grn., das lichtere ins *ſpan*- das dunklere ins *ſchwärzl.*-Grn. Nur kryſtalliſirt. Kerng. ein Rhomboeder, deſſen Flächenwinkel 123° 58′ und 56° 2′. T. LXVII. f. 171. neue Ausg. T. 100. f. 134.

1) Säulenförmiger, eine gleichwinkl. 6ſ. S.

2) Dodecaedriſcher (dodecaèdre. f. 172. n. Ausg. f. 135.) var. 1 mit 3 Fl. die auf die abwechſ. Stk. widerſinnig aufgeſ. ſind, faſt rechtwinkl. zgſp., wenn die Säule klein wird, entſteht ein unregelmäſsiges Granatdodecaeder. Neig. der Zſpgſl. gegeneinander 93° 35′, derſelben gegen die Stſl. 133° 13′ 30″.

3) Rhomboedriſcher — entſteht aus var. 2, wenn die Säule verſchwindet. Das Rhomboeder dem Würfel nahe.

Kryſtalle *klein, ſehr klein,* äuſserl. *gllnzend,* innw. *ſtarkgl. — Perlmuttergl.* — Brch. *vollk. grad-blättr.* 3 *Drchg.* parallel mit den Stk. der faſt rechtwinkl. Zſpg. var. 2. Querbrch. *ſelten deutlich, kleinmuſchl.* — Brchſt. *unbeſt. eck.,* ein *wenig ſchrfk.* — *drchſtg.* (Strahlenbrechung dpp.) bis zum *drchſchnd.* — ritzt den Fluſsſpath — *ſpr.* — *l. zrſprgb.* — 2,75 — 3—4 Hauy — Erhält — E. iſolirt gerieben.

Wird vor dem Löthrohr blau, zerkniſtert und färbt die Flamme grünlichgelb. Kieſel 33, Kupferox. 55, Waſſer 12. Lowitz. Kieſel 28,57, kohlenſ. Kalk 42,85, Kupferox. 25,57. Vql.

Dieſe Gattung iſt durch ſo ausgezeichnete Kennzeichen geſondert, daſs ſie nicht leicht mir irgend einer andern zu verwechſeln iſt. Hausmann hat von Rechtswegen auf die auffallende Differenz der beiden obenangeführten Analysen aufmerksam gemacht, und da Vauquelin mit einer äusserst geringen Quantität operirte, wäre vielleicht der Irrthum auf seiner Seite, denn es ist kaum glaublich, dass Lowitz fast 43 Pr. C. Kalk übersehen haben sollte, In der Voraussetzung, wie Hausmann ebenfalls bemerkt, dass diese ältere Analyse die richtigere wäre, würde freilich eine sehr auffallende chemische Verwandtschaft mit dem Kieselkupfer stattfinden, aber dennoch wäre es nicht möglich, beide Gattungen miteinander zu verbinden, wie die jetzt genau bekannte Krystallisation des Kieselkupfers beweist. Eine genauere Untersuchung, die freilich durch die Kleinheit der meisten Krystalle nnd die grosse Seltenheit des Fossils sehr erschwert wird, muss zeigen, ob die genannten beiden Gattungen, wie die nachfolgenden, und in einem noch höherm Grade, bestimmt sind, die streng chemischen Oryktognosten in Verlegenheit zu setzen. Auch Hauy fühlt in der neuen Ausgabe seiner Mineralogie die Schwierigkeit, die Differenz der genannten Analysen zu erklären. Es ist bei den ausgezeichneten Kennzeichen des Dioptas nicht möglich diese aus einer Verwechselung beider Gattungen zu erklären, Vauquelins Analyse des kryſtalliſchen Kieſelkupfers, die Hauy bey dieſer Gelegenheit anführt, ſtimmt ziemlich genau mit der Analyſe des Lowitz.

Fundort. General Bugdanof erhielt zuerſt dieſes Foſſil von einem buchariſchen Kaufmann, d'Achir Achmed, und brachte es nach Petersburg. Er hat es in einer Wüſte der Kirgiſen, 509 Werſte von Irtiſch, ſüdlich von Semipalatna, entdeckt. Es ſoll dort in einer Felſen bildende, von Kupfer völlig grün gefärbten Mergelmaſſe (nicht wahrſcheinlich) begleitet von faſrigem und dichtem Malachit, Kalkſtein und Kalkſpath vorkommen. Man findet anhängend an den Kryſtallen zuweilen Quarzkörner (ſo in der hieſigen Sammlung). (Neue nordiſche Beiträge. 5. S. 285. und Hermann in nov. act. ſoc. Petropolit. 1802. 13. S. 339. Achirit.)

Hauy. 3. p. 171. Tabl. comp. p. 91. neue Ausg. 4. p. 477. Reuſs. 2. 3. p. 478. Mohs. 3. p. 297. Tabell. Ueberſ. p. 69. Karſten. p. 62. Broch. 2. p. 211. Brongniart. 2. p. 225. Hausmann. Handb. p. 1032. Breithaupt. 3. 2. p. 158. Jameſon. 3. p. 182. Leonhard. p. 288.

40.

LINSENERZ (Cuivre arſeniaté en octaedre obtus Bournon). *Himmelblau* (bald *lichter,* bald *dunkler*), einerſeits ins *bläul.*-W. (auf der Oberfl.), andererſeits ins *ſpan- apfel- gras-* und *ſmaragd*-Grn. — kaum *derb* — kryſtalliſirt.

1) Primitives (primitif) ein ſehr flaches irregulaires Octaeder mit rechtwinkl. gemeinſch. Grundfl. Neigung zweyer gegeneinander überſtehenden Pyramidalfl. der obern und untern Pyr. nach Bournon 50, nach Hauy hypothetiſch 50° 4′, zweyer andern, nach Bournon 65°, nach Hauy 65° 8′. Dieſes giebt einen verſchiedenen Werth für die pyramidalen Fl., der ſich auch durch häufige Neigung zur Verlängerung zeigt, wodurch eine ſehr verſchbne 4ſ. S. entſteht, zgſchrft., ſo daſs die Zſchrfgfl. auf die ſtumpfen Stk. aufgeſ. ſind.

Die Kryſtalle mittlerer Gröſse, *klein* und *ſehr klein*, die verlängerten Stfl. der verſchbn. S. zuweilen in die Queere *geſtreift*, ſonſt *glatt*, einzeln *eingewachſen*, häufiger *untereinander gewachſen*, *Druſen* bildend — *glänzend*, innw. *weniggl.* von *Perlmuttergl.*, der ſich dem *Glasgl.* nähert. — Brch. 2 *Drchg.* parallel mit den Fl. der Kerng. zu erkennen, der Queerbr. ſchwer zu erkennen — *uneben* ins *klein*- und *unvollk. muſchl.* — Brchſt. *unbeſt. eck. nicht ſndrl. ſchrfk.* — Selten *drchſtg.*, meiſt *drchſchnd.* — Strich ſehr *licht*, faſt *weiſs* — ritzt den Kalkſpath, wird vom Fluſsſpath ſchwer geritzt — *wenig ſpr.* — *ungemein l. zrſprgb.* — 2,8 — 2,9 Bournon.

Dieſe von Bournon zuerſt als die erſte Art ſeiner Arſeniate of Copper fixirte Gattung (philoſ. Transact. 10. 1801. S. 175. und Catalogue S. 149.) iſt nicht ſchwer zu erkennen, theils an der Farbe, theils durch die linſenartig octaedriſche Kryſtalliſation, die ſich auch in der Verlängerung leicht wieder erkennen läſst. Ueber das Verhältniſs dieſer Gattung zu der nachfolgenden, welches zwiſchen Hauy und Bournon einen merkwürdigen Streit veranlaſst hat, werde ich weiter unten reden.

Fundort. Bis jetzt nur in Cornwallis gefunden mit Rothkupfererz, Kupferkies, Kupferglanz, Buntkupfererz, Kupferſchwärze, Kupferlaſur, Malachit, Olivenerz, meiſt in Brauneiſenſtein.

Mohs 3. p. 292. Karſten p. 62. Brongniart 2. p. 230. Tabl. comp. p. 90. Hauy neue Ausg. 3. p. 509. Hausmann Handb. p. 1051. Linſenkupfer. Breithaupt 3. 2. p. 165. Jameſon 3. p. 186. Leonhard p. 282.

41.

STRAHLERZ Wr. (Cuivre arſeniaté ferrifère H. Cuivre et fer arſeniaté Bournon). Dunkel *ſpan-* ins *ſchwärzl.* — innw. *lichte ſpan-* Grn.

ins *himmel*-Bl. — *nierförmig*, ſelten *kryſtalliſ.* Kerng. *unbek.*, vielleicht eine ſtark verſchobene vierſ. Säule. Dieſe Form ſcheinen auch die äuſserſt kleinen, ſchwer zu erkennenden langen ſäulenförmigen Kryſtalle zu haben.

1) Dodecaedriſcher (dodecaedre), eine 6ſ. S. 3ſ. zgſp., ſo daſs die Zſpgſl. auf die Stk. widerſinnig aufgeſ. ſind.

Die Kryſt. ſind in *Druſen* aufgewachſen, welche die nierförmigen Geſtalten überziehen — *ſtarkſchimmernd*, innw. zwiſchen *glänz.* und *weniggl.* — *Perlmuttergl.* — Brch. *grad- und büſchelförm. auseinander laufend ſehr ſchmalſtrahlig.* — Brchſt. *keilf.* — kaum an den Kanten *drchſchnd.* — etwas härter als die vorige Art — *l. zrſprgb.* — 3,4 Bournon.

Verhält ſich vor dem Löthrohr, wie die vorige Art. Arſenikſ. 33,5, Waſſer 12,2, Eiſenox. 27,5, Kupferox. 22,5, Kieſel 3, Chenevix.

Ich habe auf Bournons, Werners und Hausmanns Autorität, dieſes mir unbekannte Foſſil, als eine eigne Gattung aufgeführt. Es ſcheint ſich durch Farbe, nierförmige Geſtalt und Schwere auszuzeichnen, und der Eiſengehalt ſelbſt ſcheint zu bedeutend, um als zufällig betrachtet werden zu können. Bournon: Cupreous Arſeniate of Iron. (Philoſ. Trans. 1801. 1. S. 191).

Obgleich, sowohl Hauy wie Bournon, gestehen, dass die Kleinheit der Krystalle eine genaue Bestimmung derselben fast unmöglich mache, so findet der erstere es dennoch nicht möglich, die gefundene Krystallisation auf das Octaeder zurückzuführen. Ein Grund mehr, dieses Fossil als eine eigne Gattung zu betrachten.

Fundort. Ebenfalls in Cornwallis, doch in andern benachbarten Gruben, mit Olivenerz, Fahlerz, Kupferkies, Kupferglanz, Brauneisenstein, Zinnstein, Arsenikkies u. s. w. die nierförmige Gestalt mit Brauneisenstein und gediegen Kupfer. Cressac und Alluan fanden diese Gattung 1812. zu St. Leonhard im Departement der hohen Vienne, in einem reinen Quarzgang, in der Nähe der dort entdeckten hoffnungsvollen Zinngänge. Wiederholt sich hier die Cornwalliser Formation?

Hauy Tabl. comp. p. 91. neue Ausgabe. 3. p. 512. Bournon Catalogue. p. 261. Karsten p. 64. Brongniart 2. p. 232. Hausmann Handb. p. 1050. Strahlenkupfer. Breithaupt 3. 2. p. 68. Jameson 3. p. 194. Leonhard p. 283.

42.

OLIVENERZ Wr. (Cuivre arseniaté H. z. Th. Cuivre arseniaté en prisme tetraedre rhomboidal, deſigné precedement ſous l'expreſſion de cuivre arſeniaté en octaèdre aigu. Bournon).

1) BLÄTTRIGES OLIVENERZ Wr. z. Th. *Oliven-lauch*- ins *ſchwärzl.*-Grn., andererſeits ins *zeiſig*-Grn., ſelten *indig*-Bl., verwittert *gräul.*-W. — kryſtalliſ. (Kerng. eine ſchiefwinkl. 4ſ. S., deren Winkel 96° und 84° Drchg. parallel mit den Stfl. undeutlich).

1) Säulenförmiges (octaedre aigu cuneiforme H. T. 102. f. 152), die Kerng., die Endfl. zgſchrft., ſo daſs die Zſchrfgfl. auf die ſchrf. Stk. aufgeſ. ſind. Würde, wenn die S. bis zum Verſchwinden der ſchrf. K. abnähme, ein ſpitzes Octaeder bilden.

2) Abgeſtumpftes. Bournon. var. 1. die ſtmpf. Stk. abgeſt.

Kryſt. *klein* und *ſehr klein, glatt*, ſelten die Stfl. *geſtreift*, zuweilen *abgerundet, in Druſen* zuſammengehäuft — *ſtarkglänzend* und *gl.* von *Glasgl.*, dem *Fettgl.* nahe — Brch. *uneben* ins *muſchl.* — Brchſt. *unbeſt. eck. n. ſ. ſchrfk.* — *drchſchnd.* bis *undrchſtg.* — Strich *lichte olivengrün* ins *Braune.* — Ritzt den Fluſsſpath — *wenig ſpr.* — *l. zrſprgb.* — 4,2 Bournon.

Bildet vor dem Löthrohr eine röthliche Schlacke, indem es unter Aufwallen Arſenikdämpfe entwickelt. Kupferox. 60,5, Arſenikſ. 39,7. Chenevix, Klaproth, 50,60, Arſenikſ. 45, Waſſer 3,50.

Die Gattung ist sehr bestimmt von dem Linsenerz durch Farbe, Krystallisation und Härte gesondert. Von Werner wurden zum blättrigen Olivenerz die Krystalle var. 1. und 2. des Phosphorkupfers gerechnet, die zu Libethen in Oberungern vorkommen, jedoch bemerkte schon Breithaupt, dass diese Krystalle keine Arsenikdämpfe vor dem Löthrohre entwickelten und Phosphorsäure enthielten. Diese blättrige Art ist Bournons Arseniate of Copper in de Form of an acute octahedron. (Phil. Trans. 1801. 1. 177.)

Fundort. In den Kupfergruben des Cornwallisser Ur- und Uebergangsgebirges mit Glimmer, Quarz, Linsenerz, Kupfergrün, Zinkspath, Brauneisenstein u. s. w. Auch in Deutschland im Bergischen mit Kupferlasur zu Kolberg, zu Rheinbreitenbach, zu Vancy in der hohen Vienne mit Quarz und Arsenikkies. Ein sehr seltenes Fossil.

2) FASRIGES OLIVENERZ Wr. (Cuivre arseniaté capillaire, mameloné H. C. arseniate en petites masses habituellement fibreuses et mamelonnes Bournon). *Schwärzl. - pistacien- oliven-* Grn., *stroh*-Glb., *leber*-Br. Mehr oder weniger *lichte*, verwittert *gräul.* - W. Zuweilen *dünn*, und *gestreifte Farben - Zeichnung*, selten deutlich — *derb*, *nierförmig* und krystallis. in *dünnen*, *zarten*, *haar*- und *nadelförmigen* Krystallen, die

theils nicht zu bestimmen sind, theils in den Formen der ersten Art hervortreten — Krystalle *klein* und *sehr klein*, *aufgewachsen*, *büschelförmig zusammengehäuft*, als Verlängerungen des fasrigen Bruchs — Aeusserl. *glänzend*, innwend. *weniggl.* und *schimmernd* — von *Seidengl.* — Brch. *zart-grad-* und *büschelförmig auseinander laufend fasrig* — Brchst. *keilförmig* und *splittr.* — Das derbe meist *grob-* und *kleinkörnig* abgsndrt, nicht selten zugleich eine *krummschaalige* Absndrg., den fasrigen Brch. durchschneidend, die sich nach der nierförmigen Gestalt richtet, und durch die, wenn gleich undeutliche, Farbenzeichnung angedeutet wird (Glaskopfstructur). — *undrchsig.*, selten an den Kanten *drchschnd.*, die Krystalle zuweilen *drchschnd.* — Strich *stroh-Glb.* — Uebrigens wie die vorige Art.

Vor dem Löthrohr wie die vorige Art. Kupferox. 50, Arsenikf. 29, Wasser 21, Chenevix.

Wir haben zu dieser, unter den Olivenerzen gewöhnlichsten Art, auch diejenigen nadelförmigen Krystallisationen gerechnet, die als Fortsetzungen des fasrigen Bruchs erscheinen, daher büschelförmig zusammen gehäuft sind, aber nicht Drusen bilden. Nach einer Analyse von Vauquelin enthält das fasrige Olivenerz zuweilen Eisenox. (arfenikſ. Eiſenox. 7, arſenikſ. Kupferox. 86, Waſſer 5, Kieſel 2), und in der That ſcheint die dunklere und ſchmutzigere, ins braune übergehende olivengrüne Farbe, auf einen Eiſengehalt zu deuten, wie auch Breithaupt bemerkt, obgleich die eigenthümlichen Farben nicht vermuthen laſſen, daſs ſich ein Uebergang in das Strahlerz bildet, was man ſonſt anzunehmen geneigt ſeyn möchte.

Fundort. Kommt in Cornwallis mit dem blättrigen Olivenerz vor, nach Leonhard in Baden zu St. Lorenzgrube bey Wolfach und Breithaupt fand Spuren unter den ſelten vorkommenden Kupfererzen bei Zinnwalde.

3) ERDIGES OLIVENERZ. (Cuivre arſeniaté terreux H.). *Oliven*- und *zeiſig*-Grn. — *derb*, in *nierförmigen Maſſen*, als *Ueberzug* der vorigen Art, *angeflogen*, ſelten *eingeſprengt* — *zuſammengebacken*, *zerreiblich* — Brch. *feinerdig* — zuweilen die härtern Maſſen *concentriſch-ſchaal.* abgeſ. — *weich* und *ſehr weich.* —

In Cornwallis mit den beiden vorigen Arten.

Reuſs 2. 3. p. 494. prismatiſches Olivenerz. p. 496. ſphäroidiſches 2. Th. p. 489. nadelförmiges. p. 301. fasriges. Mohs 3. p. 381. fasriges Olivenerz. p. 307. ſtrahliges. tabell. Ueberſ. p. 60. und 61. 2. Th. Karſten p. 64. dichtes Olivenerz, fasriges. Bournon Catalogue. p. 254. Tabl. comp. p. 91. 2. Th. Hauy neue Ausg.

3. p. 510. mamelonné fibreux. p. 511. terreux. p. 512. Brongniart 2. p. 231. u. 232. ebenſo Hausmann Handb. p. 1043. gemeines Olivenkupfer. p. 1047. faſriges Olivenkupfer. p. 1049. erdiges. Breithaupt 3. 2. p. 171. blättriges. p. 173. faſriges. Jameſon 3. 187. prismatic Oliven-Ore. p. 191. fibrous. p. 193. earthly. Leonhard p. 284. Olivenit-Spath. p. 285. Faſer-Olivenit. ibid. Olivenit-Erde.

In wie fern die *dreiſeitigen* ſäulenförmigen Kryſtalle des Olivenerzes (Bournons Arſeniate of Copper in the Form of trihedral Prisme. Phil. Trans. 1801. S. 183 und Cuivre arſeniaté en Prisme triedre. Catalogue. S. 257) als eine eigene Gattung betrachtet zu werden verdienen, vermag ich, da ſie mir unbekannt ſind, nicht zu entſcheiden. Hausmanns nadelförmiges Olivenkupfer (Handb. 1046) ſcheint nicht die dreiſeitige Säule allein zu umfaſſen, daher auch die ausgedehntere Farbenſuite. Nach Bournon und Iameſon, der ihm folgt, iſt die Farbe bloſs beſchränkt auf ein *dunkles ſeladon*-Grn., die oxydirte Oberfl. *ſchwärz angelaufen.* Ein Verhältniſs, welches ſchon auf eine Eigenthümlichkeit deutet. — Die Kryſtalle ſollen ferner einen 3f. Drchg. parallel mit den Fl. einer 3ſ. S. zeigen, die auf dieſe, als die primitive Geſtalt deutet, der Queerbrch. aber *uneben* ſeyn. Die Winkel der Kerng. ſind 120° und

60°. — Vor dem Löthrohr fliessen die Krystalle, wie Wasser, und krystallisiren erkaltet in schmale rhomboidale Tafeln von brauner Farbe. Klaproths Analyse gab Kupferox. 50,62, Arsenikf. 45, Wasser 3 die von Chenevix. Kupferox. 54, Arsenikf. 30, Wasser 16. Eine freilich bedeutende Differenz. Auf jeden Fall verdienen diese Krystalle, die mit den Arten des Olivenerzes, in den Cornwalliser - Gruben vorkommen, eine genauere Untersuchung.

43.

KUPFERGLIMMER Wr. (Cuivre arseniaté lamelliforme H. C. arf. en segments hexaedres Bournon). Bald *lichter*, bald *dunkler smaragd -*, selten ins *span* - Grn. — *derb* und krystallisirt.

1) Tafelförmiger (neue Ausg. hexagonal lamelliforme. T. 102. f. 149) gleichwinkl. 6s. T. mit abwechselnd schief angesetzten Endfl. Neig. zweier nebeneinander liegender Endfl. gegen die Stfl. 135°, die dritte 115° (Kerng. unbek.)

Kryst. *klein* und *sehr klein*, mit den Endfl. *aufgewachsen*, *Drusen* und *Zellen* bildend. — Die Stfl. der Krystalle *glatt*, *starkglänzend*, innw. *starkgl.* und *gl.* von *Perlmuttergl.* — Brch. *vollk. blättr.* 1f. Drchg. parallel mit den Stfl. der

Tafeln, auch bei den derben Stücken ſtark hervortretend, zuweilen ſich *dem Faſrigen* nähernd — Queerbr. *uneben* ins Körnige — Brchſt. *ſcheibenförm.* — *Groſs-* und *kleinkörnig* abgeſ. — Die Tafeln *drchſchnd.* bis *drchſtg.* (Strb. einfach). — Ritzt den Gips, aber nicht Kalkſpath, wird durch Linſenerz geritzt. — 2,5 Bournon.

Vor dem Löthrohre entwickelt er, unter Zerkniſtern, Arſenikdämpfe, und färbt die Flamme grün, indem Schuppen von blättriger Textur ſich bilden. Bei vorſichtigem Erhitzen, durch welches das Waſſer allmählig verdampft, bildet ſich eine ſchwarze, ſchwammige Maſſe, beim fortgeſezten Erhitzen, eine glaſige Kugel. Kupferox. 39, Arſenikſ. 43. Waſſer 17. Vql. Kupferox. 58, Arſenikſ. 21, Waſſer 21. Chenevix.

Dieſe Gattung, obgleich ſie noch nicht in ihrem Umpfang und ihrer ganzen Eigenthümlichkeit unterſucht und gekannt zu ſeyn ſcheint, hat etwas durchaus Ausgezeichnetes und kann offenbar nur durch Zwang mit Linſenerz oder Olivenerz vereinigt werden. Sie iſt durch Farbe, Bruch, Härte bezeichnet. Ich habe die Kerngeſtalt als unbekannt angegeben, weil die von Bournon angegebene 6ſ. S. unwahrſcheinlich, die von Leonhard angenommene rhomboidiſche Säule aber mir zu willkührlich ſcheint. Bournons

Arſeniate of Copper in hexaedred laminae with inclined ſides. (Phil. Trans. 1801, 1.)

Fundort. Cornwallis unter denſelbigen Verhältniſſen und mit den nehmlichen Begleitern, wie das Linſenerz und Olivenerz. Die übrigen Fundörter - Windzeche am Falkenſtein bei Schwatz in Tyrol, Rheinbreitenbach, Ungarn, ſind wohl ſämmtlich unſicher.

Reuſs 2. 3. p. 304. blättriges Olivenerz. Mohs 3. p. 294. Tabl. comp. p. 90. Hauy neue Ausg. 3. p. 509. tabell. Ueberſ. p. 61. beſondere Abänderung 127. Karſten p. 61. Brongniart 2. p. 250. Hausmann Handb. p. 1043. Breithaupt 2. 3. p. 162. Jameſon 3. p. 124. Leonhard p. 286.

Das Linſenerz das Olivenerz und der Kupferglimmer bilden mit dem Strahlerz und dem dreiſeitig prismatiſchen Erze Bournons eine Familie von arſenikſaurem Kupferhydrat, von ſehr bemerkenswerther Art. Zwar läſst es ſich nicht leugnen, daſs dieſe Gattungen ihrem ganzen Umfange und ihrer feſten Beſtimmung nach keinesweges hinlänglich bekannt ſind. Was wir von ihrer kryſtalliniſchen Struktur wiſſen, gründet ſich faſt ausſchlieſslich auf Bournons Unterſuchung, und die Kleinheit und Seltenheit der Kryſtalle erſchweren die genauere Prüfung. Indeſſen iſt ſo viel gewiſs — das Linſenerz, das Olivenerz und den Kupferglimmer müſſen wir, wie wir ſie bis jetzt kennen, als verſchiedene Gattungen betrachten, und Hauy's Verſuch, ſie durch eine freilich nicht bedeutende Modification der Kerngeſtalt des Linſenerzes alle zu vereinigen, kann um ſo weniger als ein gelungener betrachtet werden, da offenbar nicht die Foſſilien ſelbſt, wie ſie uns erſcheinen, ſondern nur die Reſultate der Analyſen ihn dazu bewogen haben. Durch ſolche hypothetiſche Berechnungen iſt es zwar leicht möglich eine Uebereinſtimmung zwiſchen kryſtalliniſcher Textur und chemiſcher Miſchung hervorzubringen, aber dieſe darf nicht künſtlich hervorgebracht werden, ſie muſs einfach gefunden werden, wenn ſie als lehrreich, und die Unterſuchungen in beiden Richtungen beſtätigend, erſcheinen ſoll. Das Linſenerz und der Kupferglimmer nähern ſich zwar, in Rückſicht der Farbe — aber dennoch iſt das reine Smaragdgrüne faſt allein vorherſchend bei der letztern Gattung, ſo wie das Himmelblaue bei der erſtern, auſser der kryſtalliniſchen Struktur, die ſich ſo durchaus verſchieden zeigt, iſt das Linſenarz härter (ritzt den Kupferglimmer) und das Verhältniſs der Beſtandtheile zeigt auch keine unbedeutende Abweichung. Das Olivenerz hat eine ganz abweichende Farbenreihe, daſs das ſpitze Octaeder aus dem ſtumpfen des Linſenerzes ent-

entſtanden iſt, kann zwar angenommen, kann berechnet werden, es müſste aber durch Zwiſchenformen nachgewieſen werden, es iſt härter als die beiden vorigen Gattungen, auch zeigen die verſchiedenen Arten Modificationen der Bildung, die dieſen fremd ſind. Ob wir wirklich drey verſchiedene Kupferhydrate, die mit Arſenikſäure verbunden ſind, annehmen dürfen, muſs freilich durch genauere Unterſuchungen ausgemittelt werden. Berzelius glaubt wenigſtens zwey annehmen zu können. Breithaupts Anſicht, daſs das Linſenerz ſich zum faſrigen Olivenerz, wie Kupferlaſur zum Malachit verhält, ſcheint uns nicht ungegründet. Das Strahlerz ſcheint durch einen weſentlichen Eiſengehalt getrennt, und das dreyſeitig prismatiſche, wenn auch noch nicht hinlänglich unterſucht, doch wenigſtens durch die eigenthümliche eng beſchränkte Farbe, verbunden mit dem 3fachen Durchgange, Aufmerkſamkeit zu verdienen.

Anhang. KUPFERSCHAUM Wr. *Span*-Grn. zuweilen ins *Himmel-Bl.* — *angeflogen, kleinnierförmig, traubig,* mit *zartdruſiger* Oberfl. — äuſserl. nur *ſchimmernd,* innw. *wenigglänzend* und *ſtarkſchimmernd* von *Perlmuttergl.* — Brchſt. *keilförmig* und *ſplittr.* — *an den K. drchſchnd.* — Strich etwas *bläſſer,* ſonſt unverändert — *sehr weich* bis *zerreiblich* — in dünnen Blättchen *etwas biegsam* — *fühlt sich sehr fein an* — Schwere nicht bestimmt, wahrscheinlich *leicht*. Die Beschreibung dieses Fossils haben wir, wie sie Breithaupt nach einer vollständigen Reihe, in Werners letztem Mineralsystem entworfen hat (St. 50), aufgenommen. Es soll, die Farbe ausgenommen, der Kobaltblüthe ähnlich sehen. Wo es hingehört, und ob es mit Recht, wie es allerdings scheint, als eine Gattung betrachtet werden kann, müssen genauere Untersuchungen, und die noch ganz fehlende chemische Analyse ausweisen. Im Bannat mit Galmey, zu Libethen bey Neusohl in Ungern, auf einem quarzigen Gestein. Sonst zu Saalfeld und Schwaz in Tyrol.

44.

URANGLIMMER (Urane oxydé H.). *Grassmaragd*- bis *äpfel-*, andererseits ins *zeisig*-Grn. bis ans *schwefel*-Glb. — selten *derb*, sonst *angeflogen* und krystallisirt.

1) Primitiver (primitif. T. 116. f. 305) eine niedrige 4s. S. Die Kerng. meist in der Richtung der Axe, fast bis zum Blättchen verkürzt. Ist die Tafel dicker, dann nähert sie sich der Würfelform.

Die Kerngest. mit einem Verhältniss der Grundfl. zur Höhe wie 1 : $\sqrt{10}$.

2) Trapezischer (trapezien. sexoctonal neue Ausg.) var. 1, als niedrige S. die Endk. abgest.

3) Entseitet, var. 1, die Stk. der Kerng. abgest.

4) Zugeschärfter, var. 2, die Abstmpfg. so gewachsen, dass sie die Stfl. verdrängt. Erscheint meist als 4s. T. mit zgschrft. Endfl.

5) Enteckter, var. 1, die Ecken abgest.

6) Achtseitiger, eine Verbindung von var. 3 mit var. 4. Gewöhnlich ist die Abstpfgfl. var. 4 so gewachsen, dass die 4s. T. zugleich mit zgschrft. Endfl. und Endk., also 8s. erscheint.

7) Octaedrischer (octaèdre) var. 2, wenn die Abstpfl. die Endfl. der Kerng. (die Stfl. der Tafel) fast verdrängen Daraus entsteht ein sehr spitzes, rechtwinkliches Octaod., an den Enden bald stärker bald schwächer abgest.

Krystalle *klein* und *sehr klein*, höchst *selten mittl. Grösse*, *aufgewachsen*, *einzeln* und in *Drusen*, in *unregelmässigen Zellen* (lamelliforme H.) auch (die gelben) zuweilen *garbenförm.* (flabelliforme H.) Stfl. der T. *glatt*, die Octaedfl. in *die Queere gestreift* — *starkglänzend* und *weniggl.* — *Perlmuttergl.* — Brch. *vollk. und gradblättr.*, ein Drchg. parallel mit den Endfl. der Kerng. am deutlichsten und glänzendsten, die zwey übrigen undeutlicher — Brchſt. *ſcheibenförm.* auch *regelmäſsig 4ſ. tafelartig.* — Der derbe *grob - und klein - eckig körnig* abgeſ. — *drchſchnd.,* ſeltener *drchſtg.* (zuweilen beides an einem Kryſtall); ritzt den Gips, aber nicht den Kalkſpath — *wenig milde* — *ſehr l. zrſpr.* — 3,32 Champeaux.

Zerkniſtert vor dem Löthrohr, wird ſchwarz und bildet eine Schlacke. Uranoxydul mit einer Spur von Bleiox. 74,4, Waſſer 15,4, Kupferox. 8,2 Gregor. Uranox. 72,15, Waſſer 15,70, Zinnox. 0,75, Kalk 6,87 Spuren von Kieſel, Talk und Manganox. 0,80 — Berzelius, der von Autun.

Eine ſehr leicht zu erkennende Gattung, die nicht leicht mit irgend einer andern zu verwechſeln iſt, durch Farbe, Bruch Kryſtalliſation und geringe Harte bezeichnet. Zwar ſteht ſie ziemlich iſolirt, aber demohnerachtet zeigt ſie eine merkwürdige Verwandtſchaft mit dem Kupferglimmer. In der That ward dieſes Foſſil ſchon frühe als ein Kupfererz betrachtet. Anfänglich nannte man den Uranglimmer nehmlich grünen Glimmer, bis Bergmann (opuſc. Vol. 2. S. 431) durch eine Analyſe Salzſäure, Kupfer und Thon darin zu finden glaubte. Er nannte ihn Chalcolit. Schon Klaproth vermuthete aber, daſs das Kupfer nur ein zufälliger Bestandtheil, das färbende der grünen Abänderungen wäre, da er dahingegen in dem gelben Uranglimmer keine Spur von Kupfer fand — dieser also ist durch reines Uranoxyd gefärbt. — Nach den obenangeführten Analysen ist der Uranglimmer ein Uranoxydhydrat und sehr wahrscheinlich sind die übrigen von Gregor und Berzelius gefundenen Bestandtheile zufällig. Auch Berzelius fand in dem dunkelgrünen von Cornwallis eine zufällige Beimischung von arseniksaurem Kupfer. Da indessen dieses Fossil fast immer, und zwar durch Kupfer gefärbt ist, und da die oryktognostische Verwandtschaft mit dem Kupferglimmer die nächste ist, die sich auffinden läßt, haben wir ihm diese Stelle gegeben.

Fundort. In Urgebirgen, auf sehr verschiedenen Gängen und in sehr mannigfaltiger Begleitung, so auf Silbergängen mit Pecherz zu Johanngeorgenstadt und Schneeberg, auf Zinngängen zu Steinheidel und Zinnwalde, auf Eisensteingängen zu Eibenstock und Johanngeorgenstadt, wo auf dem Henneberger-schöne Krystalle vorkommen. In Sachsen ward der Uranglimmer zuerst entdeckt. Nachher hat man ihn unter ähnlichen Verhältnissen in Baiern entdeckt zu Bodenmais — (dort mit Tantalit) in Oberpfalz, zu Joachimsthal in Böhmen u.s.w., ferner in Frankreich zu Autun in dem

Departement der hohen Saone. Die ausgezeichnetſten Kryſtalle findet man in Cornwallis auf der Cunnislake Grube.

Kirvan 2. p. 366. Hauy 4. p. 376. Tabl. comp. p. 115. neue Ausg. 4. p. 319. Reuſs 2. 4. p. 336. Mohs 3. p. 721. tabell. Ueberſ. p. 81. Karſten p. 71. Brochant. 2. p. 463. Brongniart 2. p. 103. Hausmann Handb. p. 327. Breithaupt 4. 1. p. 275. Jameſon 3. p. 556. Leonhard p. 306.

45.

WÜRFELERZ Wr. (Fer arſeniaté H.). *Piſtazien*- ins *oliven*-, indem es dunkler wird, ins *ſchwärzl.*-, ſelten mit einer Annäherung zum *lauch*-Grn. — auch ins *Leber*-Br. (Man findet zuweilen lichte piſtazien- und dunkel olivengrüne Gruppen zuſammen. — Kaum *derb*, kryſtalliſirt.

1) Primitives, vollkomm. Würfel. Kerngeſt. Drchg. parallel mit den Kernfl.

2) Cubotetraedriſches, var. 1, 4 diagonal gegenüberſtehende Eck. (oben gegen unten widerſinnig) abgeſt.

3) Entkantetes, var. 1, die K. abgeſt.

4) Enteckte und entkantetes, die K. und Ecken var. 2 zugleich abgeſt.

Kryſtalle *klein* und *ſehr klein*, in Druſen *zuſammengewachſ.* Oberfl. *glatt*, *ſtarkglän*-

zend, innw. *gl.* von *Perlmuttergl.*, *dem Demantgl. nähernd* — Brch. *unvollk.* und *gradblättr. 3f. Drchg.* ſich rechtwinkl. ſchneidend. — Brchſt. *unbeſt. eck. nicht ſndrl. ſchrfk.* — *An den K. drchſchnd.* — Strich *blaſs ſtrohglb.*, *faſt gelbl.-weiſs* — ritzt den Kalkſpath — *nicht ſndrl ſpr.* — 2,9—3,0 H.

Leicht ſchmelzbar, vor dem Löthrohr mit Entwickelung von Arſenikdämpfen. Eiſenox. 45,5, Arſenikſ. 31, Kupferox. 9,0, Waſſer 10,5, Kieſel 3 Chenevix. Eiſenox. 48, Arſenikſ. 18, Waſſer 32 Vql.

Das Würfelerz ward zuerſt, als es aus England kommend unter uns bekannt ward, Olivenerz genannt, und von Werner zum blättrigen gerechnet. Später hat er es von dieſer Gattung getrennt und als eine eigene fixirt, und in der That iſt es eine ſehr ausgezeichnete Gattung, durch Kryſtalliſation, Glanz, Bruch und Strich von verwandten Gattungen getrennt. Auch ſteht ſie ziemlich iſolirt, obgleich ſie eine natürliche Verwandtſchaft mit dem Olivenerz zeigt, die uns bewogen hat, ihr hier eine Stelle anzuweiſen. Da der Strich für dieſe Gattung kein ganz unbedeutendes Kennzeichen abgiebt, finde ich es nöthig, auf eine Differenz aufmerkſam zu machen. Nach Werner iſt der Strich ſtrohgelb, nach Leonhard blaſs olivengrün, ich fand ihn immer faſt ganz hellweiſs mit einem ſchwachen Anſtrich von Strohgelb. — Das Kupfer, welches Chenevix fand, iſt offenbar nur ein zufälliger Beſtandtheil — wie Vauquelin fand auch Klaproth keine Spur von Kupfer; das Würfelerz iſt ein reines arſenikſaures Eiſenhydrat.

Fundort. Bis jetzt ſelten. Die ſchönſten Kryſtalle, begleitet von Olivenerz und andern Kupfererzen, in den Cornwalliſchen Gruben, dann zu St. Leonhard in der hohen Vienne. Prouſt fand es in Spanien (Journ. d. mines. 63. S. 437.) und behauptet ein völlig ähnliches Foſſil, ſo wie arſenikſ. Eiſen, als *weiſses* Pulver, alſo mit der Farbe des Strichs, aus Chili erhalten zu haben.

Hauy 4. p. 175. Tabl. comp. p. 100. neue Ausgabe. 4. p. 134. Reuſs 2. 4. p. 165. Mohs 3. p. 437. tabell. Ueberſ. p. 68. Karſten p. 66. Brochant 2. p. 535. Brongniart 2. p. 182. Hausmann Handb. p. 138. Pharmakoſiderit. Breithaupt 3. 2. p. 177. Jameſon 3. p. 309. Leonhard p. 363.

46.

WEISSBLEIERZ (Plomb carbonaté H. z. Th.). *Schnee- grünl.- gelbl.- gräulich*-W. aus dem gelbl.-W. ins *wein-* und *iſabell*-Glb. bis ins *nelken*-Br., aus dem gräul.-W. ins *lichte gelbl.*

aſch-Gr., was ſich wieder an das nelken-Br. anſchlieſst — *derb, eingeſpr. angeſl.*, ſelten *geſtrickt* (entſteht aus äuſserſt zarten ſich durchkreuzenden Nadeln) und kryſtalliſ. Kerng. ein unregelmäſsiges Octaed. mit rechtwinkl. Grundfl., ſie erſcheint als eine niedrige verſchbne 4ſ. S., zgſchrft, ſo daſs die Zſchrfgfl. auf die ſchrf. (durch die Abkürzung der S. in Ecken verwandelten) Stk. aufgeſ. ſind, und zeigt folgende Verhältniſſe: Neig. der Stfl. der S. gegeneinander 117° 4′ (dieſes alſo beim Octaeder die Neig. zweier einander gegenüberſtehenden Fl. der obern und untern Pyr.) und 62° 56′ (dieſes alſo beim Octaed. die Neigung derſelben zwey einander gegenüberſtehenden Fl. über die Endſp.) Neig. der beiden übrigen einander gegenüberſtehenden Fl. der obern und untern Pyr. gegeneinander 109° 30′. Dieſes Octaed. ferner theilb. nach einer Fl. parallel mit den Endſp. und K. der Pyramidfl. T. LXVII. f. 45. neue Ausg. T. 91. f. 51.

1) Oktaedriſches (octaedre S. 46. neue Ausg. f. 53.) Eine ſtrk. verſchbn. 4ſ. S. die Endfl. flach zgſchrft, die Zſchrgfl. auf die ſtumpfen Stk. aufgeſ. Stumpf. W. der Stfl. 127° 20′, ſchrf. 52° 4. Neig. der Zſchrfgfl. gegeneinand. 117° 4. Die Zſchrfgfl. gehören der Kerngeſt. Die übrigen Kernfl. erhält man durch eine ſchiefe Abſtmpf. der ſchrf. Stk. Hulgoet, Vilseck.

2) Quadrihexagonales (quadrihexagonal. neue Ausg. Tab. 91. f. 55.) ein ungleichwinkl. 6ſ. S. die Endfl. ſehr ſcharf zgſchrft., die Zſchrfgfl. auf zwey einander gegenüber ſtehenden Stfl. aufgeſ. Neigung der Stfl. auf welche die Zſchrffl. aufgeſ. ſind gegen die angrenzenden 121° 28′, der Zſchrfgfl. gegen die Stfl., auf welche ſie aufgeſ. iſt 144° 44′. Die vier Stfl. ſind die hier ſtark angewachſenen Zſchrfgfl. von var. 1. und gehören der Kerngeſt.

3) Trihexaedriſches (trihexaèdre f. 49. neue Ausg. T. 92. 56.) eine ungleichwinkl. 6ſ. S. ſcharf zgſp. mit 6 Fl. die auf die Stfl. aufgeſ. ſind. De L'Isle var. 4. Var. 2. indem durch Abſtmpf. der Endk. von 4 Fl. zu den Zſchrfgfl. 4 neue Fl. hinzukommen. Neig. dieſer Fl. gegen die Stfl. 143° 33. Hulgoet, Leadhills, Badenweiler.

4) Dodecaedriſches (bipyramidale f. 48. d. neuen Ausg. dodecaèdre. T. 91. f. 54.) eine ſpitzwinkl. dpp. 6. Pyr. var. 3., indem die S. verſchwunden iſt, und die Zſpgfl. aneinanderrücken. Neig derjenigen zwey einander gegenüber ſtehenden Fl. der obern und untern Pyr. die den Zſchrfgfl. var. 2. correspondiren 109° 28′ der übrigen ebenſo 107° 6′. Wie var. 3. auſſerdem zu Gazimour in Daurien, Przibram, Weſterwald u. ſ. w.

5) Ringfacettirtes (annulaire f. 47. neue Ausg. T. 92. f. 59.) eine ungleichwinkl. 6ſ. S. mit ab-

geſt. Endk. Var. 3. die Endſp. der 6ſ. Zſpg. ſtark und rechtwinkl. abgeſt. Neig. derjenigen Abſtmpfgfl. der Endk. die den Zſchrgfl. var. 2. correspondirt gegen die Endfl. 125° 16′, der übrigen 126° 27′ — Huelgoet, Gazimour.

6) Octovigeſimales (octovigeſimal. T. LXVIII. f. 52. neue Ausg. f. 63.) var. 5. die K. zwiſchen zwey einander gegenüberſtehenden Abſtmpfgfl. (die Zſchrfgfl. var. 2.) und den Stk. zgſchrft. Gazimour.

7) Sexoctonales (ſexoctonal. T. LXVII. f. 50. neue Ausg. f. 57.) die 6ſ. S. var. 5., die Endfl. zgſchrft., ſo daſs die Zſchrfgfl. auf die zwey einander gegenüberſtehenden, durch die Abſtmpfg. der ſtumpfen Stk. einer 4ſ. S. (der Kerngeſt.) entſtehenden Stfl., aufgeſ. ſind, die Ecken der ſchrf. Stk. und der Zſchrfgfl. abgeſt. Neig. der Zuſchrfgfl. gegeneinander 141° 2′, gegen die Stfl. auf welche ſie aufgeſ. ſind 109° 29′. Neig. der Abſtpfgfl. der Ecken gegen die ſcharf. Stk. auf welche ſie aufgeſ. ſind 120°. Poullavuen, La Croix in Lorraine.

8) Sexduodecimales (ſexduodecimal. f. 51. neue Ausg. f. 60.) var 7. die K. der Zſchrfgfl. u. der Stfl. auf welche ſie aufgeſ. ſind, abgeſt. La Croix.

9) Disjunctives (disjoint. neue Ausg. f. 58). Eine ungleichwinkl. 6ſ. S. 4ſ. zgſp., ſo daſs die

Zſpgfl. auf zwey und zwey nebeneinanderſtehenden ſtmpf. Stk. aufgeſ. ſind, die Ecken der weniger ſtmpf. Stk. und Zſpgfl. und die abwechſelnd. K. der Zſpgfl. abgeſt. Dieſe S. entſteht aus dem Heranwachſen derjenigen Fl. der octaedriſchen Kerng. die wir als die Zſchrfgfl. der Endfl. einer verſchobenen 4ſ. S. betrachteten (da die vorhergehenden S. var. 2—8, aus der Verlängerung der Stfl. der Kerng. entſtehen). Neig. zweyer Stfl. gegeneinander in einer Richtung 109° 50 (die Kernfl.) in einer andern 125° 15′. (Neig. der Kernfl. gegen die Abſtpgfl. ihrer Endſp.). Die Abſtgfl. der K. der 4ſ. Zſpg. ſind die 4 übrigen Kernfl., die hier zurückgedrängt ſind.

10) Trigeſimales (trigeſimal. neue Ausg f. 62.) var. 9. die weniger ſtmpf. Stk. zugeſchärft, die ſtumpfen abgeſtumpft.

11) Trioctonales. (neue Ausg. f. 61.) var. 9. ohne die Abſtpfg. der Ecken, aber die K. zwiſchen der Abſtpfgfl. der Zſpg. und der Stfl. auf welche ſie aufgeſ. ſind, ſo wie die Spitze der Zſpg. abgeſt.

12) Sexvigeſimales (ſexvigeſimal. T. LXVIII. f. 53. neue Ausg. f. 64.) Eine breite rechtwinkl. 4ſ. S. mit zgſchrft. Stk. die Enden der breiten Stfl. ebenfalls zgſchrft., die der ſchmalern nur abgeſt. Die breiten Stfl. dieſer S. ſind die gewöhnlichen

der var. 2, entſtanden durch die Abſtg. der Kerng. Die ſchmälern entſtehen durch die Abſtg. der K. der Kernfl. die eine verſchbn. 4ſ. S. geben, ſo daſs die Zſchrfgfl. die an dieſe ſchmälere Stfl. angränzt, der Kerng. gehört, die Endfl. aber entſteht durch Abſtg. der K. der Zſchrfgfl. der Kerng. Hier gehört die Zſchrfgfl., die der breiten Stfl. zugekehrt iſt, der Kerng. Zellerfeld.

13) Hemitropiſches (hemitrope). Zwey S. mit den Endfl. ſchief in einander gewachſen. Man denke ſich, nach Hauy, die verſchbne 4ſ. S., var. 1, in der Mitte ihrer breiten Flächen durch eine ſchiefe Ebene parallel mit der einen Zſchrfgfl. ihrer Endfl. (die eine Kernfl. iſt) getheilt, die eine Hälfte ruhend, die andere, während die Schnittebenen beſtändig in Berührung bleiben, umgedreht. Dann werden beyde Hälften auf der einen Seite einen einſpringenden, auf der andern einen ausſpringenden Winkel bilden. Dieſe zuſammengeſetzten Flächen werden noch durch Abſtpfg. der Stk. der verſchbn. S, die ſich gegen die Zſchrfg. neigen, modificirt. Gewöhnlich ſind die Fl., welche die einſpringenden Winkel bilden ſollen nicht ſcharf, ſo daſs dieſer Winkel meiſtens nur zu einer bloſsen furchenähnlichen Vertiefung wird. Der ausſpringende Winkel beträgt aber ohngefähr 107°, wie es ſich auch nach

der hier zu Grunde gelegten Ansicht verhalten muss. Bretagne, Siberien.

14) Drillingskrystalle (plomb. carb. triple f. 54. neue Ausg. T. 93. f. 65.). Eine Zusammenhäufung von 3 breiten 6f. S. var. 2 und 7. Die Zschrfgl. sind so stark, dass die Drillingskrystalle, wie drey trapezoidale Blättchen aussehen, die mit ihren grossen Grundflächen verbunden sind. Sollte angenommen werden, dass diese Säulen in dem gemeinschaftlichen Vereinigungspunkt verbunden sind, ohne einen Zwischenraum zwischen sich zu lassen, dann muss man zugleich annehmen, dass die eine Säule in einer andern Richtung breitgedrückt wäre, als die beiden andern, so dass der eine einspringende Winkel 117°, die beiden andern 121° 28′ betrügen und die nehmliche Differenz müsste sich an den ausspringenden Endsp. Winkl. der einen Tafel, verglichen mit den beiden der zwey übrigen zeigen. Bis jetzt liess sich dieses Verhältniss nicht nachweisen. Eine andere Art der Zusammenhäufung bildet Krystalle, die beim ersten Anblick einfach zu seyn scheinen. Man denke sich nehmlich die 6f. S. var. 2—8, so dass in der Richtung der Axe an der stumpfen Stk. ein fünfseitiges Stück nach dem Innern der Säule zu ausgeschnitten, in dieser Stelle aber ein anderes, von einen andern Krystall ein-

gefügt, ſo daſs der ſtumpfe Winkel, anſtatt, wie er ſollte, 121° 28′ zu betragen, 117° beträgt, dann werden die Stfl., die von der mit dieſem Winkel verſehenen Stk. ausgehen, mit den unzerſtörten der Kryſtallen, einen höchſt ſtumpfen, kaum wahrnehmbaren einſpringenden Winkel bilden. — Zuweilen findet dieſe Einfügung auf mehrern Stk. ſtatt, ſo daſs nicht bloſs Zwillings- ſondern auch Drillings-, ja wie ich bemerkt habe, Vierlings-Kryſtalle ſtatt finden. Dieſe Kryſtalle, wie die oben beſchriebenen Drillingskryſtalle findet man ebenfalls in Bretagne.

Endlich zeigen ſich von der 6ſ. S. mit 6ſ. Zſpg. (var. 3) drey ſo durcheinandergewachſen, daſs die dpp. Zſpg. eine Art ſechsſtrahligen Stern bildet. Wr.

Die Kryſtalle zuweilen *mittlerer Gröſse*, meiſt *klein* und *ſehr klein*, oft *langgezogen*, *ſpieſig*, *nadel*- und *haarförmig*, auch *breit* und *tafelartig*, ſelten *hohl*. Die Fl. theils *glatt*, theils (die Stfl. der 6ſ. S.) *der Länge nach geſtreift*, auch *rauh*, und die Stfl. var. 1 oft *convex gebogen*, *aufgewachſen*, theils *einzeln*, theils in *Druſen*, die nadelförmigen und zarten Kryſtalle, *unordentlich zuſammengehäuft*, auch in Büſcheln *zuſammengewachſen*. — Die glatten Kryſtallfl. oft *ſpiegelflächig* und *ſtark glänzend*, die rauhen *weniggl.* oft *fast dem schimmernden nahe* — innw. *glänzend* und *weniggl.* — *Demantgl.* der sich, bey den aschgranen, dem *halbmetallischen* nähert. — Brch. *kleinmuschl.* und aus diesem ins *Unebene von kleinem Korne,* auch *versteckbblättr.* — Vier Drg. parallel mit den Kernfl. und ein 5ter der die Kerng. durchschneidet (siehe oben). — Selten zeigt sich eine Art *grobsafrigen Brchs.* — Brchst. *unbest. eck. nicht sndrl. schrfk.* — Vollk. *drchstg.* (Strbrch. ausgezeichnet dpp) bis *drchschnd.* — ritzt den Kalkspath, wird durch Flussspath geritzt — *nicht sndrl. spr.* — *l. zrspr.* — 6,480 Kl., 6,07, 6,55 Hauy, 6,52 Breithaupt. Durch Reibung — E., nicht durch Erwärmung. — Phosphorescirt auf glühenden Kohlen.

Vor dem Löthrohr, unter Zerknistern, reducirbar. Löst sich unter Brausen in Salpeters. auf, zuweilen nur in verdünnter. Wird durch den Dunst des Schwefelamoniaks geschwärzt (Pelletier). Bleiox. 81,2, Kohlens. 16,0, Kalk 0,9, Eisenox. 0,3, Verl. 1,6. Westrumb — das Zellerfelder Bley 77, Sauerst, 5. (Bleiox. 82.) Kohlens. 16, Wasser und Verl. 2. Kl. das von Leadhills — durchsichtiges, Bleiox. 84,5, Kohlens. 15,5, durchscheinendes, Bleiox. 73,6, Kohlens. 15,54, Kiesel 8, Thon und Eisenox. 21,66.

Das Weiſsbleierz iſt eine ſchon lange bekannte Gattung und die ſechsſeitigen Säulen derſelben waren ſchon dem Wallerius bekannt. Die Gattung hat etwas ſehr Ausgezeichnetes. Eine oberflächliche Aehnlichkeit zeigt es mit einigen weiſsen glänzenden Arragonen, unterſcheidet ſich aber leicht durch Kryſtalliſation, geringere Härte und gröſsere Schwere. Aehnlicher noch iſt es einer Abänderung des Schwerſpaths, dem Stangenſpath (2. Th. S. 268.) durch die Zuſammenhäufung der Säulen, durch Farbe und Demantglanz, aber die kryſtalliniſche Struktur, der Bruch, und die bedeutende Schwere ſind leicht zu erkennende unterſcheidende Merkmale. Die Kryſtalle des Weisbleierzes gehören zu den am ſchwerſten zu unterſcheidenden, theils durch die gebogenen, rauhen Flächen, theils durch die verwickelten Zuſammenhäufungen und das Ineinanderwachſen der Kryſtalle, vorzüglich aber dadurch, daſs die, als Flächen der Kerngeſtalt angenommenen Kryſtallflächen meiſtens verhüllt, ja die Durchgänge, die auf dieſe führen, ſehr ſchwer zu erkennen und zu verfolgen ſind. Ja Hauy hat andere Durchgänge, wenigſtens angedeutet gefunden, die auf eine andere Kerngeſtalt führen. So ſchienen ihm einige Kryſtallbruchſtücke aus Sibirien und die Kryſtalle von La Croix in Bretagne auf Durchgänge zu deuten, die eine doppelt 6seit. Pyramide geben würden. Die Neigung der Flächen der obern und untern Pyramide gegeneinander bestimmte er ohngefähr zu 120°. — Andererseits führte ihn die Zergliederung der Krystalle von Hulgoet zu der oben angenommenen Kerngestalt. Er bemerkt, dass wenn man sich die 6s. Säule, mit 6s. Zuspitzung, die Zuspitzungsflächen auf die Seitenflächen aufgesetzt (den Krystallen des Bergkrystalls ähnlich) denkt, vier, zwey und zwey nebeneinanderstehende Zuspitzungsflächen wegdenkt, dass dann die zwey einander gegenüber stehenden mit den zwey und zwey nebeneinanderstehenden, durch eine scharfe Kante vereinigten Seitenflächen der Säule verbunden, die, als Kern angenommene Gestalt geben würden, während die breitere Seitenfläche, die durch zwey Endspitzen gehende Theilung des rechtwinklichen Octaeders darstellt, und dass auf diese Weise die erste Kerngestalt in die andere übergeht. Diese letztere hat er gewählt, als die einfachere. Aber eine genauere Betrachtung hätte ihn von der einseitigen Annahme einer fixen Kerngestalt an und um deren Flächen, Ecken und Kanten sich andere Flächen aufbauen und zu der naturgemässern Annahme des berühmten Weiss hinführen müssen. Es schien mir interessant, diese Bemerkung, die den verdienstvollen Hauy der Wahrheit so nahe brachte, hier anzuführen.

Das Weissbleierz ist kohlensaures Bleioxyd, und Thon, Kiesel, Eisenoxyd müssen als zufällige Bestandtheile betrachtet werden. So auch Silber, welches von Bauersachs in diesem Erz gefunden ward. (Molls Ephemeriden, 1. S. 123.)

Fundort. In Ur- und Uebergangsgebirgen, in Gängen, wo das Weissbleierz sich durch die Zerstörung des Bleiglanzes, meist in den obern Teufen gebildet hat, als ein neues, vielleicht fortdauernd sich bildendes Erzeugniss, den edlen Silbererzen in dieser Rücksicht ähnlich. Daher sind die Quarze, Kalk-, Fluss-, und Schwer-Spathe, welche die Hauptmassen solcher Gänge bilden, meist zerfressen, mit würflichen Eindrücken versehen und zeigen die Spuren der verschwundenen Bleiglanz-Massen, durch deren Zerstörung sich das Weissbleierz erzeugte. Zum Beweiss, wie neu, wahrscheinlich noch fortdauernd, diese Bildung ist, kann die von Nöggerath (Magaz. der Berliner Gesellschaft naturforschend. Fr.) für künstlich erklärte Bleiglätte zu Breunig bei Stollberg in der Nähe von Achen angeführt werden, in dessen hellerer Rinde schon John Punkte von Weissbleierz entdeckte. Auf diese Weise kömmt nun dieses Erz sehr häufig, wenn gleich selten in groſser Menge vor, von Kupfer- und Eiſenerzen, immer aber von Bleiglanz (meiſt ſilberarmen) begleitet — zuweilen, wie am Weſterwald, mit Malachit, ſelbſt mit Kupferlaſur überzogen. — Die Oerter, wo man die ſchönſten Kryſtalle findet, ſind oben angegeben. Am Harz zeichnet ſich Glücksrad, Bleifeld, vor allem Zellerfeld aus, wo auch die ſchönſten Zuſammenhäufungen von nadel- und haarförmigen Kryſtallen, im Erzgebirge Johanngeorgenſtadt, Zſchopau und Freiberg, in Böhmen Mies, Przibram, Bleiſtadt, in Kärnthen Bleiberg, im Bannate Dognatſka, in England Derbyſhire und Angleſea, in Schottland Leadshill, in Frankreich La Croix, in Lothringen Poullaouen und Hulgoet in Bretagne u. ſ. w. Auch mit Bleiglanz im Tarnowitzer Flötz in Oberſchleſien, wenn gleich in geringer Menge.

Cronſtedt S. 201. §. 184. Bley in Form eines Kalks, a) verhärtet. Bleyſpath. Wallerius 2. p. 307. gen. 55. ſpec. 371. Plumbum terreſtre inquinans, minera ſpathiformis, alba vel griſea. Minera plumbi alba vel ſpathoſa. Syſt. Nat. XII. 3. p. 135. Plumbum (ſpathoſum) fragmentis ſpathoſis. Rome L'Isle 3. p. 380. Kirvan 2. p. 251. Hauy 3. p. 557. Tabl. comp. p. 81. neue Ausg. 3. p. 365. Reuſs 2. 4. p. 245. Mohs 3. p. 493. tabell. Ueberſ. p. 71. Karſten p. 68. Brochant 2. p. 309. Brongniart 2. p. 198. Hausmann Handb. p. 1107. Heterochrom,

Bleiweiſs, Bleiſpath. Breithaupt 4. 1. p. 21. Jameſon 3. p. 377. Leonhard p. 240.

47.

SCHWARZBLEIERZ. (Plomb carbonaté noir H.) — *Gräul.*-Schw. ins *aſch*-Gr. — *derb, zerfreſſen, löchrig* und ſelten kryſtalliſ. in ungleichwinkl. 6ſ. S. des Weiſsbleierzes, die ſich indeſſen nur äuſserſt ſelten deutlich erkennen laſſen. — Aeuſserl. *glänzend* und *ſtarkgl.*, innw. Mittel zwiſchen *weniggl.* und *gl.* von *Demantgl.* — Brch. *dicht* und *uneben* von *kleinem Korne*, ins *klein- und unvollk. muſchl.* — Brchſt. *unbeſt. eck. n. ſnd. ſchrſk.* — *drchſchnd.* bis *nur an den K.* — Härte der vorigen Gattung. — 5,7 Briſſon, Gellert.

Reducirt ſich kniſternd vor dem Löthrohr. Kohlenſ. 18, Bleiox. 78, 5—79, Kohle 1, 5—2 Lampadius.

Bildungen wie dieſe, wenn ſie auch nicht im ſtrengſten Sinne eigene Gattungen genannt werden können, verdienen doch immer für ſich herausgehoben zu werden. Es iſt eine ſehr merkwürdige und chemiſch ſchwer zu erklärende Zwiſchenbildung zwiſchen Bleiglanz und Weiſsbleierz. Es hat alle Kennzeichen des erſtern verloren und die des letztern nur ſehr unvollkommen angenommen. Daher die unvollständige kryſtalliniſche Struktur, der unentwickelte Bruch, der das vollkommen muſchlige nicht erreicht, die meiſt poröſe Geſtalt der derben Maſſen, die geringere Durchſichtigkeit und Schwere. Das Vorkommen der Kohle iſt ſehr merkwürdig.

Fundort. Man findet das Schwarzbleierz am ausgezeichnetſten auf den Freiberger Gruben die Weiſsbleierz führen und zu Zſchopau (auf der durch ſeine Bleierze ſo merkwürdigen Grube Dreifaltigkeit) wo es faſt immer den Bleiglanz als einen mittlern Kern überzieht, ſelbſt aber mit Weiſsbleierz überzogen iſt. Leonhard nennt Schitterberg auf der Hofer Handlung in Ungarn, wo es nach der Begleitung zu ſchlieſsen, auf die nehmliche Weiſe, wie im Erzgebirge, vorzukommen ſcheint. Hausmann nennt Zellerfeld und Przibram in Böhmen.

Wallerius gen. 55. ſpec. 374. p. 310. Minera plumbi nigra cryſtallis regularibus, wo er das 6ſ. Prima nennt und Zſchopau als Geburtsort angiebt, offenbar alſo Werners Schwarzbleierz kennt. Kirvan 2. p. 273. Reuſs 2. 4. p. 241. Mohs 3. p. 495. tabell. Ueberſ. p. 71. Karſten p. 68. Brochant 2. p. 307. Brongniart 2. p. 199. Hauy Tabl. comp. p. 82. neue Ausg. 3. p. 374. Hausmann Handb. p. 1111. Bleiſchwärze. Breithaupt 4. 1. p. 18. Jameſon 3. p. 390. Leonhard p. 243.

48.

BLEIERDE Wr. (Plomb carbonaté terreux et compacte H.)

1) ZERREIBLICHE BLEIERDE Wr. *Gelbl.*-Gr. in *ſtroh*- und *ſchwefel*-Glb. — *derb*, *als Ueberzug* (auf Bleiglanz und Weiſsbleierz) — *matte*, *ſtaubartige Theile* — *wenig*, *oft gar nicht abfärbend* — *fühlt ſich mager an* — *mehr oder weniger zuſammengebacken*, *auch loſe* — 5,0

2) VERHÄRTETE BLEIERDE Wr. z. Th. *Gelbl.*-*rauch*-*perl*-Gr. durch dunkler werden ins *gelbl.*-braune, auch aus dem gelbl.-Gr. ins *ſtroh*-Glb., durch rauch-Gr. in *gräul.*-W., durch das perl-Gr. in *bräunl.*-R. — *derb* — *matt* bis *ſchimmernd.* — Brch. *dicht*, *uneben von kleinem und feinem Korne*, ins *feinſplittrige*, bis ins *erdige* (Uebergang in das Zerreibliche). — Brchſt. *unbeſt. eck. ſtmpfk.* — *undrchſig.* — *weich*, bis *ſehr weich* — *wenig ſpröde* — *l. zrſpr.* — 5,4 Gellert.

Beide Arten verhalten ſich vor dem Löthrohr auf gleiche Weiſe. Sie reduciren ſich, und beide ſollen mit den Säuren brauſen (?) Die zerreibliche noch nicht analyſirt, die verhärtete: Bleiox. 66, Kohlenſ. 12, Waſſer 2,25, Kieſel 10,50, Thon 4,75, Eiſen und Manganox. 2,25 die von Tarnowitz,

Bleiox. 48,25, Kohlens. 10, Wasser 4, Kiesel 29, Thon 5 25, Eisen-Manganox. 3, Kalk und Eisenox. 0,56, die von Eiffel. Beide Analysen von John.

Diese Arten entstehen beide besonders durch Zerfallen des Weissbleierzes und die Tarnowitzer verhärtete Bleierde ist selbst von noch nicht völlig verändertem Weissbleierz durchdrungen. Beide Arten sind durch Farbe, Bruch, Schwere und Mangel an Krystallisation von den übrigen Gattungen des Blei-Geschlechts getrennt. — Die Arten untereinander nicht allein durch die Zerreiblichkeit der erstern, durch die festere Masse der zweyten, sondern auch dadurch geschieden, dass die zweite Art eine merkwürdig grössere Farbenreihe besitzt, die eben von einer Beimischung fremder, der Gattung in ihrer Reinheit nicht zukommenden Substanzen herrührt. Die zerreibliche Bleierde stellt daher die Gattung in ihrer völligen Reinheit dar, und es ist zu bedauern, dass diese nicht analysirt ist. So viel ist klar — ist das Schwarzbleierz, als eine Mittelbildung zwischen Bleiglanz und Weissbleierz zu betrachten, so muss man die Bleierde, als ein verwandeltes Weissbleierz betrachten, so dass man die Stufen der Verwandlung, der Reihe nach, durch Bleiglanz, Schwarzbleierz, Weissbleierz und endlich als das letzte Glied die Bleierde betrachten muss.

mufs. Dafs man auch Bleiglanz unmittelbar mit Bleierde überzogen findet, widerfpricht diefer Anficht, die durch die Beobachtung der ftufenweifen Ausbildung, wie fie fich klar genug zeigt, hinlänglich beftätigt wird, keinesweges. Denn oft finden wir in der Natur die Zwifchenftufen der Bildung überfprungen, fo dafs das erfte Glied unmittelbar in das letzte übergeht, und wir erkennen diefes eben daran, dafs die Uebergänge dann verfchwunden find. So laffen fich die, eben angegebnen Uebergänge, wohl erkennen, aber keine von Bleiglanz in die Bleierde. Wir halten die Bleierde für ein kohlenfaures Bleioxydhydrat. Zwar zeigt die Johnfche Analyfe der Tarnowitzer verhärteten Bleierde nur 2,25 Waffer in 100, oder wenn man Kiefel, Thon, Eifen- und Manganoxyd, als zufällig betrachtet, 2,79 in 100, aber diefe Subftanz ift als ein inniges Gemenge noch unveränderten Weifsbleierzes mit Bleierde zu betrachten, dahingegen enthielten 68,25 Th. kohlenf. Bleiox. in der verhärteten Bleierde von Eiffel 4 Th. Waffer, oder 7,26 in 100. Bei der nachfolgenden, problematifchen Gattung werden wir diefen Gegenftand noch einmal berühren. Ueberhaupt darf man nicht vergeffen, dafs alle erdigen Foffilien einer jeden zufälligen Beimifchung zugänglich find, und es dünkt uns daher unnöthig, wie Hausmann, die Beimischungen von Phosphorsäure z. B. als eigenthümliche Arten bildend, zu bezeichnen.

Fundort. Die zerreibliche Art findet man, wahrscheinlich in gröſster Reinheit, und so, daſs man die oben angegebenen Stufen der Umbildung alle verfolgen kann, bey Freyberg und Zschopau mit Bleiglanz, Schwarz- und Weiſsbleierz, auſserdem, zum Theil mit der verhärteten, wie zu Nertschinsk, wo die verhärtete lichte strohgelb vorkommt, zu Johanngeorgenstadt im Erzgebirge, (die verhärtete gelblichweiſse), zu Tarnowitz (dieselbe mit einer ganz eigenthümlichen Farbe zwischen gelblichgrau und strohgelb), zu Kall im Eiffelgebirge (dieselbe braunlichroth), zu Leadshill in Schottland (als Begleiter von Weiſs- und Buntbleierz, wahrscheinlich zufällig mit Phosphorsäure), in Derbyshire, zu la Croix in Lothringen u. s. w.

Reuſs 2. 4. p. 276. Mohs 3. p. 558. tabell. Uebers. p. 70. Karsten p. 68. Brochant 2. p. 329. Brongniart 2. p. 197. Tabl. comp. p. 82. Hauy neue Ausg. 3. p. 373. Hausmann Handb. p. 1093. u. 1109. Breithaupt 4. 1. p. 44. u. 46. Jameson 3. p. 383. Leonhard p. 244.

BLEINIERE Karsten (schaalige verhärtete Bleierde Wr. Plomb arseniaté H. z. Th.) *Gelbl.* in *asch*-Gr., auch in *stroh*-Glb. und aus diesem ins *zeisig* - Grn. Die Farben zuweilen *concentrisch* geordnet (die Absndrg. andeutend) — *derb*, in *flachen sphäroidischen*, fast *linsenförmigen* Stücken, *groſs*, *mittlerer Gröſse*, selten *klein* — inwendig *glänzend* und *weniggl.* — *Fettgl.* — Brch. *unvollk. und flachmuschlich*, zuweilen dem *ebenen nahe* — Brchst. *unbest. eck. ziemlich schrfk.* — Gewöhnlich mit einer Anlage zu *nierförmig gebogenen dick- bis dünn krummschaalig* abgesl. St. — übrigens wie die verhärtete Bleierde — Entwickelt, indem sie vor dem Löthrohre sich reducirt, Arsenikdämpfe. Arseniks. 25, Bleiox. 35, Wasser 10, Eisenox. 14, Silber 1,15, Kiesel 7, Thon 3 Bindheim. — Wir haben dieses Fossil, welches, wie es hier beschrieben ist, mit Bleiglanz und Weiſsbleierz auf den Kliesschinskischen Gruben bey Nertschinsk in Sibirien vorkommt, als eine Zwischenbildung zwischen der vorhergehenden und der nachfolgenden Gattung aufgeführt, obgleich es uns am natürlichsten dünkt, es mit der vorhergehenden, des Gehaltes an Arseniksäure ohnerachtet, zu verbinden. In der That bin ich geneigt, den, wenn gleich bedeutenden Gehalt an Arseniksäure, als zufällig zu betrachten, wie auch Werner die Bleiniere als eine zweite Unterart der verhärteten Bleierde anführt. In der hiesigen Sammlung ist ein sehr ausgezeichnetes, ſchaalig abgeſondertes Stück, welches vor dem Löthrohr einen ſehr ſchwachen Arſenikgeruch giebt und mit Säuren brauſt. Ohne allen Zweifel würde eine wiederholte Analyſe einen ſehr ſchwankenden Gehalt an Arſenikſäure entdecken laſſen, und nehmen wir an, daſs der Verluſt (4,85) Kohlenſ. war, dann würde ein Gehalt von 13,86 in 100 herauskommen. Die von Delcros im Breisgau gefundene nierförmige Subſtanz (Plomb arſeniaté concretionné mammelonné H.) ſcheint nur ein etwas aufgelöſtes, zufällig arſenikhaltiges Buntbleierz zu ſeyn. Die Bleiniere iſt alſo, höchſt wahrſcheinlich wie die Bleierde, ein kohlenſaures Bleioxydhydrat, obgleich der bedeutende Waſſergehalt auf eine Beimiſchung von Kieſel- oder Thonhydrat oder von beiden ſchlieſsen laſst.

Reuſs 2. 4. p. 223. Bleiniere. tabell. Ueberſ. p. 75. Karſten p. 68. Hauy Tabl. comp. p. 80 neue Ausg. 3. p. 354 u. 356. Hausmann Handb. 1097. Breithaupt 4. 1. p. 48 ſchaalige verhärtete Bleierde. Jameſon 3. p. 404. Leonhard p. 243 arſenikſaures Blei z. Th.

49.

BLEIBLÜTHE Hausmann. (Plomb arſeniaté H.). *Zitronen*-Glb. ins *Grüne* — *derb* und in äuſserſt *zarten nadel-* und *haarförmigen*

Kryltallen, *flockenartig zuſammengehäuſt*, auch *ineinander gewunden* — dieſe ſind *glänzend* und *weniggl.* von *Seidengl.* — die erdige *matt.* — Brch. *erdig*, bey den Kryſtallen nicht zu erkennen — die Kryſtalle *etwas biegſam* — *zerreiblich*, die Kryſtalle *zerfallen*, bey leiſem Berühren, *in Pulver* — 5,0466 H.

Reducirt ſich vor dem Lothrohr mit Entwickelung von Arſenikdampfen. Noch nicht analyſirt.

Dieſe Gattung iſt beſtimmt, durch ſehr auffallende Kennzeichen zu erkennen, auch haben wir nicht geglaubt die erdige Art, in welche die Kryſtalle ſo leicht zerfallen, und die dieſe begleitet, von der kryſtalliſirten trennen zu dürfen. Hauy hielt ſie früher für eine Verbindung des Bleies mit Arſenik (Plomb arſenié) jetzt wird ſie, auch von Berzelius, und wohl mit Recht, für arſenikſaures Blei gehalten. Ich glaube nicht, daſs der Gehalt an Arſenikſäure uns berechtigen kann, die, ſo durchaus verſchiedene Bleiniere mit der Bleiblüthe zu vereinigen. Man hat ſie nie zuſammengefunden, und ſelbſt die erdige Bleiblüthe iſt, durch die characteriſtiſche Farbe, von der Bleiniere, wie von der zerreiblichen Bleierde verſchieden.

Fundort. Am ausgezeichnerſten von Champeaux in St. Prix ſous Beveray in Saone und

Loire entdeckt, wo die kryſtalliſirte, wie die erdige, auf Bleigängen, begleitet von Flusſpath, Bleiglanz und Schwarzbleierz vorkommt. (Journ. de mines. 10. p. 543.) Ob die Bleierde, die Hericart de Thury im Berg l'Herpie zu Oiſans mit zerreiblicher Bleierde, Weiſsbleierz und Kupfererzen auf Quarzgängen fand, hierher gehört (ibid. 22. p. 308.), iſt wohl zweifelhaft. Wenigſtens iſt es auffallend, daſs Hauy dieſen Fundort in der neuen Ausgabe nicht nennt. Noch zweifelhafter bleibt es, ob die von Prouſt und Angulo in Andaluſien entdeckten Verbindungen von Arſenikſäure und Blei hierher gehören. Ueberhaupt zeigt, wie bekannt, das Buntbleierz nicht ſelten mit Phosphorſäure zugleich Arſenikſäure.

Hauy 3. p. 544. neue Ausg. 3. p. 353. Karſten p. 68. Flockenerz. Hausmann Handb. p. 1098. flockige Bleiblüthe. Jameſon 3. p. 102. filamentous Arſeniate of Lead. Leonhard p. 245. arſenikſaures Bley. z. Th.

50.

BUNTBLEIERZ Weiſs (Braun- und Grünbleierz Wr. Plomb phosphaté H.). *Grünl.*- faſt *gelbl.*-W., aus dieſem ins *ſpargel*- *piſtazien*- *gras*- ſelten *lauch*- häufiger *ſchwärzl.*- *oliven*- *öl*- *zeiſig*- Grn. bis ins *ſchwefel*- und *ſtroh*- Glb., aus dem öl- Grn. in *honig*-Glb. und aus dem oliven-Grn. ins *grünl.*-Gr. (selten) und *nelken*-Br., bald lichter, mit viel weiss, bald dunkler (*schwärzl.*), zuweilen mit einer Annäherung zu *haar*-, sehr selten zu *leber*-Br. Nicht selten hat derselbe Krystall mehrere Farben, auch die braunen finden sich (obgleich selten) mit den grünen in derselben Säule. Gewöhnlich sind solche mehrfarbige S. nach einem Ende lichter, nach dem andern dunkler. Auch derbe Stücke sind zuweilen mehrfarbig — *derb, eingespr., angeflogen,* als *Ueberzug, kleinnierenförmig, traubig, tropfsteinart., zellig, mit Eindrücken* und krystallis. (Kerng. ein stumpfes Rhomboeder (T. LXVIII. f. 58. neue Ausg. T. 93. f. 69.), dessen Winkel 110° 55' und 69° 5'. Theilbar nach Flächen, die durch eine Spitze und durch die Mitte je zweyer aneinander stossender Kanten gehen. Die Drchg. nur gegen eine brennende Kerze zu erkennen).

1) Prismatisches (prismatique. f. 60. neue Ausg. f. 70.) eine vollk. regelmäss. 6s. S. Die gewöhnlichste. Waller. l. c. De L'Isle var. 3. Nicht selten so niedrig, dass sie eine 6s. T. bildet.

2) Peridodecaedrisches (peridodecaédre f. 61. neue Ausg. f. 71.) var. 1 an den Stk. abgest. Neig. der Abstgfl. gegen die Stfl. 150°. Przibram, Hulgoet.

3) Ringfacettirtes (annulair. f. 63. neue Ausg. T. 94. f. 75.) var. 1. an den Endk. abgeſt. Neig. dieſer Abſtgfl. gegen die Stfl. 130° 33′, gegen die Endfl. 139° 7′.

4) Trihexaedriſches (trihexaédre. f. 62. neue Ausg. T. 93. f. 71) var. 3, wenn die Abſtgfl. der Endk. die Endfl. verdrängt haben, ſo daſs eine regelmäſs. 6ſ. S. 6ſeit. zgſp. entſteht, deren Zſpgfl. auf die Stfl. aufgeſ. ſind. Zwey einander gegenüberſtehende Zuſpitzungsfl. gehören der Kerngeſt. D'L'Isle.

5) Var. 1, gleichwinkliches (iſogone. neue Ausg. T. 94. f. 73.) eine gleichwinkl. dpp. 6ſ. Pyr. die K. der gemeinſchaftl. Grundfl. abgeſt.

6) Pyramidales, eine vollk. dpp. 6ſ. regelmäſsige Pyr., die Stfl. der einen auf die der andern aufgeſ.; nicht ſelten. Entſteht aus var. 4, wenn die Säule verſchwindet. Wr.

7) Baſirtes (baſé. neue Ausgabe. f. 74.) var. 6 die Endſp. abgeſt. Oft iſt dieſe var. ſo niedrig, daſs daraus eine 6ſ. T. mit ſchrf. zgſchrft. Endfl. entſteht, die nicht ſelten ein linſenförmiges Anſehn hat.

8) Dublirtes (doublant. neue Ausg. f. 76.). Die regelmäſsige 6ſ. S. an den Stk. und an den Endk. abgeſt. Eine Verbindung von var. 2 und 3.

Kryſtalle *klein, ſehr klein,* ſelten *mittl. Gröſse,* zuweilen mit *convexen Fl.* (Virneberg), auch an den Enden *hohl* (Przibram), theils *einzeln,* theils *in Druſen aufgewachſen, treppen-pyramiden- garben- roſen-* förmig zuſammengehäuft, die S. oft *nadelförmig* verlängert, bilden *ſammt- und moosartige* Druſen. — Die Fl. *glatt,* die der S. zuweilen *ſchwach in die Länge geſtreiſt* — *wenigglänzend, gl.* bis *ſtarkgl.,* innw. *weniggl. Fettgl.* — Brch. *dicht, uneben* von *grobem und kleinem Korne,* ſelten ins *ſplittr.* und ins *klein-* und *unvollk. muſchl.,* am ſeltenſten ſehr *ſchmalſtrahlig.* — Brchſt. *unbeſt. eck. ſtmpfk.* — In derben Stücken eine Anlage zur *dünnſtängl. Abſndrg.* mit *glänzenden Abſndrgſl.* — Faſt ausſchlieſslich die braunen. — *Drchſchnd. bis nur an den Kanten.* — Ritzt den Gips und meiſt auch Weiſsbleierz. — Strich *lichter, gelbl.- bräunl.-* und *grünl.-W.* — *wenig ſpr.* — *l. zrſpr.* 5,860 — 6076 Briſſon, 6,27 Klaproth, 6,909—6,9411 Hauy, 7,26 Leonhard.

Vor dem Löthrohr entwickeln einige Arſenikdämpfe, andere nicht, es entſteht eine ſchlackige, kryſtalliniſche Kugel, die nie vollſtändig reducirt werden kann. Bleiox. 78,50, Phosphorſ. 19,73, Salzſ. 1,65, das braune von Hulgoet. Bleiox. 78,40, Phosphorſ. 19, Salzſ. 1,54, Eiſenox. 0,10, das grüne von

Hofsgrund im Breisgau. Bleiox. 78,40, Phosphorſ. 18,37, Salzſ. 1,7, Eiſenox. 0,10 — Zſchopau — Bleiox. 80, Phosphorſ. 18, Salzſ. 1,62, Wanlockhead. Bleiox. 76, Phosphorſ. 13, Salzſ. 1,75, Arſenikſ. 7, Waſſer 0,50, grünes von Rozieres. Dieſe Analyſen ſämmtlich von Kl. Bleyox. 77,5, Salzſ. 1,53, Phosphorſ. 19, Arſenikſ. 0,25, Eiſenox. die ſpargel-zeiſig-Grn. auch ſchwefel Glb-Kryſtalle var. 6. von Johanngeorgenſtadt, Roſe und nach einer zweiten Analyſe von demſelben Chemiker, Bleiox. 77,5, Phosphorſ. 7,5, Salzſ. 1,5, Arſenikſ. 12,5, — Bleiox. 76,8, Phosphorſ. 9, Arſenikſ 4, Eiſenox. mit Kieſel und Thon 1,5, Waſſer 7,0, dieſelben Kryſtalle von ebendaher Laugier. Bleyox. 50, Phosphorſ. 14, Arſenikſ. 29, Eiſenox. 4, Waſſer 3 Fourcroy. das grüne von Rozieres. Bleioxydul 79,44, Eiſenoxydul 1,82, Phosphorſ. 16,93, Salzſ. 1,81, Berthier das von Chenelette. Die grünen Abänderungen dieſer Gattung (Werners Grünbleierz) wie ſie zu Zſchopau gefunden werden, waren ſchon den ältern Mineralogen bekannt und bekanntlich entdeckte der ſchwediſche Chemiker Gahn in dem Breisgauer Grünbleierz zuerſt die Gegenwart des Phosphors im Mineralreich (Bergmann Opusc. 2. p. 424.). Aber die ſächſiſchen Mineralogen kannten auch die braunen Abänderungen (Werners Braunbleierz) und Freiesleben hat gezeigt, wie Schulze ſchon im Jahre 1765 behauptete, daſs ſie mit dem grünen eine Gattung bilden. Was Werner dazu brachte, dieſe Abänderungen als verſchiedene Gattungen zu trennen, war ohne allen Zweifel, theils die vermuthete gröſsere ſpecifiſche Schwere der braunen, theils der Umſtand, daſs dieſe Abänderung ſich häufiger in derben Maſſen findet, daſs in dieſen die Neigung zur ſäulenförmigen Kryſtalliſation ſich entweder nur als ſtängliche Abſonderung zeigt, oder höchſtens nur eine unvollkommene Säule zu erreichen vermag, dann endlich die Farbe, die allerdings bei den Bleierzen von Bedeutung iſt. Es ſchien daher, als wenn das Braunbleierz ſich eben ſo zum Grünbleierz, wie das ſchwarze etwa zum weiſsen verhalte. Aber die wiederholte Beſtimmung des ſpecifiſchen Gewichts, von Hauy, welches Breithaupt beim Braunbleierz anführt, beſchränkt ſich nicht bloſs auf dieſes, die vollkommenen Kryſtalle ſowohl als die derben Maſſen, ſind oft zugleich braun und grün und die Beſtandtheile zeigen ſich in beiden gleich. Die, durch die Aufnahme beider Abänderungen erweiterte Gattung, hat dadurch eben an Beſtimmtheit gewonnen und unterſcheidet ſich, von den verwandten Gattungen der geſäuerten Bleioxyde durch die Kryſtalliſation, aber dann auch durch die ſehr merkwürdige groſse Farbenſuite, da die übrigen Gattungen durch eine ausgezeichnete, wenig veränderliche Farbe, ſo auffallend charakteriſirt ſind. Im ächt Wernerſchen Sinne hat daher Weiſs für ſie die Benennung Buntbleierz gewählt. — Bekanntlich zeigen ſich nach Hauy Durchgänge, die auf eine doppelt ſechsſeitige Pyramide, wo die Neigung der Flächen beider Pyramiden gegeneinander 81° 46′ betragen. Dieſe Schnitte ſind nur durch das Schillern vor einem lebhaften Lichte angedeutet. Die var. 6. wäre demnach die primitive Form. Hauy hat, als die einfachere Form die des oben beſchriebenen Rhomboeders angenommen, und die doppelt ſechsſeitige Pyramide entſteht, wenn an jenem alle Ecken, auſser den Polecken, abgeſtumpft ſind, d. h., wenn wir uns die urſprüngliche kryſtalliniſche Structur, als entſtanden aus zwey miteinander verbundenen Rhomboedern denken. — Sehr merkwürdig iſt das Schwanken in dem Verhältniſs der Beſtandtheile. Selbſt die grünen Buntbleierze, zuſammengeſetzt aus Bleioxyd, Phosphorſäure und 1,5 bis 1,7 Salzſäure zeigen nach der Analyſe des nehmlichen Chemikers (Klaproths) ein Schwanken des Bleioxydgehaltes von 76 bis 80, der Phosphorſäure von 13 bis 19. Noch auffallender iſt der Arſenikgehalt der gelben Kryſtalle und nierförmigen Geſtalten von Johanngeorgenſtadt und Breisgau ſo wie die olivengrüne traubige Geſtalt von Rozieres (Karſtens Traubenerz). Roſe glaubte (n. Journ. der Chemie 3. p. 72.) in den gelben Kryſtallen var. 6. von Johanngeorgenſtadt gar keine Phosphor-, wohl aber 19 pr. C. Salzſäure zu finden. Laugier (Annales du Muſeum 4. p. 163.) fand in den nehmlichen Kryſtallen Phosphor- und Arſenikſäure 4, und als Roſe ſeine frühere, wie Laugier's Analyſe prüfend wiederholte. (Journ. f. Phyſ. und Chem. p. 222.) fand er Phosphor- 7,5, aber Arſenik-Säure 12,5. Klaproth fand in dem Traubenerz von Rozieres Phosphor- 13 und Arſenik-Säure 7. Wir erinnern hier an das oben erwähnte nierförmige von Delcros im Breisgau gefundene Foſſil. Roſe vermuthete in dem grünen Buntbleierz von Leadehill Chromoxyd. Eine Vermuthung, die Gehlen durch Verſuche beſtätigt fand. Prouſt behauptet auſſerdem, daſs das Blei in den gelben Kryſtallen im Minimum der Oxydation ſey. So viel mir bekannt geworden, hat man dieſer Behauptung nicht viel widerſprochen, denn Gehlens miſslungener Verſuch die Phosphorſäure mit einem Bleioxydul zu verbinden, leitete ihn nur zu der Vermuthung, daſs aus dem verſchiedenen Oxydationsgrade der Unterſchied herzuleiten ſey, den man in dem Verhältniſſe der Beſtandtheile zwiſchen den natürlichen und künſtlichen, Verbindungen bemerkt hat, und ſcheint alſo eher eine Beſtätigung der Prouſtſchen Annahme zu ſeyn. Auch Berthier fand in den gelben und grasgrünen kryſtalliniſchen Körnern und kleinen Kryſtallen des Buntbleierzes Bleioxydul, dahingegen keine Spur von Arſenikſäure (Annales d. Mines. 7. p. 197). Wäre nun dieſes wirklich der Fall, dann fände, in der notoriſch einen, und ſehr beſtimmten oryktognoſtiſchen Gattung zuerſt eine Verſchiedenheit der Oxydation des Bleioxyds ſtatt, wollte man aber dieſe bezweifeln, ſo kann man doch nicht leugnen, daſs das Bleioxyd, ohne die oryktognoſtiſche Eigenthümlichkeit der Gattung zu gefährden, neben der Phosphorſäure, *zwey* verſchiedene Säuren, Salzſäure und Arſenikſäure, und ein Oxyd, das Chromoxyd aufnehmen kann. Es iſt mir immer, als etwas Willkührliches erſchienen, wenn man, bey conſequenter Anwendung chemiſcher Grundſätze in der ſyſtematiſchen Anordnung und Beſtimmung der Foſſilien, ſich darauf berief, daſs ein Beſtandtheil ein bloſs zufälliger ſey, beſonders dann, wenn dieſer, wie die Arſenikſäure, ſich in den Kryſtallen und zwar, mit einer beſtimmten Farbe ſehr conſtant zeigt, und in ſo groſser Menge, daſs ſie

7, ja sehr wahrscheinlich sogar 12 pr. C. beträgt. Hier zeigt sich offenbar eine Schwierigkeit, deren Lösung man von der fortschreitenden Chemie, nicht von der Oryktognosie zu erwarten hat, denn *diese* hat *die Eigenthümlichkeit*, die die Chemie nicht festzuhalten vermag, hinlänglich begründet. Darf man aber zu einer solchen Annahme (wie die der zufälligen Beimischung), wenn es auf die Bestimmung stark ausgesprochener Eigenthümlichkeit, wie bey den Krystallen, ankommt, seine Zuflucht nehmen. wie viel natürlicher ist diese Annahme dann, wenn von erdigen Substanzen die Rede ist. (Vergl. was oben bey der Bleiniere gesagt ist).

Fundort. Das Buntbleierz kommt auf die nehmliche Weise vor, wie das Weissbleierz, wie dieses nehmlich, ist es offenbar ein neues Erzeugniss der Gänge und Lager. Das Hauptgestein (Quarz, Schwerspath, Flussspath u. s. w.) erscheint daher häufig zerfressen, mit würflichen Eindrücken, als Spuren des verschwundenen, veränderten Bleiglanzes. Es ist eben so mannichfaltig begleitet, ja diese Begleiter sind völlig die nehmlichen, so dass wir auf dasjenige, was beim Weissbleierz gesagt worden ist, verweisen können. Im Erzgebirge zeichnen sich Johanngeorgenstadt, Freiberg und Zschopau aus, auf dem Harz Zellerfeld und der Galgenberg bey Clausthal, in Böhmen Przibram und Bleiſtadt, in Oberpfalz Vilzeck, in Baden Breisgau, wo es in traubiger Geſtalt, von Delcros beobachtet ward, bey Rheinbreitenbach Virneberg, in den Eiffel Bleiberg, wo man es auf Sandſtein findet, in Lothringen La Croix, in Bretagne Hulgoet, in Auvergne Rozieres, im Rhonedepart. Chenelette, in Ungarn Schemnitz, in Cumberland Alſton, in Schottland Leadshill und Wanſtockhead, in Sibirien Bereſowſk. — Auch in Mexico und Penſylvanien auf ähnliche Weiſe.

Cronſtedt p. 202. §. 184. gelblich grünes Blei in Form eines Kalks. Er nennt ſchon Breisgau, auſserdem Sachſen, Böhmen, England und Schottland. Wallerius gen. 55. ſpec. 7. p. 308. Plumbum terreſtre vel lapideum, minera ſpathiformis viridis. Minera Plumbi viridis. Syſt. Nat. XII. 3. p. 134. Plumbum (virens) cryſtallis hexaëdro - prismaticis untrinque truncatis. Kirvan 2. phosphorſaures p. 255, arſenikaliſch phosphorſaures p. 259. Hauy 3. p. 574. Tabl. comp. p. 82. neue Ausg. 3. p. 383. Reuſs 2. 4. p. 212 Braunbleierz, p. 216 Grünbleierz. Mohs 3. p. 489 Braun-, p. 517 Grünbleierz. tabell. Ueberſ. p. 72 ebenſ. Karſten p. 68 gemeines Phosphorblei und Traubenerz. Brochant 2. p. 305 Plomb brune, p. 314 Pl. verte. Brongniart 2. p. 200. Hausmann Handb. p. 1089 Polychrom. 1) Polymorphit. 2) Traubenblei. Breithaupt 4. 1.

p. 15 Braun-, p. 27 Grunbleierz. Jameson 3. p. 395 Green Phosphate of Lead or Green Lead Ore, p. 398 Brovne, p. 401 ubious Phosphate of Lead. Leonhard p. 236 phosphorsaures Blei.

BLAUBLEIERZ Wr. (Plomb sulfuré epigene? H. z. Th.). Mittelfarbe zwischen *dunkel blei*-Gr. und sehr *dunkel indig*-Bl., zuweilen äusserl. in *Schw.* — *derb* (selten), kryställ. in vollk. gleichwinkl. 6s. S., die öfters etwas bauchig sind. Kryst. *klein* und *mittl.* Gr. — *unbest. auf- und durcheinander gewachsen*, auch *in Drusen* — Oberfl. *rauh* und der *Länge nach gestreift.* — *matt* — mit Eisenoxyd überzogen — innwend. *schwach halbmetallisch schimmernd.* — Brch. *dicht*, *eben*, zuweilen etwas ins *klein*- und *flachmuschl.* — Brchst. *unbest. eck. n. sndrl. schrfk.* — *undrchstg.* — Strich *metallisch glänzend.* — *weich ins sehr weiche* — *l. zrspr.* — *schwer, dem sehr schweren nahe.* — Entwickelt, nach Werner, vor dem Löthrohr eine sehr lebhafte und schöne blaue Flamme, die, wie ich bemerkte, einen Schwefelgeruch verbreitet, reducirt sich aber nach meinen Erfahrungen nicht, wie Werner behauptet. Ich erhielt vielmehr durch die anhaltende starke Flamme, des, nach Fischers Vorrichtung, mit dem Aeolipie verbundenem Löthrohres nur eine Schlacke, indem ich einen sehr ausgezeichneten, mit lichtem Eisenocher überzogenen, bauchigen Kryſtall zu schmelzen suchte.

Werner hat bekanntlich zuerst dieses Fossil, als eine eigne Gattung zu fixiren gesucht, wogegen die meisten übrigen neuern Mineralogen sich opponirt haben. Hausmann hält es für ein bald mehr, bald weniger deutliches Gemenge von Buntbleierz und Bleiglanz. Es ist aber nicht zu vermuthen, daſs er das ächte Wernersche Blaubleierz vor Augen gehabt hat, denn in diesem ist ein solches Gemenge weder deutlich, noch undeutlich zu erkennen, auch scheint es mir sehr schwierig ein solches Gemenge völlig krystallinischer Substanzen anzunehmen, in welchem Glanz, Farbe und Schwere dem würflichen Bleiglanz viel näher liegt, als dem Buntbleierz, während die Krystallisation die der letztern Gattung ist. Hauy der früher dieses Fossil unter dem Namen Plomb noir gemeint zu haben scheint, indem er es aber mit dem Wernerschen Schwarzbleierz verwechselte, später als Plombe sulfuré epigene anführt, glaubte, daſs es ein in Bleiglanz umgeändertes Buntbleierz sey, welches die Krystallisation des letztern beibehalten hat. Aber gesetzt auch, daſs das Fossil, welches zu Boullavuen in Bretagne vorkommt und welches vielleicht allein dem Hauy bekannt war, einerley ſey mit dem ſächſiſchen, was wir nicht entſcheiden können, in Freiberg aber geleugnet wird, ſo hat doch die Annahme einer Epigeneſe, durch welche Buntbleierz in Bleiglans verwandelt wird, gar keine Wahrſcheinlichkeit. Alle Beobachtungen beweiſen, daſs die groſsen Maſſen der geſchwefelten Metalle (die Kiese, die Blenden, der Bleiglanz) die urſprünglichen Grundlagen aller Veränderungen ſind, aus welchen durch mancherley chemiſche Proceſſe ſich neuere Producte entwickelten und zu dieſen gehört offenbar auch das Buntbleierz. Es giebt keine Gründe, die uns bewegen könnten, eine ſo auſſerordentliche, allen bisherigen Beobachtungen widerſprechende retrograde Bildung anzunehmen. Wir glauben vielmehr, daſs das Blaubleierz, als die erſte Stufe der Entwickelung von Bleiglanz bis zum Buntbleierz zu betrachten iſt, und alſo ſich zu dieſem verhält, wie das Schwarzbleierz zum weiſsen, und ebendeſswegen ſcheint dieſes Foſſil uns intereſſant genug, um es von den beiden verwandten Gattungen zu trennen, eine Trennung, zu welcher Werners richtiger Takt ihn führte. Daſs es vor dem Löthrohr eine Schlacke und kein Bleikorn giebt, ſcheint auch den Gehalt an Phosphorſäure zu beweiſen.

Fundort. Es brach vormals, jetzt nicht mehr, auf der Dreyfaltigkeitsgrube zu Zſchopau im Erzgebirge und gehört daher zu den gröſsten mineralogiſchen Seltenheiten.

Kirvan 2. p. 272. Hauy 3. p. 582. Tabl. comp. p. 68. neue Ausg. 3. p 395. Reuſs 2. 4. p. 209. Mohs 3. p. 487. tabell. Ueberſ. p. 71. Karſten p. 68. Brochant 2. p. 303. Brongniart 2. p. 199. Hausmann Handb. p. 1092. Breithaupt 4. 1. p. 13. Jameſon 3. p. 370. Leonhard p. 240.

51.

ROTHBLEIERZ Wr. (Plomb chromaté H.). *Hyacinth*-R., *lichte*, *hoch*, zuweilen *blaſs*, *derb* (ſelten), *angeflogen* und kryſtalliſ. (Kerngeſt. eine ſchiefwinkl. 4ſ. S. mit ſchief angeſetzten Endfl. Neig. der Stfl. gegeneinander 93° und 87', der Stfl. gegen die Endfl. 99° 35', dieſe iſt auf die ſtumpfen Stk. aufgeſ. mit Winkeln = 103° 16' und 76° 44' T. 91. f. 47.).

1) Quadrioctonales (quadrioctonal. neue Ausg. f. 48.) eine ſchiefwinkl. 4ſ. S. an den ſchrf. Stk. abgeſt., die Endfl. ſcharf zgſchrft., die Zſchrfgfl. auf zwey nebeneinander liegenden Stfl. ſchief aufgeſ. Die Stfl. gehören der Kerngeſt.

2) Dioctaedriſches (dioctaèdre f. 49) var. 1. die ſchrf. K. der Zſchrfgfl. abgeſt., ſo daſs eine

ungleichförm. 4f. Zfpg. entfteht, die neuen Zfpgf. wie die vorigen auf zwey nebeneinanderftehenden Stfl. aufgef.

3) Sexoctonales (fexoctonal. f. 50) var. 1. aber die Stfl. an den ftmpf. ftatt an den fchrf. Stk. abgeft.

Die Kryft. *klein* auch *mittl. Gr.*, dann auch *nadelförm.*, ftets *aufgewachfen* und *zwar über und unter einander.* Die Stfl. *parallel mit der Axe geftreift*, die Abflg. und Zfchrfgfl. *glatt* — innw. wie äufserl. *ftarkglänzend* — *Demantgl.* — Brch. *gradblättr.* die 2 Drchg. parallel mit den Stfl. der Kerng. *fehr deutl.* Queerbrch. *uneben von kleinem Korne* ins *klein* - und *unvollk. mufchl.* — Brchft. *unbeft. eck. n. fnd. fchrfk.* — *durchfchnd.*, felten ins *halbdrchftg.* — Strich *Mittel zwifchen zitronen*- und *pomeranzen-Glb.* — ritzt Gips, wird vom Kalkfpath geritzt — *l. zrfpr.* — 5,75 Bindheim, 6,02 Hauy, 6,05 Briffon.

Vor dem Löthrohr zerkniftert es und färbt fich fchwarz, als Pulver fchmilzt es zur fchwarzen Schlacke. Bleiox. 63,98, Chromf. 36,40 Vql. Bleiox. 68, Chromf. 32 Pfaff.

Diefe höchft ausgezeichnete Gattung ward in der Mitte des vorigen Jahrhunderts entdeckt und die erfte Nachricht ertheilte Lehmann in einem

Schreiben an Buffon (de nova minera plumbi ſpecie cryſtallina rubra. Petersb. Jul. 1766. überl. in mineral. Beluſtigungen. 5. p. 38. und im hamburgiſchen Magaz. 1767. 10. p. 336). Er glaubte es nach ſeinen Verſuchen für ein mit ſelenitiſchem Spath und mit Eiſentheilen verbundenes Blei nehmen zu müſſen. Die nachfolgenden Naturforſcher waren über die Zuſammenſetzung dieſes Foſſils ſehr uneinig. Wallerius nannte es Blei mit Schwefel und Arſenik vererzt, Pallas ſtimmte ihm bei. Marquart, der 1783 eine mineralogiſche Reiſe nach Norden machte, brachte es nach Paris, und aus einer Unterſuchung, die er in Geſellſchaft mit Vauquelin anſtellte, glaubten beide folgern zu müſſen, daſs es eine Zuſammenſetzung aus Blei und Eiſenoxyd ſey. (Die alte Annahme von Lehmann, nur der ſelenitiſche Spath war verſchwunden). Zuletzt glaubte Bindheim Blei, Molybdänſäure und Nickel darin zu finden, bis endlich, im Jahre 1797, Vauquelin die Säure eines neuen, von ihm Chromium genannten Metalls mit Blei verbunden, darin fand. — So war dieſe Gattung, bey ihrer groſsen Seltenheit, ein fortdauernder Gegenſtand der Aufmerkſamkeit und ward durch dieſe Entdeckung nur noch merkwürdiger. — Ueber die ganz genaue Beſtimmung der kryſtalliniſchen Struktur des

Rothbleierzes herrscht noch einige Dunkelheit, die besonders daher rührt, daſs die Krystalle, so deutlich auch die zwey Durchgänge sind, dennoch sehr selten völlig ausgebildet vorkommen, sie sind vielmehr sehr in einander verwachsen, die Säulen in einander verwebt, bald zu Nadeln verlängert, öfter noch in Platten ausgebreitet. Hauy, in der neuen Ausgabe seiner Mineralogie, gesteht daher daſs seine Bestimmung noch immer vielleicht einer Correction bedarf, und daſs es ihm nicht gelang, Krystalle zu untersuchen, die vollkommen entscheidende Resultate gaben, auch giebt Toret (Annal. d. Min. 3. p. 481.) andere Winkel an. Mit dem rothen Rauschgelb hat das Rothbleierz noch die gröſste Aehnlichkeit, besonders in der Farbe — diese ist indessen ausgezeichnet morgenroth beym Rauschgelb — mit etwas Blau, ausgezeichnet hyacinthroth beym Rothbleierz, auch unterscheidet sich das letztere, auſser durch Kristallisation und Bruch, noch durch gröſsere Schwere, so wie auch die Farbe des Strichs, obgleich eine ähnliche, doch durch Aufmerksamkeit zu unterscheidende ist.

Fundort. Beresowsk bey Katharinenburg in Sibirien, wo dieses, noch immer seltene und kostbare Fossil in einem Quarzgange der im Gneis oder Glimmerschiefer aufsetzt, begleitet von Brauneiſenſtein (öfters die würflichen Afterkryſtalle) Schwefelkies, Bleiglanz, Buntbleierz, Gold, vorkommt. Die deutlichen Kryſtalle waren ſeit 1760 verſchwunden, und was man jetzt findet, iſt meiſt unregelmäſsig aufgewachſen auf einem eiſenſchüſſigen Quarz. Zuweilen fand man zuſammengehäufte Kryſtalle in einzelnen Neſtern von Thon (Patrin bey Hauy). Funfzehn Meilen nordwärts von Bereſowſk fand Pallas das Rothbleierz in wechſelnden Schichten von Sandſtein und Thon, aufgewachſen auf Quarzdruſen und wieder begleitet von würflichen Afterkryſtallen des Brauneiſenſtein. In Braſilien, wo man es neuerdings in Sandſtein (zu Couconhao do Campo) entdeckt hat, (Eſchwege Nachrichten aus Portugal u. deſſen Colonien, herausgegeb. v. Zincken, 1820. p. 252.) findet man es begleitet von demſelben Foſſil. Auch zu Tarnowitz will man vor etwa eieinigen dreiſsig Jahren Spuren von Rothbleierz gefunden haben. Neulich hat man in Moldawa die 4ſ. zugeſp. Var. mit Bleiglanz, Bleierde, und wie es nach einer Stufe, die ich vor mir habe, ſcheint, mit Vauquelinit, zwar in ſehr kleinen Kryſtallen entdeckt.

Wallerius gen. 55. ſpec. 373. Plumbum ſulphure et arſenico mineraliſatum, minera ſpathiformis rubra. Min. Plumb rubra. Syſt. Nat. XII. 3. p. 174.

174. Plumbum (rhombeum) hexaedrum, rhombeum, fulvum. Kirvan 2. p. 264. Hauy 3. p. 548. Tabl. comp. p. 81. neue Ausg. p. 367. Reufs 2. 4. p. 228. Mohs 3. p. 527. tabell. Ueberf. p. 62. Karften p. 68. Brochant 2. p. 318. Brongniart 2. p. 205. Hausmann Handb. p. 1084. Kallochrom. Breithaupt 4. 1. p. 33. Jamefon 3. p. 410. Leonhard p. 246.

52.

VAUQUELINIT (Vauqueline, Berzelius. Plomb chromé H.).

1) LICHTER VAUQUELINIT. Ausgezeichnet *lichte zeifig* - Grn., einerfeits ins *fchwefel*-Glb. (die eingefprengten kryftallinifchen Maffen), andererfeits ins *piftacien- oliven* - bis faft ins *fchwärzl.* - Grn. (die Kryftalle) — nur kryftallif. Die Kryftalle *nadelförm.*, zum Theil *fpiefsig* — (vergröfsert erfcheinen fie als etw. verfchbne 4f. S. mit fchief angef. Zfchrfg. wie Rothbleierz var. 1.) *klein, auf- und nebeneinander gewachfen*, in kleinen Höhlen *Drufen bildend*, auch eingefpr. in Maffen, die vergröfsert, als *zarte ineinander gewachfene Nadeln* erfcheinen — *ftarkglänzend* von *Glasgl.*, dem Fettgl. nahe. — Brch. nicht zu erkennen — *drchfchnd.* bis *drchftg.* — *weich.*

2) DUNKLER VAUQUELINIT. *Leber* - Br. in *fchwärzl.*- und *oliven*-Grn. — *derb*, öfters *als*

Ueberzug und kryſtalliſ. theils in Nadeln, theils, wie es ſcheint, in Rhomboedern, die ſich dem Wrfl. nähern (Berzelius), theils in 4ſ. T. Die Kryſt. ſehr klein, die Rhomboederfl. nach der kurzen Diagonale geſtreift (Berzelius). Die Kryſt. *ſehr klein*, theils die Nadeln, wie die der lichten Art, *druſig*, theils die plattgedrückten S. — 4ſ. T. bildend — *knoſpenförmig zuſammengehäuft*, wodurch ſie *halbkegelförmige unregelmäſsige, in der Mitte ausgehöhlte Erhöhungen bilden* — auswend. *matt*, innw. *matt* und *ſchimmernd* von *Fettgl.* — Bruch *dicht*, *uneben*, einerſeits *ins erdige*, andererſeits ins *kleinmuſchl.* — Brchſt. *unbeſt. eck. ſtmpfk.* — *weich* — Strich *ausgezeichnet zeiſig-Grn.* — Vor dem Einſaugen des Waſſers 5,5, nach dem Einſaugen 5,7 Bloede.

Bläht ſich vor dem Löthrohre auf und ſchmilzt, ſtark aufſchäumend zu einer ſchwärzlichgrünen metalliſch glänzenden Kugel, um welche ſich kleine Körnchen von reducirtem Blei anſetzen, während der gröſste Theil der Kugel, ſelbſt im Reductionsfeuer, unverändert bleibt. Bleiox. 60,87, Kupferox. 10,80, Chromſ. 10,80. Die dunkle Art.

Hausmann hat das Verdienſt, zuerſt auf dieſe, das Rothbleierz begleitende Gattung aufmerkſam gemacht zu haben. Er ſonderte die leberbraune — unſere dunkle Art — von der lichten, und es läſst ſich nicht leugnen, daſs dieſe, theils durch die Farbe, theils durch die characteriſtiſche Zuſammenhäufung der tafelartigen Kryſtalle in halbkegelförmige, in der Mitte ausgehöhlte Erhabenheiten, theils durch den zeiſiggrünen Strich, die vorzüglich ausgezeichnete iſt. Von dieſem braunen Foſſil beſitzt die hieſige Sammlung deutliche Stücke, die jene Erhabenheiten zeigen, und es iſt beſonders klar, daſs ſie aus der Zuſammenhäufung von 4ſ. T. entſtehen, die ohne allen Zweifel hier, wie öfters bey dem Rothbleierz durch das Wachſen zweier entgegengeſetzter Flächen der faſt rechtwinklichen 4ſ. S. entſtehen. Zuweilen verwachſen ſie ſo, daſs ſie derbe Maſſen mit gradſchaaliger Abſonderung bilden. Wo die Spuren der Kryſtalliſation verſchwinden und der Bruch dicht wird, erſcheint es meiſt kleinmuſchlich, mit Fettglanz, faſt rabenſchwarz und ſieht dem Chromeiſen auf dem friſchen Bruche nicht unähnlich. Dieſes Foſſil hat Berzelius genauer unterſucht und die Reſultate ſeiner chemiſchen Analyſe ſind oben angegeben. Aus der Erweiterung der Farbenreihe erhellt aber ſchon, daſs er auch dunkle olivengrüne nadelförmige Kryſtalle mit zu der von ihm analyſirten Gattung rechnet. Hausmann kannte diese Abänderung nicht. Dahingegen behauptet er, dafs die zeisig- und pistaziengrünen Krystalle, die das Rothbleierz begleiten, aus phosphorsaurem Blei bestehen, so wie die erdigen Massen und dafs die ersten die 6s. Säulen des Buntbleierzes zeigen. Da wir in der hiesigen Sammlung Stücke mit solchen nadelförmigen, zeisig- pistazien- und olivengrünen Krystallen besitzen, so habe ich sie genauer untersucht. Schon die Art, wie sie in und mit den reinsten Massen des Rothbleierzes vorkommen, überzeugte mich davon, dafs sie durch eine Umänderung desselben gebildet sind. Vauquelin (Journ. d. mines. 34. S. 160) hatte schon hellgelbe Krystalle (cristaux veloutés), die das Rothbleierz begleiten, für chromsaures Blei erklärt, so wie grössere grüne Krystalle, von der Form des Rothbleierzes, für solche erklärt, in welchen die Säure, indem sie einen Theil ihres Sauerstoffs verloren hätte, in ein Oxyd verwandelt worden. Dieses brachte mich auf die Vermuthung, dafs die grüne unter dem Rothbleierz eingesprengte Masse, als lichter Vauquelinit betrachtet werden kann. Der Strich des dunkeln zeigt die Farbe des lichten auf die nehmliche Weise, wie die Farbe des lichten Zinnobers oder Rothgültigerzes durch den Strich des dunkeln zum Vorschein kommt. Eine mäſsige Vergröſserung zeigte zugleich, daſs jene eingeſprengten helleren, zeiſiggrünen, zuweilen faſt ins ſchwefelgelbe übergehenden Maſſen, aus ganz kleinen, ſich durchkreuzenden, faſt rechtwinkl. 4ſ. Säulen beſtehen. Deutlicher erkannte ich dieſe in den Druſenhöhlen, wo ſie einzeln vorkommen, einige zeigten ſich pfeilförmig zugeſpitzt, bei andern ſahe ich eine 4ſ. Zuſpizung, aber erkannte zugleich wie beim Rothbleierz var. 2 den ungleichen Werth der Zuſpitzungsflächen. Bey dunklern, gröſsern, dickern Säulen fand ich deutlich die ſchief aufgeſetzten Zuſchärfungsflächen var. 1. Eine genaue Unterſuchung meines Freundes, des Prof. Fiſcher bewies nun, daſs dieſe grünen Kryſtalle keine Phosphorſäure, wohl aber Chromoxyd enthalten. Dahingegen konnte er in den ſehr kleinen Stücken, die wir völlig rein abzulöſen vermochten, keine Spur von Kupfer entdecken. Wenn man weiſs, wie oft bey den Erzen ein Metall in ziemlich bedeutendem Verhältniſs beigemengt ſeyn kann, ohne die Gattungscharactere zu verändern, ſo wird man, bey der Unvollſtändigkeit der chemiſchen Unterſuchung des Vauquelinits in der Abweſenheit des Kupfers wohl kaum einen Grund zur Trennung der lichten Art ſinden. Eben ſo wenig in dem Grade der Oxydation des Chroms, der ohnehin durch vergleichende Versuche mit grössern Massen erst ausgemittelt werden muss. Noch muss ich bemerken, dass in dem körnigen Quarz aus der Gegend von Beresowsk, der sich durch kleine würfliche Höhlen, die durch Verwitterung der Afterkrystalle des Brauneisensteins entstanden sind, auszeichnet, zuweilen dunkel lauchgrüne, deutlich fast rechtwinkliche 4seitige, längliche Säulen eingewachsen, auch ohne Begleitung von Rothbleierz vorkommen, die allgemein als Buntbleierz betrachtet wurden. Ich vermuthete, dass auch diese hieher gehören möchten und durch Fischers Untersuchung zeigten sich auch wirklich diese, grade ebenso, wie die zeisiggrüne, als eine Verbindung von Chrom- und Bleioxyd. In der Begleitung des Rothbleierzes kommt nun aber ein anderes Fossil vor, ebenfalls leberbraun fast ins rabenschwarze, welches aber einen grünlichgrauen Strich giebt, von den hier genannten Fossilien ganz verschieden und welches unten (im Supplement) ausführlicher beschrieben werden soll. Vergl. Berzelius Afhandlingar in Fysik og Chemie. 6. S. 248. und Bloede Schriften der Societ. f. Min. in Dresd. 2. S. 41.

Fundort. Aus der Gegend von Beresowsk, wie Bloede vermuthet, nicht unmittelbar, sondern in der Entfernung von 15 Meilen, wo das Rothbleierz im derben und kryſtalliſirten Quarz vorkommt (ſ. oben). Es iſt nicht unwahrſcheinlich, daſs, wie Hausmann vermuthet, das braune Bleierz von Zimapan in Mexico, das Humboldt mitgebracht hat, welches nach Collet-Descotils 74,5 Bleiox., 5,5 Eiſenox., 16,5 Chromſ. und 1,5 Salzſ. enthält, ebenfalls hierher gehört.

Hausmann Handb. p. 1086. Hauy neue Ausgabe. 3. p. 363. Jameſon 3. p. 413. Leonhard p. 248.

53.

GELBBLEIERZ Wr. (Plomb molybdaté H.). *Wachs*- ins *zitronen*-, *pomeranzen*- und *honig*-Glb., andererſeits ins *gelbl.*-Gr. und *gelbl.*-Brn. — *derb*, *eingeſpr.* — *angeſl.* und kryſtalliſ.

1) Primitives (primitif. T. LXIX. f. 64. neue Ausg. T. 94. f. 77.) Kerngeſt. ein flaches, rechtwinkl. Octaed. mit gleichſchenklichen Fl. Neigung der Fl. der obern Pyr. gegen die der untern 76° 40′. Drchg. parallel mit den Stfl. ſchwer und nur an dem Schillern vor einem lebhaften Lichte bemerkbar.

2) Baſirtes (baſe. T. 95. f. 80.) var. 1. die Endſp. abgeſt.

3) Zweifach octaedriſches (biforme. f. 81.) var. 1. die Stk. ſo ſtark abgeſt., daſs die Abſtgſl.

als Octaederfl., die primitiven Fl. als Abſtpfgfl. der Stk. erſcheinen.

4) Bisunitaires (bisunitaire f. 65. neue Ausg. f. 82.). Der Wrfl., oder mehr oder minder niedrige vollk. rechtwinkl. 4ſ. S., am häufigſten als rechtwinkl. 4ſ. T. Entſteht aus Var. 1. durch grade Abſtpfg. der Endſp. und K. der gemeinſchaftl. Grundfl.

5) Sexoctonales (ſexoctonale f. 66. neue Ausg. f. 83.) var. 4. mit abgeſt. Endk. oder Stk. wenn es eine T. iſt. Neigung dieſer Abſtgfl. gegen die Endfl. der S. oder Stfl. der T. 141° 40′, gegen die Stfl. der S. oder Endfl. d. T. 128° 20′.

6) Entecktes (epointé. f. 68. neue Ausg. f. 84.) var. 2. zugleich die Ecken der gemeinſchaftl. Grundfl. abgeſt.

7) Decioctonales (decioctonale. f. 85.) var. 2. die Endſp. ſo ſtark abgeſt., daſs daraus eine rechtwinkl. 4ſ. T. mit zgſchrſt. Endfl. entſteht. Die Ecken der Endk. und der Stfl. ſo ſtark abgeſt., daſs 4 neue zgſchrſte Endfl. entſtehen.

8) Triunitaires (triunitaire. f. 67. neue Ausg. f. 86.) var. 4. als 4ſ. T. die Endk. abgeſt., wodurch eine regulaire 8ſ. T. entſteht.

9) Perioctogones (perioctogone. f. 69. neue Ausg. f. 87.) var. 2. als 4ſ. T. die zwey gegenüberſtehenden Endk. abgeſt.

10) Trimorphiſches (triforme. ſ. 70. neue Ausg. ſ. 88.) var. 6. die Ecken der Abſtpgfl. der gemeinſchftl. Grundfl. und der Stk. abgeſt., ſo daſs die genannten Ecken als ſehr ſchief zgſchrſt. erſcheinen, die Zſchrfgfl. auf die Stk. der Pyr. aufgeſetzt, die Abſtgfl. var. 6. aber eine Abſtg. der Zſchrfg. wird.

Die Kryſt. *klein* und ſehr *klein*, theils einzeln, theils in *Druſen aufgewachſen*, die Tafeln oft ſo dünne, daſs ſie 4ſ. Blättchen bilden, die *zellig*, ſelten *treppenförmig* zuſammengehäuft ſind. — Die Oberfl. der Kryſt. *glatt*, die Endfl. der T. zuweilen *in die Länge geſtreift* — äuſserl. *ſtarkglänzend* und *gl*, innw. *gl.* und *weniggl.* — *Fettgl., dem Demantgl. nahe* — Brch. *blättr.* 5ſ. Drchg. 4 parallel mit den Stfl. des Octaeders, der 5te, deutlichſte parallel mit der gemeinſchft. Grundfl. und dieſer iſt es, der durch ſein Heranwachſen die an den Endſp. abgeſt. Oct. in T. verwandelt. Queerbrch. *dicht, uneben von kleinem und feinem Korne*, oft *ins muſchl.* übergehend — Brchſt. *unbeſt. eck. n. ſndrl. ſtmpfk.* — *drchſchnd.* bis *nur an den K.*, ſelten einige Kryſt. *halbdrchſtg.* — ritzt den Gips — Strich *gelbl.-W.* — *n. ſndrl. ſpr.* im geringen Grade — *l. zrſpr.* — 5,692 Hatchett, 5,869 Widenmann, 5,48 — 6,8 Mons.

Zerknistert vor dem Löthrohr, als Pulver giebt es eine dunkelgraue Schlacke, die leicht reducirt wird. Bleiox. 64,42, Molybdaens. 34,25 Kl. Blei 58,7, Sauerst. 4,76 (Bleiox. 63,46), Molybdaens. 28, kohlens. K. 4,5, Kiesel 4 Marquart. — Bleiox. 58,40, Molybdaens. 38, Eisenox. 2,06, Kiesel 0,28 Hatchett. Bleiox. 59, Molybdaens. 49 Goebel. Es bedarf wohl kaum einer Erwähnung, daſs Kalk, Eisen, Kiesel nur als beigemengte Bestandtheile, wahrscheinlich durch die nicht gänzliche Reinigung der analysirten Stücke, zum Vorschein gekommen, betrachtet werden müssen.

Diese im hohen Grade ausgezeichnete Gattung, die innerhalb enger Grenzen, wie das Rothbleierz, eine sehr bestimmte Eigenthümlichkeit ausspricht, ward zuerst von Woulfen (1781) (in Jacquin's Miscellan austriac. 2. S. 139) erwähnt und später beschrieben. Romé De L'Isle, der sie kannte, betrachtete sie als eine bloſse Varietät des Weiſsbleierzes. Heyer vermuthete erst eine Verbindung aus Wolframs. und Bleioxyd; Klaproth entdeckte die Molybdaensäure. So bestimmt diese Gattung auch geschieden ist, so wurden dennoch einige gelbe Buntbleierze mit dem Gelbbleierz verwechselt und noch findet man wohl in den Sammlungen die arlenikhaltigen nierförmigen Geſtalten des erſtern unter dieſem. Aber das Gelbbleierz kommt nicht nierförmig vor, die kryſtalliniſche Struktur iſt ſehr abweichend, und das Buntbleierz iſt ſchwerer, denn die Beſtimmung des ſpeciliſchen Gewichts durch Mons iſt kaum richtig. Bei Breithaupt kommt nach Werner als Kryſtalliſation dieſer Gattung eine wenig verſchbne 4ſ. S. vor, 4ſ. und ſchrf. zgſp., ſo daſs die Zſpgſl. auf den Stfl. aufſitzen. Breithaupt vermuthet, daſs ſie eine neue Gattung bilden müſſe. Entſchieden iſt es wenigſtens, daſs ſie der Kryſtalliſationsſuite des Gelbbleierzes fremd ſey.

Fundort. Das Gelbbleierz ward zuerſt zu Bleiberg in Kärnthen entdeckt und von daher erhalten wir noch immer die ausgezeichnetſten Kryſtalle. Es findet ſich dort in Druſenhölen und an den Wänden ſchmaler Gangtrümmer im Alpenkalk, mit Kalk-, Fluſs-, Schwerſpath, Bleiglanz, Galmey, Blende und Weiſsbleierz, auf ähnliche Weiſe zu Annaberg in Oeſtreich, in Baden, im Hornblendeſchiefer auf Epidotgängen im Departement der Iſerė. Spuren fand man zu ſächſiſch Zinnwalde und Schneeberg im Erzgebirge. Man nennt auſſerdem Ungarn, Penſylvanien, Maſſachuſetts (in den Bleigruben zu Northampton) und

Humboldt hat es zu Zimapan in Mexico, ebenfalls in Bleigängen gefunden.

Kirwan 2. p. 261. Hauy 3. p. 583. Tabl. comp. p. 83. neue Ausg. 3. p. 397. Reufs 4. 2. p. 236. Mohs 3. p. 535. tabell. Ueberf. p. 72. Karften p. 68. Brochant 2. p. 322. Brongniart 2. p. 205. Hausmann Handb. p. 1100. Bleigelb. a) blättr. b) mufchl. Breithaupt 4. 1. p. 36. Jamefon 3. p. 407. Leonhard p. 249.

53.

HORNBLEI Karften (Plomb carbonaté muriatifère H.). *Gräul.*-W., *gelbl.*-Gr.. *ftroh*- und *lichte Wein*-Glb. ins *fpargel*-Grn. und *Braune* — nur kryftallif.

1) Primitives. Kerngeft. eine rechtwinkl. 4l. S., Drchg. parallel mit den Endfl. (Bournon).

2) Achtfeitiges, var. 1. die Stk. abgeft.

3) Entecktes, var. 1. die Ecken abgeft.

4) Entrandetes, var. 1. die Endk. abgeft.

5) Sexoctonales, die Stk. und Endk. abgeft. Verbindung von 2. und 4.

6) Zugefchärftes, var. 1, die Endk. zgfchrft.

7) Octoduodecimales, var. 4, die Stk. zugefchärft.

8) Zweyfach duodecimales, var. 6, die Zfchrfgk. abgeft.

9) Octodecimales, var. 1. Die Stk. und Eck. abgeſt. Verbindung von 2 und 3.

10) Octaedriſirtes, var. 9, wenn die Abſtg. der Ecken die Endfl. verdrängt hat, dann eine 4ſ. S. die Stk. abgeſt. 4ſ. zgſp. die Zſpgfl. auf die Abſtgfl. der Stk. aufgeſ. Oft wachſen dieſe Abſtgfl. ſo, daſs die Stfl. verſchwinden, und eine 4ſ. S. 4ſ. zgſp., die Zſpgfl. auf die Stfl. aufgeſ., entſteht. — *Starkglänzend* — *Demantgl.* — Brch. *blättrig 2ſ. Drch.* parallel mit den Stfl. der Kerngeſt. Queerbrch. *muſchl.* — wird durch Weiſsbleierz geritzt — Strich *weiſs, matt* — 6,065 Chenevix.

Vor dem Löthrohr giebt es eine pomeranzengelbe Kugel, die bei dem Erkalten weiſs wird und eine geſtrickte Oberfläche zeigt. Läſst bei groſser Hitze die Salzſ. fahren und reducirt ſich dann leicht. — Bleiox. 85,5, Salzſ. 8,5, Kohlenſ. 6,0. Kl. Von Chenevix eine völlig übereinſtimmende Analyſe.

Dieſe Gattung iſt zuerſt von Karſten erwähnt und durch Bournon näher beſtimmt. Die Kryſtalle, die ich davon ſah, erlaubten mir keine genaue Beſtimmung und was Hausmann, Jameſon und Leonhard anführen, iſt aus Bournon genommen. Gegen Bournon tritt nun aber Hauy auf. Ein groſser, und der bedeutendſte Theil ſeiner Entwürfe ſind gegen die von Thomſon, in ſeinem Syſtem der Chemie erwähnten Annahme, daſs die Kerngeſt. ein Cubus ſeyn ſoll, gerichtet. Dieſer Annahme wird allerdings dadurch widerſprochen, daſs die Endfläche keine Durchgänge, ſondern einen muſchlichen Bruch zeigt. Dahingegen ſcheint mir die Annahme eines rechtwinklichen vierſeitigen Prisma's nicht widerlegt und Hauy's Verſuch, die Kryſtalliſation des Hornbleies aus der Kerngeſtalt des Weiſsbleierzes herzuleiten, doch nur hypothetiſch. Hauy ſucht ferner auch durch eine genauere Betrachtung der Reſultate der chemiſchen Analyſe darzuthun, daſs man das Hornblei, als eine Miſchung von kohlenſaurem Blei mit ſalzſaurem, ſo daſs die Form des erſtern geblieben wäre, betrachten könne. Theilen wir, ſagt er, den Gehalt von 85,5 Bleioxyd in zwey Theile, der eine von 55, der andere von 30,5, dann finden wir, daſs die Menge, von Salz- und Kohlenſäure, die nach den Analyſen des ſalz- und kohlenſauren Bleies, erforderlich ſind, um die genannten Quantitäten zu ſättigen, für die Salzſäure 8,5, für die Kohlenſäure 6, d. h. grade ſo viel betragen würde, wie ſie nach der Analyſe des Hornbleies beträgt. Da aber die Verbindung von 63,5 ſalzſaurem Bleies mit 36,5 kohlenſaurem ein Verhältniſs, welches in den beiden Analyſen von Klaproth und

Chenevix ſich auf eine ſo überraſchende Weiſe gleich zeigt, bei völlig waſſerhellen Kryſtallen, ohne irgend eine eigenthümliche Modification der Form, wenigſtens nicht wahrſcheinlich iſt, da die Kryſtalle in allen Modificationen die Form der 4ſ. Säule behalten, da die Gattung auch durch Farbe und geringere Schwere geſchieden iſt, ſo glauben wir, daſs ſie von dem Weiſsbleierz getrennt werden muſs, wie denn auch Hauy eine ſolche interimiſche Trennung zugiebt.

Fundort. Cromford Level in der Nähe von Matlock in Derbyſhire mit Blende. Von W. Mende in den vereinigten Staaten in der Nähe von Northampton (Bruce mineralogical Journal p. 132.) gefunden.

Karſten erſte Ausg. p. 78. zweite p. 68. Reuſs 2. 4. p. 261. tabell. Ueberſ. p. 75. Brochant 2. 336. Bournon Catalogue p. 358. Hausmann Handb. p. 1105. Jameſon 3. p. 392. Leonhard p. 235. Hauy neue Ausg. 3. p. 374.

54.

VITRIOLBLEIERZ Wr. (Plomb ſulfaté H.). *Gelbl.- gräulich*-W. in *Wein*-Glb. Zuweilen von Brauneiſenocker ſtellenweiſe *gelbl.*-Br., von Kupferlaſur *blau* gefärbt. — *Eingeſprengt*, in undeutlichen kryſtalliniſchen *Körnern*, *zerfreſſen*, in *unregelmäſsigen Platten* und kryſtalliſ.

1) Primitives (primitif. T. LXIX. f. 64. neue Ausg. T. 96. f. 89.) Kerngeſt. ein ſchiefes Octaeder mit rechtwinkl. Grundfl. Neigung zweyer Stfl. der obern und untern Pyr. gegeneinander 76° 13', zweier andern 101° 32'. Neig. der Stfl. derſelben Pyr. gegeneinander 119° 51'. — Drchg. parallel mit den Kernfl. und den vier Stk. der Pyr. undeutl.

a) Keilförmig. (cuneiforme. f. 72. neue Ausg. fig. 92.) die Kerngeſt. in die Länge gezogen, daſs an der Stelle der Spitze eine Schärfe entſteht.

2) Halbprismatiſirtes (ſemiprismé f. 93.) das verlängerte Octaed. als eine verſchbne 4ſ. S. zugeſchrft., ſo daſs die Zſchrfgfl. auf den ſchrf. Stk. aufſitzen, betrachtet — mit Abſtg. der ſtmpf. Stk. Neig. dieſer Abſtgfl. gegen die Stfl. 144° 44'.

3) Sexoctonales (ſexoctonal. neue Ausg. f. 94.) var. 2, die Ecke der Abſtgfl. und der Zſchrfg. der Endfl. abgeſt. Neig. dieſer Abſtgfl. gegen die der Stk. 130° 54'.

4) Trihexaedriſches (trihexaedré. f. 74. neue Ausg. f. 95.) var. 2, die Ecken der Abſtgfl. und der Zſchrfg. zgſchrft. Dieſe Zſchrfgfl. oft ſo ſtark, daſs ſie als eine 4ſ. Zſpg. (die Zſpgfl. auf die K. der Abſtgfl. und der Stfl. der S. aufgeſ.) bilden,

wo dann die urſprüngl. Zſchrfgſl. var. 2 als Abſtg. der abwechſelnden K. der Zſpg. erſcheinen.

5) Divergentes (bisondecimal. f. 75. neue Ausg. divergent. f. 96.) var. 4, die K. der Zſchrfg. der Ecken abgeſt. Die Abſtgſl. iſt var. 3. und der Kryſt. eine Verbindung aus var. 3. und 4.

6) Deciſexdecimales (deciſexdecimal. neue Ausg. f. 97.) Eine verſchbne 4ſ. S. 4ſ. zgſp., die Zſpgſl. auf die Stſl. aufgeſ., die ſchrf. Stk. der S., die abwechſelnd. K. der 4ſ. Zſpg. und die K. zwiſchen Zſpgſl. und den Stſl. abgeſt. Die Zſpgſl. ſind die Zſchrfgſl. der Ecken var. 4. und 5., die Abſtgſl. der Zſpgk. und die Stſl. der S. gehören der Kerngeſt.

7) Trioctaedriſches (trioctaedre. T. LXX. f. 76. neue Ausg. T. 97. f. 98.) var. 5, die Endſpitze abgeſt.

8) Unſymmetriſches (diſſimilaire. f. 77. neue Ausg. f. 99.) var. 7, auſser an den Endſl. noch an 2 gegenüberſtehenden Kanten abgeſt., welche die Endſl. mit den den ſtumpfen Stk. der S. correſpondirenden Abſtgſl. der Zſpg. bildet.

Kryſtalle *klein, ſehr klein*, ſelten *mittl. Gröſse* — meiſt in *Druſen*, auch *einzeln aufgewachſen* — äuſserl. *ſtarkglänzend* und *gl.* — innw. *gl., Demantgl.* — Brch. die *Drchg. des blättr. undeutl.,* meiſt *kleinmuſchl.* — Brchſt.

unbest. eck. n. sndr. stmpsk. — ritzt Gips, wird durch Flussspath gerizt (Härte des Kalkspaths) — *wenig spr.* — *l. zrspr.* — 6,30 Kl. — 6,7 — phosphorescirt mit schwachem abwechselnden Scheine, wenn es erwärmt wird.

Zerknistert vor dem Löthrohr, gepulvert schmilzt es zu einer glänzenden Schlacke, die durch anhaltendes Glühen reducirt wird. Bleiox. 71, Schwefelf. 24,8, Wasser 2, Eisenox. 1, von Anglesea, Bleiox. 70,5, Schwefelf. 25,75, Wasser 2,25, von Wanlokhead, beide Analysen von Kl. Bleiox. 72,91, Schwefelf. 26,01, Wasser 0,12, Eisenoxydul 0,11, Manganoxydul 0,16, Kiesel und Thon 0,46, von Zellerfeld, Stromeyer.

Auf die bekannten schönen Krystalle von Anglesea machten zuerst Withering und Kirwan aufmerksam. Die Gattung ist dem Weissbleierz am nächsten verwandt, aber wenn man auf die ganz abweichende krystallinische Struktur aufmerksam ist, leicht zu unterscheiden. Auch die specifische Schwere scheint geringer zu seyn. De Lametherie (theorie de la terre 1. p. 211.) hat Verdienste um die genauere Bestimmung der Krystalle dieser Gattung.

Fundort. Am häufigsten und in schönen Krystallen auf der Insel Anglesea zu Parich Mine, in den dortigen Kupferwerken auf einem festen

Braunſteinocker, in Schottland zu Wanlockhead und Leadshill mit Bleiglanz und Blende. — In den Thälern Frankreichs u. ſ. w. ward dieſes Foſſil wohl gefunden, aber man verwechſelte es bald mit Weiſsbleierz, bald glaubte man, nach Jordans fehlerhafter Analyſe, (der in dem Zellerfelder Bleiox. 59, Sauerſt. 38, Eiſenox., Thon und Waſſer zu finden vermeinte) eine eigene Gattung, unter dem Nahmen Bleiglas bilden zu müſſen. Erſt Stromeyer's Analyſe und die genauere Kenntniſs der kryſtalliniſchen Struktur, lehrten uns dieſe Gattung in den verkannten Foſſilien ontdecken. So zu Zellerfeld am Harz, zu Wolfach in Baden (Selb) u. ſ. w. Es iſt, wie Weiſs- und Buntbleierz ein ſehr neues Erzeugniſs, gebildet durch die Zerſtörung anderer, meiſt wohl geſchwefelter metalliſcher Foſſilien.

Reuſs 2. 4. p. 259. Bleiglas u. p. 264. Bleivitriol. Hauy 3. p. 589. Tabl. comp. p. 83. neue Ausg. 3. p. 402. Mohs 3. p. 547. tabell. Ueberſ. p. 73. Karſten p. 68. Brochant 2. p. 325. Brongniart 2. p. 200. Hausmann Handb. p. 1113. Bleivitriol. Breithaupt 4. 1. p. 41. Jameſon 3. p. 403. Leonhard p. 332.

55.

BLEIGUMMI (Plomb hydro-alumineux H.). *Gelbl.*- und *röthl.*-Br., die Farben *in Streifen wechselnd.* — *Nierförmig, traubig, in Tropfen* (dem Ansehen nach dem arabischen Gummi ähnlich). — Oberfl. *glatt* — *glänzend* (Glasgl.?) Brch. *muschl.* (Hauy) zum Theil *fasrig* (Gillet-Laumont) — *Drchstg.* — ritzt den Kalkspath, wird durch Flussspath geritzt. — Isolirt gerieben erhält es sehr merklich — E.

Vor dem Löthrohr zerknisternd, langsam erhitzt wird es weiss und undurchsichtig, ist aber unschmelzbar. Bleiox. 40,14, Thon 37, Wasser 18,80, Schwefels. 0,20, Kalk, Mangan- und Eisenox. 1,80, Kiesel 0,60. Berzelius.

Romé de L'Isle erwähnte (Cristallographie 3. p. 399.) zuerst ein Fossil, welches er aus Huelgoet in Basse-Bretagne erhielt, gerundet in Tropfen, von hornartigem Ansehen. Da er den Bleigehalt kannte, rechnete er es zu seinem Rothbleierz. Später ward Gillet-Laumont auf diese Substanz aufmerksam (Journ. d. phys. 1786. 16. p. 383.) Es ward als ein Zinnoxyd betrachtet. Tennant, der sich (1815) in Paris aufhielt, schloss aus Versuchen vor dem Löthrohr, dass es eine Verbindung des Thonhydrats mit Blei sey, eine Annahme, die durch die Annahme des Berzelius bestätigt ward (mineral. Taschenb. 9. S. 310. und Schweiggers Journ. 27. S. 65.) Gillet-Laumont verglich das Fossil mit dem

Wawellit, es scheint vorzüglich dem Hyalit oryktognostisch verwandt.

Fundort. Hulgoet bei Poullouen in Bretagne, wie schon Rome de L'Isle bemerkte, mit Bleiglanz, Blende, Schwefelkies auf Weissbleierz. Ohne allen Zweifel ein sehr neues Erzeugniss.

Leonhard p. 251. Hauy neue Ausg. 3. p. 410.

56.

MENNIG Smithson (Plombe oxydé rouge H.). *Morgen*-R., stellenweise ins *Bräunl.* auch ins *Graue* — *derb*, mit *Eindrücken* (von Quarzkrystallen), *angeflogen*, *eingespr.* — mit Spuren von *krystallinischer Structur*, selbst *krystallis.* (Ullmann, die Form nicht zu bestimmen, ob Afterkrystalle?) — *matt*, seltener innw. *glänzend* zwischen *Fett*- und *Perlmutterglanz.* — Brch. *erdig*, zuweilen dem *ebenen* und *flachmuschl.* nahe (auch nicht selten mit Spuren von der krystallinischen Bildung des Bleiglanzes — *weich*, oft *zerreiblich* — Strich *matt*, *pomeranzengelb* — *hängt sich etwas an die Zunge* — *mager anzufühlen.* —

Vor dem Löthrohr erhält es eine dunklere Farbe, die beim Abkühlen zur natürlichen wieder zurückkehrt. Bei einem stärkern Feuer schmilzt es zur Bleiglätte. Auf der Kohle wird es reducirt. Reines Bleioxyd mit Sauerstoff in Maximo.

Die ältern Mineralogen, Cronstedt, Wallerius und Rome de L'Isle nennen zwar ein natürliches rothes Bleioxyd, aber dieses war nur ein Gemenge von Bleierde mit Eisenoxyd, welches nicht selten eine bräunlichrothe Farbe annimmt. In neuern Zeiten aber hat zuerst Smithson auf den natürlichen Mennig aufmerksam gemacht. (Phil. Trans. 1806. 2. p. 267. Nicholson Journ. XVI. 64. 1807. S. 227. Gehlen Journ. 4. S. 227.) Da er aber das Vorkommen des freilich unzweifelbaren Mennigs, welchen er untersuchte, nicht angab, bezweifelte man nicht mit Unrecht, noch immer das natürliche Vorkommen. Zwar hatten früher Bindheim (Crells chem. Annal. 1790. 1. S. 508.) und Herman (a. a. O. 1. S. 62.) das Vorkommen des Mennigs am Schlangenberg im altaischen Gebirge angeführt. Aber der erste sagt ausdrücklich, dafs vor Zeiten ein Brand in der Grube, in welcher man den Mennig fand, entstanden wäre und seine Bildung veranlafst hätte und der letztere deutet auf etwas Aehnliches. Indessen läfst es sich nicht leugnen, dafs das Fossil, welches Smitson untersuchte, Manches zeigt, was auf eine ungewöhnliche Entstehung und Bildung hinweist. Er nennt eine

Stufe, in Grevilles Sammlung, die, nach aussen in Mennig verwandelt, nach innen noch Bleiglanz war. Später entdeckte man es an mehrern Orten in England und Deutschland und zwar unter Umständen, die keinesweges erlauben die Bildung durch einen Brand zu erklären. Haenle (Magazin der naturforsch. Freunde in Berlin. 5. S. 235.) behauptet, die Umwandlung in Mennig durch die Oxydation fange an den Kanten der Bleiglanzkrystalle an, breite sich von da über die ganze Oberfläche aus und dringe nun immer tiefer in die Masse hinein. Da er nun auch Exemplare mit frischem Bruche ohne eine Spur von einer durch Feuer erlittenen Veränderung, ja mit hier und da eingesprengten, völlig unveränderten Bleiglanztheilen sahe, da Versuche ihm bewiesen, dass Bleiglanz keinesweges selbst durch heftiges Feuer in Mennig verwandelt werde, so meinte er, dass die Elektricität eine Hauptbedingung zur Bildung des Mennigs aus dem Bleiglanz sey. Obgleich es nun wahrscheinlich ist, dass er Recht habe, so wird freilich dadurch nur wenig erklärt, denn wo findet ein mächtiger chemischer Prozess statt, in welchem die Elektricität nicht eine Hauptrolle spiele? Ein galvanischer Prozess, der das Blei allein oxydirte und den Schwefel ausschied, ist in der That unerklärbarer, als ein chemischer, der das Blei des Schwefelbleies oxydirte. Aber ist denn die chemische Operation der Natur, durch welche die mannigfaltigen, im Vorhergehenden beschriebenen Bleierze gebildet werden, uns im Geringsten begreiflicher, als die Bildung des Mennigs? Das Blei kommt in mächtigen Massen in den Gebirgen vor, und zwar ursprünglich immer auf die nehmliche höchst einfache Weise, als geschwefeltes Blei. Denn dass dieses die primitive Form sey, ist entschieden, und Smitsons Vermuthung, dass der Bleiglanz eine secundaire Bildung sey, entstanden aus der Wirkung eines hepatischen Gases auf das kohlensaure Blei, widerspricht gradezu aller Erfahrung, und diese einfache Grundlage eröffnet sich nun auf eine so mannigfaltige Weise. — Die verschiedensten Erze bilden sich in mit und unter einander und die nehmlichen Verbindungen wiederholen sich in den verschiedensten entlegensten Gegenden. Wen wir auch zu begreifen glauben, wie durch die fortdauernde Thätigkeit der Natur, Kohlen-, Arsenik- und Schwefelsäure sich zu bilden und das entstandene Oxyd zu neutralisiren vermag — wo rührt die Phosphor-, die Chrom-, die Molybdän-, die Salzsäure her, da wir in der ganzen Umgebung, in den Substanzen der Lager und Gänge, in den Gebirgsmassen selbst keine Spur von Basen finden, die diese Säuren zu liefern

liefern im Stande wären? In der That müssen wir gestehen, dass eine jede Gangformation, wie sie sich mit ihren mannigfaltigen Bildungen in den entferntesten Gegenden auf die nehmliche Weise wiederholt, dem Forscher, eben je mehr unsere Kenntnisse sich erweitern, desto räthselhafter erscheinen muss. Es dringt sich uns diese Betrachtung doch hier am Schlusse der Bleioxydfamilie, vorzüglich auf, wenn wir die seltsame und überraschende Beweglichkeit dieser Substanz erwägen, die auch dem Hauy nicht entgangen ist.

Fundort. Schlangenberg in dünnen Lagen. Zu Badenweiler im Bleiglanz mit Quarz, im Galmei zu Brilon in Westphalen. In Gängen mit Vitriolbleierz u. m. a. Bleierzen zu Anglesea.

Ullmann miner. tabell. Uebers. p. 342. Leonhard p. 231. Hauy neue Ausg. 3. p. 352.

57.

ZINKSPATH Leonhard (Zinc carbonaté H.). *Schnee- gräul.*-W. ins *gelbl.*- und *lichte rauch*-Gr., zuweilen ins *Blauliche*, auch ins *Grüne*. Ferner *röthl.*-W. ins *rosen*-R. Nicht selten mit einem *gelbl.-Br.* oder *schwarzen* Ueberzuge (von Eisen- und Manganhydrat) — *derb, nierförmig, tropfsteinartig*, in *Afterkrystallen* des Flusspaths und der metastatischen Varietät des Kalkſpaths und kryſtalliſ. (Kerngeſt. ein etwas ſtumpfes Rhomboed., welches man leicht erhält, durch die mechaniſche Theilung der erſten Varietät, ſo klein aber, daſs die Winkel ſich nur durch Annäherung beſtimmen laſſen).

1) Spitzig rhomboidales (rhomboidal aigu). Ein ſehr ſpitzes Rhomboeder, die häufigſte Kryſtalliſation. Vorzüglich ſchön bey Altenberg.

2) Prismatiſches (prismé) eine 6ſ. S., entſtanden durch Abſtmpfg. der im Zickzack gehenden Kanten der gemeinſchftl. Grundfl. der Kerngeſt. wie beym Kalkſpath.

Die Kryſtalle *klein* und *ſehr klein*, ſelten *einzeln aufgewachſen*, meiſt *druſig* zuſammengewachſen. Oberfl. der Kryſt. *glatt* — äuſserl. *ſtarkglänzend* und *gl.* — innw. *gl.*, *Glasgl. dem Perlmuttergl. nahe.* — Brch. der Kryſtalle *blättr.*, die 3 Drchg. parallel mit den Kernfl., der Kleinheit wegen ſchwer zu erkennen — Queerbrch. *uneben*, einerſeits ins *ſplittr.*, andrerſeits ins *erdige*, auch *büſchelförmig auseinander laufend faſrig.* — Brchſt. *rhomboidal*, des derben *unbeſt. eck.* nicht *ſndrl. ſtmpfk.* — Neig. zur *körnigen Abſndrg.* — *drchſchnd.* bis *undrchſtg.* — Ritzt den Fluſsſpath — *n. ſndrl. ſpr.* — *n. ſndrl. ſchwer zrſprgb.* — 4,5 — 3,5 Smithson, 3,091 Breithaupt, der von Villach (?). Nicht elektrisch durch Erwärmung.

Vor dem Löthrohr wird er zerreiblich, gelb, verdampft, und überzieht die Kohle mit einem gelben, phosporescirenden Oxyd. Papier hineingetaucht in eine Auflösung des Zinkspaths in Salpetersäure, hat die Eigenschaft des kohlensauren Zinks, in einiger Entfernung von der glühenden Kohle sich mit Flamme zu entzünden. Zinkox. 71,4, Kohlens. 13,5, Wasser 15,1 der aus Bleiberg (der schneeweisse, nierförmige, erdige Zinkspath, Karstens Zinkblüthe, Iamesons earthly Calamine). Zinkox. 65,2, Kohlens. 34,8, der aus Derbyshire. Zinkox. 64,8, Kohlens. 35,2, der aus Sommersetshire. Sämmtliche Analysen von Smithson. Zinkox. 62,5, Kohlens. 36, der vom Altai. John.

Auf die chemische Verschiedenheit dieser Gattung machte zuerst Smithson (Phil. Trans. 5. 1802. S. 12) aufmerksam, auf die nothwendige oryktognostische Trennung des Galmey in zwey Gattungen zuerst Karsten, Hauy aber war der erste, der diese Trennung, indem er zwey ganz verschiedene Krystallsysteme nachwies, begründete. Ueber das, noch keineswegs völlig ausgemittelte Verhältniss dieser und der nachfolgenden Gattung zu einander, unten ausführlicher. Die

Winkel der Kerngeſtalt werden durch Bournon zu 96° 30′ und 83° 30′ beſtimmt und dieſe Beſtimmung, ſoweit ſie durch die Kleinheit der Kryſtalle möglich iſt, ſcheint allerdings der Wahrheit nahe zu ſeyn (Catalogue, S. 274). Die Beſtimmung von Breithaupt (73° und 107°) giebt die Verſchobenheit offenbar zu ſtark an. In den Citaten habe ich nur die neueſten Schriftſteller, die die Verſchiedenheit der Gattungen anerkannt, oder wenigſtens die Annahme derſelben gekannt haben, angeführt, die ältern Citate der folgenden Gattung enthalten alſo beide Gattungen, wie ſie vor der Trennung beſchrieben wurden.

Fundort. Faſt immer mit der folgenden Gattung und unter den nehmlichen geognoſtiſchen Verhältniſſen. Zu Altenberg, zwiſchen Achen und Lüttich, alle Kryſtallformen vorzüglich ſchön, ſo auch in Sommerſet- und Derbyſhire. Zu Raibel (Villacher-Alp in Kärnthen) die Zinkblüthe. Die Afterkryſtalle des metaſtatiſchen Kalkſpaths bei Lindenberg im Siegenſchen. Mehrere der ſonſt angegebenen Fundörter, aus unten anzuführenden Gründen, unſicher.

Karſten p. 70, u. No. 122—25. ſpäthiger Galmey und Zinkblüthe. Hauy Tabl. comp. p. 103. und neue Ausg. 3. p. 181. Hausmann Handb. p. 345. edler Galmey und 348. Zinkblüthe. Breithaupt 4. 1. p. 96. rhomboedrifches kohlenftoff-faures Zinkerz. Jamefon 3. p. 420. fparry Calamine. p. 424. earthly Calamine. Leonhard p. 319.

58.

GALMEY Wr. zum Th. (Zinc oxydé filicifère H.). *Grünl.- graul.- gelbl.*-W., aus dem grünl.-W. in ein Mittel zwifchen *öl-* und *zeifig-* bis ins *apfel-* und *zeifig*-Grn., aus gräul.-W. ins *afch- rauch-* und *gelbl.*-Gr., aus diefem und dem gelbl.-W. ins *ifabell- ftroh- ocker*-Glb., *gelbl.*- und *nelken*-Brn. Aeufserl. oft *braun* und *fchwarz* befchlagen, die Farben zuweilen *ftreifig wechfelnd* — *derb, eingefpr., angefl.* — *kleinnierförmig, tropffteinartig, traubig, zellig, zerfreffen* und kryftallif.

1) Primitiver. Kerngeft. ein Octaed. mit rechtwink. gemeinfchaftl. Grundfl. ftets verlängert, dafs es als eine verfchbne. 4f. S. erfcheint, zgfchrft, fo dafs die Zfchrfgfl. auf die fchrf. Stk. aufgef. find. Winkel der verfchbnen S. 99° 56, und 80, 4', der Zfchrfgfl. gegen einander 120°. (T. LXXI. f. 189. neue Ausg. T. 113. f. 269.)

2) Unitairer (unitaire. f. 190. neue Ausg. f. 270.) var. 1. die ftmpf. Stk. abgeft. und zwar fo ftark, dafs eine flachgedrückte 6f. S. daraus

entsteht. Neig. dieser Abstgfl. gegen die Stfl. var. 1. 130°.

3) Enteckter. var. 2. die Ecken der Zschrfgfl. var. 1. und der zur breiten Stfl. angewachsenen Abstgfl. var. 2. abgest. Gewöhnlich sind diese Abstgfl. so gross, dass sie die Zschrfgfl. fast verdrängen, so dass, indem die neue Stfl. var. 2. als Stfl. einer 4s. Tafel erscheint, die Stfl. var. 1. mit diesen neuen Abstgfl. eine Zschrfg. der Endfl. darstellen. Die Zschrfgfl. bleiben dann nur, als Abstgfl. der Ecken dieser Zschrfg. übrig.

4) Trapezischer (trapezien f. 191. neue Ausg. f. 271.) var. 3., wenn die Zschrfgfl. var. 1. ganz verschwunden sind. Erscheint, als ein 4s. T. mit zgschrft. Endfl.

Kryst. *klein, sehr klein,* zuweilen als *zarte Drusenhäutchen aufgewachsen, nadelförmig verlängert, fächerförmig, kuglich, gross-traubig zusammengehäuft* — die Stfl. var. 1. *in die Länge gestreift,* die Zschrfgfl. *glatt* (wie beim Arsenikkies), — Die Krystalle *starkglänzend* und *gl.,* die übrigen Gestalten *weniggl.* bis *matt* — Zwischen *Demant- und Perlmuttergl.* — Brch. *unvollk. blättr. 4f. Drchg.* ins *büschelförmig auseinanderlauf. strahl. und fasrig (wenigglänzend)* auch *uneben von kleinem und feinem Korne* ins *erdige (matt)* — Brchst. *unbest. eck.*

ſimpſk. — *klein- und ſeinkörnig abgeſ.*, ſelten *dünn- und krummſchaal.* — kryſtalliſ. *halbdrchſtg.* bis *drchſchnd.*, dichte Abänderungen *durchſchnd.* bis *undrchſtg.* — Strich *gelbl.-gr.* — *mehr oder weniger halbhart* (bald den Fluſsſpath, bald nur den Kalkſpath ritzend) — *ſpr.* — 3,436, 3,590 Smithſon, 3,656 der Villacher, 3,782—4,135 der polniſche. Breithaupt.

Phosphorescirt im Dunkeln (elektriſch?) durch bloſses Reiben mit einer Feder oder mit Holz, nach Breithaupt. Iſt fortdauernd, wie es ſcheint, elektriſch und wirkt daher, ſelbſt bei — 6° Reaum. auf die Magnetnadel. Erhält, wie der Turmalin, durch langſames Erwärmen polariſche Elektricität.

Vor dem Löthrohr unſchmelzbar, decrepitirt aber und leuchtet mit einem grünen Licht. Zinkox. 66, Kieſel 33, der von Schottland. Kl. Zinkox. 38, Kieſel 50, Waſſer 12, der von Breisgau. Pelletier. Nach den übereinſtimmenden nachfolgenden Analyſen muſs man vermuthen, daſs Pelletier etwa nur 58 Th. reinen Galmey (Zinkox. 37, Kieſel 15, Waſſer 6) mit 42 Th. Quarzhydrat vermengt, analyſirt hat. — Zinkox. 68,3, Kieſel 25, Waſſer 4,4, der von Retzobanya. Smithſon. Zinkox. 66, Kieſel 25, Waſſer 9 der von Limburg. Zinkox. 64,5, Kieſel

25,5, Waſſer 10, der aus Breisgau. Beide Analyſen von Berthier. Zinkox. 75, Kieſel 25 — aus England John. Zinkox. 66,37, Kieſel 26,23, Waſſer 7,40, der von Limburg Berzelius.

Die Kryſtalle dieſer Gattung ſind von denen der vorigen ſehr wohl zu unterſcheiden und Hausmanns Verſuch, die Kryſtallformen beider Gattungen aus derſelben Grundform abzuleiten, muſs man als einen miſslungenen betrachten. Nicht allein durch die völlig abweichende kryſtalliniſche Struktur, auch durch Stärke und Art des Glanzes unterſcheiden ſie ſich, ſo wie durch die höchſt merkwürdigen elektriſchen Eigenſchaften der Galmeykryſtalle, da die des Zinkſpaths keine Elektricität durch Erwärmung zeigen. Da nun auch die chemiſche Analyſe eine höchſt bedeutende Differenz zeigt, ſo kann man an der Richtigkeit der Trennung nicht zweifeln. Demohnerachtet iſt es höchſt ſchwierig, ja bis wir leichte Mittel, eine entſcheidende Differenz zu entdecken, erhalten, möchten wir behaupten, unmöglich, die Afterkryſtalle, die beſondern und derben Geſtalten beider Gattungen auf eine ſichere Weiſe von einander zu unterſcheiden. In der That ſcheint es uns keinesweges ausgemacht, daſs die Afterkryſtalle der metaſtatiſchen Kryſtalliſation des Kalkſpaths zum Zinkſpath zu rechnen ſind. Die

Schwierigkeit rührt wahrſcheinlich daher, daſs dieſe Gattungen, die immer mit einander und unter den nehmlichen geognoſtiſchen Verhältniſſen vorkommen, ſich nur in kryſtalliniſcher Form völlig rein ſondern, ſonſt wohl faſt immer, wenigſtens am häufigſten miteinander gemiſcht vorkommen. Ebendeſswegen kann auch das Brauſen mit den Säuren, nicht als ein ſicheres Kennzeichen betrachtet werden. Sollten alle diejenigen gemeinhin ſogenannten Galmeyarten, die mit Säuren brauſen, zum Zinkſpath gezählt werden, dann müſste ein groſser, ja wohl der gröſste Theil von der oryktognoſtiſch beſtimmten Gattung des Galmey getrennt werden. Die tafelartigen Kryſtalle von Breisgau wurden, bis Pelletier ſie analyſirte, für Zeolithe gehalten, eine Täuſchung, die um ſo natürlicher war, da beide mit Salpeterſäure eine Gallert bilden und durch Wärme elektriſch werden. Doch würde ſchon die Schwere ein hinlängliches Unterſcheidungszeichen abgeben. Die Gattung erſcheint auf eine ſo mannichfaltige Weiſe, die matten, erdigen, zefreſſenen, zelligen und zugleich undurchſichtigen ſind durch Farbe, Farbenzeichnung, und alle übrigen angeführten Kennzeichen von den glänzenden oder halbglänzenden, blättrigen (wenn auch undeutlich), faſrigen, durchſcheinenden und kryſtalliſirten ſo verſchieden, daſs ſie eine Abtheilung in Arten, wie ſie mehrere Mineralogen (Karſten, Reuſs, Mohs, Hausmann) verſucht haben, allerdings verdienen würde, wenn man mit Sicherheit beſtimmen könnte, welche von dieſen Arten dieſer oder der vorhergehenden Gattung zugehörten. Die Schwierigkeit dieſer Sonderung verhindert eine völlig ſichere Arteintheilung.

Fundort. Zwar findet man den Galmey und mit dieſem den Zinkſpath zuweilen in ältern Gebirgen (Uebergangsgebirgen) ſo die elektriſchen Kryſtalle in den Bleigängen zu Wanlokhead und Leiceſter in Flintſhire — am häufigſten aber in einer ſehr ausgezeichneten Formation in Flötzgebirgen; — ausgezeichnet nennen wir dieſe Bildung, weil ſie auf eine merkwürdige Weiſe faſt ganz unter den nehmlichen Verhältniſſen ſich auf den entfernteſten Punkten zeigt. So die von Mohs ſo trefflich unterſuchte Galmeyformation im Villacher-Alp in Kärnthen (wo, beſonders zu Raibel, die ſchönſten Kryſtalle in Gängen vorkommen) verglichen mit der mächtigen Galmey-Niederlage in Oberſchleſien (bei Tarnowitz in dem Trockenberge zu Scharlei und Danielez) und von da tief in Polen hinein (wo die Bergwerke zu Olkuſch und Miedzana Gora vorkommen und das ſogenannte Meſſingerz — eine Miſchung von Galmey und Kupfererzen — liefern) und diefe wieder verglichen mit der Galmey-Niederlage zwifchen Achen und Lüttich. An diefen Orten kommt der Galmey in einem dichten Kalkfteinflötz vor, meift im Hangenden und Liegenden von einem gelblichen und bläulichen Letten umgeben, und zwar höchft unregelmäfsig, bald Flötze bildend, bald Mulden ausfüllend, bald Bukkel darftellend, begleitet von Bleiglanz, Blende, Weifsbleierz, Bleierde, Kupfer- und Eifenerzen. Aufferdem bei Iferlohn in der Graffchaft Mark, zu Brilon in Weftphalen, zu Namur in den Ardennen, zu Sommerfetfhire und Derbyfhire in England, zu Freiburg im Breisgau, mit Kupfer in Oberungarn (bei Retzobanya) und in Sibirien (zu Nertfchinfk und Kolywan).

Cronftedt §. 226. p. 237. Zink in der Form eines Kalks. (Gatt. 57. u. 58.) Wallerius 2. p. 215. §. 128. gen. 52. fpec. 314. Zincum fulphure mineralifatum, minera albescente vel grifea, facie vero et textura vitrea. Minera zinci vitrea: fpec. 315. zincum terreftre vel lapideum, colore flavefcente vel fusco. Lapis calaminaris. ebenf. Syft. Nat. XII. 3. zincum (Calaminaris) fubterreum lapidefcens. ebenf. Kirvan 2. p. 286. ebenf. Hauy 3. p. 274. ebenf. Tabl. comp. p. 102. (beide Gattungen getrennt) neue Ausg. 3. p. 175. ebenf. Reufs 2. 4. p. 249. (Gatt. 57 — 58.) Mohs 3. p. 577. ebenf. tabell. Ueberf. p. 70. (die Gatt. getrennt.) Karften p. 70. ebenf.

Zinkglaserz. Brochant 2. p. 361. (Gatt. 57 — 58.) Brongiart 2. 136. (getrennt). Hausmann Handb. p. 845. Zinkglas p. 342. blättriger Galmey. Breithaupt 4. 1. p. 90. Jameson 3. p. 419. Electric Calamine und p. 421. Calamine z. T. Leonhard p. 317.

59.

ZINKOCHER Leonhard (red Zinc or red Oxyde of Zinc Jameson). *Blut- Morgen-* R. — *derb, eingespr.* — innw. *glänzend*, wenn es lange der Luft ausgesetzt ist, wird es *matt* und *bedeckt mit einer weissen perlmutterartigen Rinde.* Brch. *blättr. 2f. Drchg.* parallel mit den Stfl. einer verschbnen S. Winkel ohngefehr 125°. Queerbrch. *muschl.* — *undrchstg.* bis an *den K. drchschnd.* — ritzt den Kalkspath — *spr.* — Strich *oraniengelb* — 6,22 Bruce.

Vor dem Löthrohr unschmelzbar. Zinkox. 90, Mangan- und Braunsteinox. 8, Bruce. Zinkox. 80, rothes Manganox. 12. Berthier.

Dieses Fossil ward von Bruce entdeckt (american. mineralogical Journal. 1. S. 96.) und verdient besonders nach den bestimmtern Untersuchungen von Mohs über die crystallinische Sruktur, ganz entschieden als eine eigene Gattung betrachtet zu werden. Es ist ohne allen Zweifel ein reines Zinkoxyd und der Gehalt an Mangan und Eisen nur zufällig.

Fundort. Bruce entdeckte es in Neujersey in mehrern Eisengruben, wo es in einem Grauwackengebirge mit Kalkspath, Quarz, Granaten vorkommt und krystallisirten und körnigen Magneteisenstein einschliesst. Es findet sich dort in grosser Menge.

Mohs Charactere erste Ausg. p. 66. zweite p. 184. Jameson 3. p. 416. Leonhard p. 312. Hauy neue Ausg. 4. p. 180.

FRANKLINIT (Zinc oxydé ferrifère lamellaire brun rougeatre H.) nennt Berthier ein *eisenschwarzes*, *derbes* und *eingesprengtes*, auch *undeutlich krystallinisches*, nach einer Richtung *versteckt blättriges*, im Queerbrch. *unebenes und muschl.* Fossil, mit einem *dunkel bräunlich-rothen* Strich, welches die Magnetnadel stark in Bewegung setzt. Vauquelin hat die chemische Beschaffenheit dieses, noch nicht hinlänglich oryktognostisch untersuchten Fossils zuerst bestimmt, und es enthält nach Berthier Zinkox. 17, rothes Manganox. 16, Eisenox. 66. Es soll dem Magneteisen ähnlich seyn und scheint freilich diesem näher, als den Zinkerzen verwandt zu seyn. Spec. Gew. 4,872. Es kommt im Franklin-Staat in Nordamerica mit Zinkoxyd und

Kalkſpath vor. Berthier (Annal. des Mines. 4. S. 469).

Leonhard p. 315. Hauy neue Ausg. 4. p. 179.

60.

ROTHBRAUNSTEIN Wr. (Manganeſe carbonaté H.).

1) SPÄTHIGER ROTHBRAUNSTEIN. *Roſen*-R. in *dunkel röthl.*-W. — *derb* und kryſtall. (Kerngeſt. Rhomboeder, Winkel 106° 51′ und 73° 19′ (Mohs) nur in ſattelförmig gebogenen Linſen. — Kryſt. *klein* und *ſehr klein* — in *kuglichen* und *traubigen Zuſammenhäufungen* — äuſserl, *glänzend*, innw. *weniggl.* bis *gl.*, *Perlmuttergl.* — Brch. *blättr.* 3*f.* *Drchg.* parallel mit den Fl. der Kerngeſt., zuweilen *gebogen blättr.* (wie der Braunſpath) — Brchſt. im Groſsen *unbeſt. eck.*, im Kleinen *rhomboedr.* — der derbe zuweilen *klein- und feinkörnig abgeſ.* — *drchſchnd.*, bis *an d. K. drchſchnd.* — ritzt den Fluſsſpath, zuweilen nur den Kalkſpath, wird durch Apatit geritzt — *ſpr.* — *nicht ſndr. ſchwer zrſpr.* — 3,35—3,43 Breithaupt, 3,3—3,6 H.

Zerkniſtert und bildet eine metalliſche Schlacke vor dem Löthrohr. Manganoxyd 54,60, Kohlenſ. 33,75, Eiſenox. 1,87, Kieſel 4,37, Kalk 2,50. Du Menil, der vom Büchenberg.

2) DICHTER ROTHBRAUNSTEIN (concretionné-mammeloné, maſſif und brunatre H.). *Roſen-R.* ins *röthlich-W.*, auſsen oft *holz-* und *gelbl.-Br. angelaufen — derb, eingeſpr., undeutlich nierförmig — matt, ſchimmernd —* Brch. *eben* ins *ſplittr.* — Brchſt. *unbeſt. eck. zieml. ſchrfk.* übrigens wie die erſte Art.

Bildet vor dem Löthrohre eine metalliſche Schlacke ohne Verkniſtern. Manganox. 48, Kohlenſ. 49,2, Eiſenoxydul 2,1, Kieſel 0,9 der von Kapnik. Lampadius. Manganox. 53, Verluſt (Kohlenſ. und Waſſer) 35,6, Eiſenox. 8, Kalk 2,4, Kieſel und arſenikhaltiges Eiſen 4,0 der braune aus Böhmen. Descotils.

Werner hat in ſpätern Zeiten dieſe und die nachfolgende Gattung von einander geſondert, und wir werden von dieſer Sonderung unten ausführlicher reden. Freilich ſind beide Gattungen einander ſehr nahe verwandt, aber dennoch nicht bloſs durch die Farbe, die in der folgenden immer dunkler iſt, ſondern auch durch deutliche Kryſtalliſation, die bei dieſer nicht vorkommt, ſo wie durch geringere Härte geſondert. Sie iſt als ein kohlenſ. Manganoxyd zu betrachten und die Beimiſchung von Eiſenoxyd, Kieſel und Kalk wohl nur zufällig. Dabei iſt die Verwandtſchaft dieſer Gattung mit Braunſpath und durch dieſen mit dem Kalkſpath ſehr merkwürdig. Sie zeigt eine Kerngeſtalt, der des Kalkſpaths ähnlich und dennoch, durch eine leiſe Veränderung der Winkel von dieſer abweichend. Eben weil der Rothbraunſtein eine ſolche Vermittelung zwiſchen dem Kalkſpath und dem Kieſelmangan darbietet, iſt die Trennung von beiden nothwendig.

Fundort. Ausgezeichnet zu Kapnik in Ungarn mit Fahlerz, Bleiglanz und Quarz, auch zu Nagyag in Ungarn. In neuern Zeiten iſt es zu Freiberg im Erzgebirge in Gängen des Urgebirges mit Schwefelkies, Quarz und Blende und zu Schebenholz bei Elbingerode am Harz gefunden.

Reuſs 2. 4. p. 467. rhomboedriſches kohlenſaures Manganerz (der kryſtalliſirte). tabell. Ueberſ. p. 70. der dichte mit der nachfolgenden Gattung vereinigt. Karſten p. 72. und 78 ebenſo, aber zweifelhaft. Hauy Tabl. comp. p. 111. der dichte neue Ausg. 3. p. 272. ebenſ. Hausmann Handb. p. 1081. Rhodochroſit ebenſ Mohs Charactere p. 146. der kryſtalliſ. Leonhard p. 381. beide Arten.

61.

KIESELMANGAN Germar. (Manganſpath Wr.).

1) SPÄTHIGES KIESELMANGAN. *Dunkel roſen-R.*, bisweilen etwas ins *Bräunliche* — *derb*, *eingeſpr.* — *weniggl.* bis *ſchimmernd* nach der

Verſchiedenheit des Bruchs. — Zwiſchen *Glas-* und *Perlmuttergl.* — Bruch *klein* und *feinblättr.* oft *büſchelförmig auseinanderlaufend ſtrahlig* ins *ſplittr.* — Brchſt. *unbeſt. eck. ein wenig ſchrfk.* — *klein-* und *feinkörn. abgeſ.* — *ſchwach drchſchnd.* — ritzt den Apatit, ritzbar durch Topas — *ſpr.* — n. *ſndr. ſchwer zrſprgb.* — 3,538 Berzelius, 3,66 Breithaupt.

Vor dem Löthrohr wird es anfangs dunkelbraun, dann wieder lichter und ſchmilzt mehr oder weniger ſchwer zu einem dunklen Glaſe. Manganoxydul 61, Kieſel 30, Eiſenox. 5, Thon 2, das ſibiriſche. Lampadius. Manganox. 52,6, Kieſel 39,6, Eiſenox. 4,6, Kalk 1,5, flüchtige Theile (kohlenſ.?) 2,75, das aus Wermeland. Berzelius — eine Gewichtszunahme von 1,5 bewirkt durch ſtärkere Oxydirung des Metalls bei der Analyſe, eine zweite Analyſe deſſelben Chemikers gab Manganox. 54,42, Kieſel 48, eine Spur von Eiſenox. und Kalk mit Talk 3,34, alſo eine noch bedeutendere Gewichtszunahme von 5,76. Du Menils Analyſe Manganox. 70,5, Kieſel 32,5, Kohlenſ. 7, iſt ſo abweichend von den angeführten, daſs man wohl einen Irrthum vermuthen muſs. Manganox. 49,67, Kieſel 39, Kohlenſ. 4,6, Thon 0,125, Waſſer 6. Brandes das ſplittrige vom Stahlberge. Dieſe Analyſe, wenn man annimmt, dafs die flüchtigen Theile die dem Berzelius verloren gingen, Kohlensäure und Wasser waren, weicht nicht mehr als die des Lampadius von der des schwedischen Chemikers ab. Die Kohlensäure ist offenbar als zufällig zu betrachten und hier ein Erzeugnifs des eigenthümlichen Vorkommens, kann sich daher in sehr verschiedenen, obgleich wohl immer geringen Verhältnissen zeigen.

Schon früher hatte Werner diese Gattung unter dem Nahmen Manganspath von dem kohlensauren Mangan getrennt und die angeführten Analysen von Lampadius und Berzelius bestätigten diese Trennung. Da die interessanten Verhältnisse, unter welchen sie mit verwandten Fossilien am Harz vorkommt, zuerst durch Jasche (kleine mineralogische Schriften p. 3.) zur Sprache kamen und für die festere Bestimmung der Gattung und ihrer Verhältnisse von Wichtigkeit sind, und da mein Freund Germar im Besitz der lehrreichsten Suiten und indem er die geognostischen Verhältnisse an Ort und Stelle untersuchte, sich ein groses Verdienst um die genauere Kenntnifs derselben erworben hat (Schweiggers neues Journ. 26. 2. S. 108) so benutzte ich um so lieber die mir für dieses Handbuch bestimmten gütigen Mittheilungen, die Manches enthalten, was in dem gedruckten Auffatz nur angedeutet ist, da auch in Leonhards Handbuch mehrere Irrthümer eingeſchlichen ſind. So hat dieſer zum Beiſpiel den Rhodonit, als wäre er als eine eigne Gattung angeführt, von dem Kieſelmangan getrennt, da er doch von Germar eben, als Werners Manganſpath beſchrieben wird. Germar zeigt nun, „wie die verſchiedenen Grade der Här„te, Schwere, Textur und die geognoſtiſchen Ver„hältniſſe auffallend für eine generiſche Trennung „ſprechen, doch bemerkt er zugleich, daſs meh„rere Harzer-Stücke, in Pulverform mit Salpeter„ſäure behandelt, ein ſchwaches Brauſen bewirk„ten, doch ſo, daſs keine weitere Auflöſung, nicht „einmal eine Veränderung des Foſſils erfolgte. „Man kann diejenigen Abänderungen, wo der „blättrige Bruch durch Verkleinernng der abge„ſonderten Stücke in den ſplittrigen übergeht, „nicht zu der, unten zu beſchreibenden, dritten „Art rechnen, da bei ein und demſelben Stück „oft ein mehrmaliger Wechſel und Uebergang „ſtatt findet. Durch die Lupe betrachtet, erſchei„nen die blättrigen Flächen, theils als langgezo„gene faſt rechtwinkliche Quadrate, theils als „Trapezoide, was auf einen 4f. Durchgang deu„tet, wovon 3 parallel den Flächen eines wenig „geſchobenen 4ſ. Prisma's, der vierte diagonal „gehen würde.

„Fundort. Diese Art scheint fast ausschliess-„lich auf Eisensteinlagern vorzukommen. Am be-„kanntesten sind die Arten, die bei Ekaterinen-„burg in Sibirien, wahrscheinlich auf Eisenstein-„lagern gefunden werden. Bei Langbanshytta in „Wermeland kömmt es auf Eisensteinlagern in „jüngerm Gneuse vor. Sehr ausgezeichnet bricht „es, obwohl selten, mit Quarz, Jaspis, Horn-„stein, Anthracit, Eisenglanz, Roth- und Braun-„eisenstein auf einem Lager im Uebergangsthon-„schiefer auf den Stollberger Gruben bei Neuwerk „im Bodethal am Harze, wo es Zincken (Braun-„schweig. Magaz. 47. 1817.) entdeckte. Mitunter „durchsetzt es in schmalen Trumen und mit An-„lage zur strahligen Textur die folgende Art am „Schebenholze."

Rosenred syrsatt Manganes. Hisinger Afhandlingar in Fysik och Chemie. 1. p. 205. blättriger Rothstein. Hausmann Handb. p. 305. Breithaupt 4. 1. p. 155. Jameson 3. p. 335. Leonhard p. 384.

2) DICHTES KIESELMANGAN. *Rosen*-R. ins *bräunl.* und *veilchen*-Bl., durch das blasse rosen-R ins *röthl.*- und *gelbl.*-W. — *derb, eingespr.* — *matt* — Brch. *eben* ins *klein- und feinsplittr.* und *muschl.* — *meist nur an den K. drchschnd.* — Sonst wie die vorige Art.

Manganox. 35,15, Kiesel 55,06, Eisenox. 7,05, Thon 1,56, Waſſer 0,7, Ruprecht, das von Kapnik in Siebenbürgen.

Es ſcheint mir gewiſs, daſs man das Kieſelmangan in zwei verſchiedene Arten theilen muſs, mit dieſer Art habe ich Germars ebenen Rhodonit verbunden, da er ihn nur als eine Modification des Wernerſchen Manganſpaths anſieht, (Schweiggers neues Journ. 26. 2. p. 114.) und es, wie er ausdrücklich bemerkt, in dieſen übergeht. Es kann zweifelhaft ſcheinen, ob die ſplittrige Art zu dem dichten oder zu dem ſpäthigen zu rechnen ſey, aber um nicht die Zahl der Arten unnöthig zu vergröſsern, habe ich ſie, wie Germar in der ſchriftlichen Mittheilung, mit dem ſpäthigen verbunden, da ſie nur als geringe Modification der klein- und feinkörnigen Abſonderung ſich zeigt.

Fundort. Kapnik auf Erzgängen, wie der Rothbraunſtein (Ruprecht Arbeit. der einträcht. Fr. zu Wien. 1. S. 55). Wie die vorige Art zu Langbanshytta (Hiſinger), auf dem Stahlberg (Germar).

Reuſs 2. 4. p. 470 dichtes Rothbraunſteinerz. Mohs Rothſtein. 2. p. 122. tabell. Ueberſ. p. 70. Karſten p. 72. Hausmann Handbuch dichter Rothſtein. p. 302. Leonhard a. a. O.

Germar hat ohne allen Zweifel mehr um die mancherley veränderlichen Modificationen des Kieselmangans, wie sie sich in dem Kieselschiefer, Uebergänge in die Gebirgsart bildend, am Harze zeigen, für die Analyse zu sondern, als um diese, als eigenthümliche Gattungen zu fixiren, mehrere Abänderungen mit eigenen Nahmen belegt. Es sind folgende:

HYDROPIT (Germar). *Rosen'*-R., einerseits ins *röthl.*-W., andererseits ins *licht gelbl.*- und *grünl.*-Gr. — *derb, eingespr.* — *schimmernd* — Brch. *eben*, ins *grofs*- und *flachmuschl.* — theils ins *feinsplittr.* — *Hart*, ziemlich wie Hornstein — *An den K. drchschnd.* — *spr.* — *n. sndrl. schwer zrspr.* 3,25—3,3 eign. Wäg. — Vor dem Löthrohre schmelzbar. Manganoxydul 41,25, Kiesel 54,27, Kalk 1,05, eine Spur von Thon. Du Menil. Manganoxydul 41,332, Kiesel 53,5. Eisenox. 1, Thon 0,242, Wasser 3, Kalk und Kohlens. eine Spur. Brandes. Bricht bis jetzt nur in Parthien in den übrigen Schebenholzer Fossilien eingewachsen, umgeben von Hornmangan, von welchem lezterm es aber zweifelhaft ist, ob es nicht eher dem ebenen Kieselmangan (Rhodonit) angehören möge. Eben dieses Vorkommen überzeugt, so wie der grössere Kieselgehalt, dafs man dieses Fossil nur als eine innige Verbindung des dichten Kieselmangans mit Quarz oder Hornstein betrachten kann, daraus erklärt sich hinlänglich die grössere Härte, geringere Schwere und die übrigen, nicht sehr bedeutenden Abweichungen. Jasche kl. Schrift. S. 4 dichtes rothes Manganerz.

HORNMANGAN Jasche. — 1) Muschliches. Aus dem *kastanien-* ins *gelbl.-* und *horn-*Br. bis ins *isabell-*Glb., aus dem *röthl.-* ins *kohl-*Br. und *bräunl.-*Schw. — meist *einfarbig* oder *unbestimmt gezeichnet.* Die Farben werden an der Luft etwas *dunkler* — *lagenweise* — *schimmernd*, in der Luft auf den feinsten Klüften *wenigglänzend* — Brch. *gross-* und *flachmuschl.*, dem *ebenen*, stellenweise dem *splittr.* nahe — *drchschnd*, wenigstens *an d. K.* — *halbhart* fast *hart* — *spr.* — *l. zrspr.* 3,10 Germar. — Vor dem Löthrohr phosphorescirend, schmilzt an den Kanten. Braust, pulverisirt, mit erwärmter Salpeters. Manganox. 57,4, Kiesel 40, Kalk 2,0, Verl. 0,60, Spur von Eisenox. und Kohlens. Du Menil. Manganoxydul 54,857, Kiesel 34, Kohlens. 8, Wasser 2, Eisen 0,5, Spur von Kalk. Brandes. — Ausgezeichnet am Schebenholze — hornartiges Manganerz. Jasche kl. Schr. S. 5. — 2) Unebenes. *Gelbl.-* ins *haar-* und *röthl.-*Br, auch durch *gelbl.-*Gr. in *gelbl.-*W. — *einfarbig* oder *gezeichnet* — *derb, eingeſpr.* — *matt.* — Brch. *uneben von grobem Korne* — übrigens wie die vorige Art. Manganoxydul 54,929, Kieſel 51, Kalk 1, Eiſen 0,50, Kohlenſ. 1,5, Waſſer 0,52, Thon 0,5 Brandes, am Stahlberge, mit Jaſpis und Baryt. 3) Splittriges. *Grünl.*- und *bläul.*- ſtellenweiſe *gelbl.*-Gr. und Br. — *derb, eingeſpr.* — *ſchimmernd,* etwas *glänzender* in der Luft auf den Klüften. — *An den K. wenig drchſchnd.* — ritzt das Glas ſchwer, giebt aber keine Funken mit dem Stahle — *ſpr.* — *n. ſehr ſchwer zrſpr.* — 3,89 Germar. — Manganoxydul 59,28, Kieſel 33,25, Kohlenſ. 7,15. Du Menil. Manganoxydul 57,162, Kieſel 35, Eiſen 0,25, Kohlenſ 5, Waſſer 2,5, Thon 0,25. Brandes. Am Schebenholze mit braunem Allagit durchwachſen, dem ſplittrigen Hornſtein ähnlich, aber ſchwerer und minder hart. Germar vermuthet, daſs es eine eigene Gattung bilden möchte. Iſt es nicht eine Mittelbildung zwiſchen Hornmangan und Jaſches Allagit? — Das Hornmangan ſcheint eine innige Verbindung des Kieſelmangans nicht allein mit den kieſeligen Gebirgsarten, ſondern auch mit dichtem Röthbraunſtein zu ſeyn, in welcher aber doch, wenigſtens bey den beiden erſten Arten, das Eigenthümliche des dichten Kieſelmangans das Uebergewicht behält, ſo wie Ger-

Germar auch selbst gesteht, das muschlige Hornmangan von dem dichten Kieselmangan nicht immer unterscheiden zu können.

PHOTICIT Germar. *Lichte gelbl.*-Br. ins *gelbl.*-W., *isabell-* und *Wachs*-Glb., auch in *grünl. - blass perl* - Gr., *röthl.*-W. und *licht rosen* - R. — Die Farben *wolkige* und *streifige Zeichnungen* bildend, *dunkeln* an der Luft — *derb*, *lagenweise* — *starkschimmernd*, an der Luft *wenigglänzend*, *glänzender* auf den Klüften — *Fettgl.* — ritzt den Feldspath schwach, giebt Funken mit dem Stahle — An den K. mehr oder weniger drchschnd. — spr. — *sehr l. zrspr.* — 2,8 — 3,0 Germar. Phosphorescirt und schmilzt, doch nur an den Kanten. Manganoxydul 26,54, Kiesel 71, Eisenox., Thon und eine Spur von Manganox. 1,5, Verlust 1,61. Du Menil. Manganoxydul 46,130, Kiesel 39, Kohlens. 11, Wasser 3, Thon 0,25 der isabellgelbe. Manganoxydul 37,393, Kiesel 56, Kohlens. 14, Wasser 6, Thon 6, Eisenox. 0,5, der perlgraue. Brandes.

Germars Photicit (Jasche's kieselartiges Rothmanganerz a. a. O. S. 6.) muss man als einen muschligen Hornstein von Mangan verschiedentlich durchdrungen (Manganoxydul 46, 37, 26) betrachten, in welcher Verbindung aber das eigenthümliche des Hornſteins beibehalten wird. Daher iſt es zwar als eine geognoſtiſch - intereſſante Gebirgsart, aber nicht als eine eigene oryktognoſtiſche Gattung zu betrachten, es bildet, wie Germar (a. a. O. S. 117) bemerkt, ziemlich das Muttergeſtein der ſämmtlichen Manganerze des Schebenholzes.

62.

ALLAGIT Jaſche.

1) GRUENER ALLAGIT. Rein *berg*-Grn., *dunkler* oder *lichter*, läuft an der Luft ſehr bald *grau*, endlich *ſchwarz* an — *eingeſpr.* und *trummweiſe* — *matt*, der ſchwarz angelaufene erhält einigen Glanz. — Brch. *eben* — Brchſt. der groſsern, ſenkrecht durchklüfteten Trume *trapezoidal* — ritzt das Glas, giebt aber keine Funken mit dem Stahle — *undrchſtg.* — *zieml. ſpr.* — *zieml. ſchw. zrſpr.* — 3,7 — Manganoxydul 75,71, Kieſel 16, Kohlenſ. 7,5, Verl. 2,79. Du Menil.

Bricht einzeln im Photicit des Schebenholzes ein. Die Trume laufen parallel mit den übrigen Lagen. Sehr kleine Parthien, die ihre grüne Farbe an der Luft behielten, auch am Stahlberge.

Grünmanganerz Jaſche a. a. O. p. 10. Germar Schweiggers neues Journ. 26, 2. p. 115.

2) BRAUNER ALLAGIT. *Roth*- in *nelken*-Br. und *perl*-Gr. Kaum *derb*, meiſt *eingeſpr.* — und in eckigen parallelipipediſchen Parthien *eingew.* — *matt* — Brch. *eben* mitunter zum *groſs*- *und flachmuſchl.* ſich neigend. Im übrigen wie die vorige Art.

Schmilzt bald zu einer ſchwarzen glänzenden Perle. Gepulvert in erwärmte Salpeterſ. geworfen, löſt ſich ein Theil mit Brauſen auf. Manganoxydul 75, Kieſelerde 16, Kohlenſ. 7,5, Spur von Kalk, Verl. 1,5. Du Menil.

Bricht nur im ſplittrigen Hornmangan des Schebenholzes, nicht, wie die erſte Art, im Photicit ein. Am Stahlberge findet ſich ein dunkel veilchenblaues Foſſil, welches, wie Germar vermuthet, auch hierher gehört, ſo wie er es auch wahrſcheinlich findet, daſs Hausmann's dichter veilchenblauer Rothſtein dieſer Art beizuzählen ſey.

Ich habe dieſes Foſſil als eine eigne Gattung aufgeführt, weil ſie mir mehr, als die übrigen oben beſchriebenen, das Gepräge einer ſolchen zu tragen ſcheint. Die ausgezeichnet grüne Farbe der erſten Art, die innerhalb enger Schranken ſich rein erhält, ſo wie die braune Farbe der zweiten, die in dem Hornmangan, in dem Photicit mehr das Erzeugniſs theilweiſer Veranderungen zu ſeyn ſcheint, hier aber reiner, urſprünglicher hervortritt, ſcheint ſchon auf eine fixirte Eigenthümlichkeit zu deuten. So auch die conſtante Einförmigkeit des Bruchs. Dieſes wird nun durch die groſse Uebereinſtimmung der Analyſe beider Arten beſtätigt, und wenn die abweichenden Reſultate der genauern Analyſen des Hornmangans u. ſ. w. einiges Miſstrauen gegen die Analyſen Du Menil's erzeugen könnten, wenn es daher zu bedauern iſt, daſs eben der Allagit nicht von Brandes analyſirt ward, ſo dürfen wir doch nicht überſehen, daſs eben in Rückſicht auf den Mangangehalt auch der übrigen Manganhaltigen Foſſilien ſich im Ganzen eine ſchöne Uebereinſtimmung in den Analyſen beider Chemiker entdecken läſst. Es iſt daher ſehr wahrſcheinlich, daſs der Allagit wirklich ein in ziemlicher Reinheit fixirtes Manganoxydul ſey. Es iſt bekannt, daſs alle Chemiker, welche die Oxydationsgrade des Mangans unterſuchten, John, Berzelius, Davy, Gay Luſſac und Arfwedſon, ein grünes und ein braunes Oxyd, als die beiden erſten Stufen der Oxydation dieſes Metalls anſahen. Nur Berzelius nahm noch vor dem grünen Oxyd ein graues, als den erſten Grad der Oxydation, an — eine Annahme, deren Richtigkeit, wie es nach ſpäteren Aeuſserungen ſcheint, ihm ſelbſt zweifelhaft wurde. Die Bemerkung von Germar, daſs die braune Art nicht aus der grünen entſtanden ſeyn kann, weil beide unter andern Verhältniſſen vorkommen, widerſpricht zwar Du Menils Behauptung, aber nicht unſerer Anſicht. Bekanntlich gehören die, noch nicht hinlänglich genau beſtimmten Oxydationsgrade des Mangans zu den beweglichſten, die wir kennen, und unter ſolchen Umſtänden pflegen Oxyde des erſten Grades, der Luft ausgeſetzt, ſchnell den mittlern Graden vorübereilend, zu den höhern zu eilen, wie auch der grüne Allagit ſchwarz anläuft, mittlere Grade werden aber gewöhnlich durch ſehr beſtimmte Verhältniſſe des chemiſchen Proceſſes und der Temperatur hervorgerufen und feſtgehalten. Ich muſs hierbei noch bemerken, daſs in frühern ſchriftlichen Mittheilungen eben der Allagit, Germarn als eine vorzüglich eigenthümlich fixirte, und von den übrigen Manganerzen des Schebenholzes und Stahlberges zu trennende Gattung erſchien. Der Gehalt an Kohlenſäure iſt wohl nur zufällig und der, in dieſer Gattung geringere Gehalt an Kieſel ſcheint uns eben nothwendig, um das Oxydul auf der beſtimmten geringeren Stufe der Oxydation feſtzuhalten.

Noch nenne ich hier, anhangsweiſe, einige verwandte, von Du Menil analyſirte, ebenfalls zu Schebenholz vorkommende Fossilien, die mir nicht näher bekannt sind. So nennt Jasche ein Pyropähnliches, in kleinen Körnern eingesprengtes Fossil, welches nach Du Menil Manganbisilicat 79,40, kohlens. Eisenoxydul 15,80 enthält. Ist es vielleicht ein brauner Allagit mit krystallinischer Textur? Das Fossil ist halbdurchsichtig. (Schweiggers neues Journ. neue Reihe 4. 3. S. 354). Zum Beweis, wie abwechselnd der Gehalt an Kiesel und Mangan ist, kann der von Jasche sogenannte Mangankiesel von Ilefeld dienen, der nach Du Menil Kiesel 89, Manganoxydul 8,5 enthält (Annal. der Phys. 60. S. 92), so wie der von demselben sogenannte manganhaltige Eisenkiesel vom Harze. Dieser hat überwiegenden Eisengehalt und enthält, nach demselben Chemiker: Eisenoxydul 40,34, Manganox. 5, Kiesel 36, Kalk 13,20, Talk 2, Wasser 1,5.

Berzelius spricht (nouveau systeme u. s. w. S. 276) von einem in Octaedern kryſtallis. Manganerz, welches enthält: Manganox. 75,8, Kiesel 13,17, Eisenox. 4,14, Thon 2,8. Es kommt in Piemont, vielleicht zu St. Marcel in Val D'Aosta vor, wo überhaupt mancherlei interessante Erzeugnisse manganhaltiger Fossilien, die, irren wir nicht, über das Kieselmangan und seine verwandten Gattungen ein grosses Licht verbreiten werden, vorkommen mögen. Auffallend ist die Uebereinstimmung des Gehalts dieser Octaeder mit dem des Allagits nach Du Menil. — Ist das Fossil ein krystallisirter Allagit? bildet der Manganpyrop eine Annäherung zu dieser Krystallisation?

Werners sogenannter *piemontesischer Braunstein* (Epidote manganésifère H.) ist nichts als ein durch Mangan lichte röthlichschwarz gefärbter Zoisit. Nach Napione Kalk 23, Kiesel 26,12, Manganox. mit Eisenox. gemischt (offenbar das letzte in großer Menge) 45,281, Thon 0,781, Wasser und Kohlens. 3. Nach Cordier Thon 15, Kiesel 33,5, Kalk 14,5, Eisenox. 19,5, Manganox. 12. Zu St. Marcel.

Hauy 4. p. 329. Tabl. comp. p. 44. neue Ausg. 2. p. 575. Breithaupt 4. 1. p. 152.

Endlich hat Klaproth ein sogenanntes Schwarz-Braunsteinerz analysirt. *Blei*-Gr. ins *eisen*-Schw. — *derb, metallisch glänzend.* — Brch. *muschl.* ins *ebene* — *weich.* Strich. *gelbl.*-*Br.* Manganox. 60, Kiesel 25, Wasser 13. (Beitr. 4. S. 137). Es ist aus allem Vorhergehenden klar, wie wir in vieler Rücksicht über das oryktognostische Vorkommen der Manganoxyd-Verbindungen, noch von der Natur nähere und bestimmtere Auskunft erwarten müssen.

63.

SCHWERSTEIN (Scheelin calcaire H.). Meiſt *weiſse* und *lichte* Farben, doch mit mancherlei Veränderungen. *Pflaumen*-Bl., *perl*- *grünl.*- *aſch*-Gr., *graul.*- faſt *ſchnee*- auch *gelbl.*-W., aus dieſem ins *gelbl.*-Gr., *nelken*- *kohl*- *röthl.*- *gelbl.*-Br., das ſich zuweilen dem *pomeranzen*-Gelb, ja ſelten durch dieſes dem *hyacinth*-R. ſich nähert — *derb*, *eingeſpr.* und durch druſige Zuſammenhäufung kleiner Kryſtalle *kleinnierförmig* und kryſtalliſ.

1) Primitiver. (neue Ausg. T. 120. fig. 328.) Kerngeſt. Ein ſpitziges Octaed. Neigung der Fl. der obern und untern Pyr. gegeneinander 130° 20′ der Fl. derſelben Pyramide gegeneinander 100° 8′. Hauy kannte das natürliche Vorkommen der primitiven Geſtalt nicht.

2) Unitairer (unitaire. neue Ausg. f. 329.) ein weniger ſpitzes Octaed. Neig. der Fl. der obern und untern Pyr. gegeneinander 113° 36′, der Fl. derſelben Pyr. gegeneinander 107° 26′.

3) Dioctaedriſcher (dioctaèdre. f. 330.) var. 2, an den Ecken der gemeinſchaftl. Grundfl. zugeſchrft., die Zſchrfgfl. auf die Stk. der Pyr. aufgeſ., und zwar ſo, daſs die Kanten, welche zwey benachbarte zu einer Pyr. gehörige Zſchrfgfl. auf

einer und derſelben Pyramidalfl. bilden, parallel laufen, ſo daſs, wenn die Zſchrfgfl. wachſen, die Fl. des Octaeders, als Abſtg. der Stk. eines zweyten ſpitzigen Octaeders erſcheinen. Dieſes iſt nun das primitive Octaeder, var. 1, und dieſe var. eine Verbindung von var. 1 und 2.

4) Abgeſtumpfter, var. 3, die K. zwiſchen den Zſchrfgfl. und Stfl. abgeſt. Wr.

5) Vierſeitig zugeſpitzter, var. 2, die Endſp. mit 4 Fl. die auf die Stfl. aufgeſ. ſind, flach zgſp., die Spitze der Zſpg. abgeſt. Wr.

6) Zugeſchärfter, var. 2, die Stk. flach zugeſchrft. Wr.

7) Entkanteter, var. 1, die primitive Form, die Stk. abgeſt. Wr.

8) Flach octaedriſcher, var. 5, wenn die flach aufgeſ. Zſpgfl. wachſen. Ein flaches Octaeder, gewöhnlich mit abgeſt. Endſp. und zugerundeten ſtumpfen K., wodurch

9) eine Art vierkantiger Linſe entſteht. Wr.

Die Kryſtalle *mittl. Gröſse, klein,* bis *ſehr klein,* ſtets *aufgew.,* theils *einzeln,* theils in *Druſen zuſammengewachſen* — Oberfl. meiſt *glatt,* die Pyramidalfl. var. 2. zuweilen *geſtreift von den Endſp. nach der Mitte der K. der gemeinſchft. Grundfl.,* var. 9. *druſig* — äuſserl. und innw. von *ſtarkglänzend* bis *weniggl.* —

Fettgl., zuweilen, besonders die primitiven Fl., dem *Demantgl.* nahe. — Brch. *blättr. mehrf. Drchg.*, *ein* Drchg. parallel mit der gemeinschaftl. Grundfl. der Kerngest. *sehr ausgezeichnet*, noch deutlich *ein vierf. Drchg.* parallel mit den Kernfl. oder den Zschrfgfl. var. 3, endlich *ein zweyter vierf. Drchg.* parallel mit den Fl. des Oct. var. 2, also *ein neunf. Drchg.*, zuweilen verläuft sich der Brch. ins *schmal*- und *sehr schmalstrahlige* — Queerbrch. *uneben von grobem Korne* ins *klein*- und *unvollk. muschl.* — Brchst. *unbest. eck. nicht sndr. stmpfk.*, zuweilen *pyramidal* — *grofs- grob-* und *kleinkörnig* abges., seltener *keilförm. düunstängl. von einer schaligen Absndrg. durchschnitten* — *drchschnd.*, selten bis *halbdrchstg.* — ritzt den Flufsspath, wird durch Apatit geritzt — *n. sndrl. spr.* — *l. zrspr.* 6,007 Brisson, 6,015 der weisse kryställis. von Schlackenwalde. Kl. 6,055 der weisse blättr. ebendaher und 6,0 der braune strahl. pyramid. von Zinnwalde. Breithaupt. 6,0665 Hauy. 5,98 Bowen. 5,95—6,6 (?) Leonhard. Phosphorescirt beym Erwärmen einer glühenden Kohle gleich — Durch Reibung — E.

Unschmelzbar, verknistert. Kalk 31, Wolframs. 65, Kiesel 4 der schwedische, Scheele. Kalk 30, Wolframs. 68 der Schlackenwalder,

D'Elhuyar. Kalk 17,60, Wolframſ. 77,75, Kieſel 3 ebendaher. Kalk 18,70, Wolframſ. 75,25, Kieſel 1,5, Eiſenox. 1,25, Manganox. 0,75 der von Pengilly in Cornwallis. Beide Analyſen von Kl. Kalk 19,4, Wolframſ. 80,417 von Oeſterſtorgrufve in Schweden. Berzelius. Kalk 19,36, Wolframſ. 76,05, Kieſel 2,54, Eiſenox. 1,05, Manganox. 0,05, Verl. 0,79 Bowen der von Huntington in Connecticut. Kieſel, Eiſen- und Manganoxyd zufällig. Verhältniſs von Kalk zur Wolframſ. wie 19,2 : 80,8, womit die Analyſe von Bowen ziemlich übereinſtimmt.

Dieſe Gattung iſt, wie in der Oryktognoſie, ſo auch in der Geſchichte der Chemie ſehr merkwürdig. Cronſtedt hat ſie entdeckt (Vetenſk. Akad. Handlingar. 1751. S. 226. 13ter B. der deutſchen Ueberſetzung. S. 235 und 237. Verſuche mit dreyerley Eiſenerzen), er glaubte ſie als ein weiſses Eiſenerz betrachten zu können, in ſeiner Mineralogie aber, wo er nicht bloſs den ſchwediſchen Schwerſtein anführt, nennt er dieſen einen Eiſenkalk mit einer unbekannten Erdart verbunden. Er und Rinnmann verſuchten es vergebens, ſeine Beſtandtheile genauer kennen zu lernen. Früher mag er wohl mit Schwerspath verwechſelt worden ſeyn, und Wallerius warnt vor dieſer Verwechſelung. Aeltere Chemiker vermuthenten, dafs er Zinn enthalte. Im Jahre 1781 unterfuchte Scheele den Schwerftein (Tungfteen der Schweden) und fand eine neue Subftanz, die fich zwar als Erde darftellte, deren Eigenfchaften aber zeigten, dafs man fie als eine Säure betrachten müfste. Er nannte fie Schwerfteinfäure (Tungfteenfyra). Bergmann vermuthete zuerft die metallifche Natur diefer Säure, und die Gebrüder D'Elhuyar bewiefen, dafs diefe Säure die Wolframfäure war. Die neuern Analyfen find oben angeführt. Es ift nicht leicht möglich, den Schwerftein mit irgend einem andern Foffil zu verwechfeln, denn die kryftallinifche Struktur, verbunden mit Farbe, Glanz und Schwere zeichnen ihn auf eine entfchiedene Weife aus. Bournon war der erfte, der (Journ. des mines. 75. S. 162) auf die eigenthümliche kryftallinifche Bildung diefer Gattung aufmerkfam machte und zeigte, wie die dritte Varietät, die am häufigften und oft mit grofser Deutlichkeit vorkommt, eine Verbindung zweyer verfchiedener Octaeder war. Hauy, der irregeleitet durch Rome De L'Isle in feiner ältern Mineralogie einen Würfel als Kerngeftalt annahm, und das Octaeder var. 2. als ein regelmäfsiges betrachtete, gründete feine neuern Beftimmungen auf Bournons Beobachtungen, nur dafs er den

Grundkantenwinkel = 113° 36′ beſtimmte, da er nach Bournons Beſtimmung = 115° 38′ betrug, und eben ſo den Winkel der Seitenkanten = 107° 26′ ſtatt 106° 28′. Man könnte zweifelhaft ſeyn, welches Octaeder, ob das ſehr ſpitzige (var. 1), oder das oben erwähnte weniger ſpitzige (var. 2) als primitive Form zu beſtimmen ſey und in der That iſt Breithaupt geneigt, ſich für die leztere Annahme zu beſtimmen; aber eine genaue Unterſuchung zeigt offenbar, daſs die Durchgänge parallel mit den Zuſchärfungflächen var. 3, die deutlichſten ſind, ſo wie ſie auch den gröſsten Glanz und zuweilen faſt reinen Demantglanz zeigen. Es iſt merkwürdig, daſs die meiſten und wichtigſten Modificationen der Kryſtalliſation aus einer Verbindung dreyer verſchiedenen Octaeder reſultiren. Ein ſpitzes (var. 1), ein weniger ſpitzes (var. 2) und ein flaches (var. 8), entſprungen aus der vierſeitigen Zuſpitzung, var. 5. Die Kryſtallformen, var. 4—9, wie ſie ſich zu Schlackenwalde und Zinnwalde finden, waren Hauy unbekannt.

Fundort. In Europa ſcheint ein doppeltes Vorkommen des Schwerſteins ſtattzufinden, beide in Urgebirgen, nehmlich theils in der ſächſiſchen, böhmiſchen und engliſchen Zinnſteinformation, in der erſtern zu Ehrenfriedersdorf, in der zweiten zu Zinnwalde und Schlackenwalde, in beiden mit Wolfram, Quarz, Flussspath, Glimmer (auf diesen aufgesetzt besonders deutlich krystallisirt) u. s. w. in der dritten zu Cornwallis mit Braunstein und Brauneisenocher. Unter ähnlichen Verhältnissen entdeckte man ihn in dem Depart. der hohen Vienne zu St. Leonhard. Dann auf Magneteisensteinlagern in Gneis, so in Schweden in Bastnasgrube bey Ritterhyttan und zu Bispberg in Dalecarlien (wo er von Cronstedt entdeckt ward). In Salzburg bey Schellgaden, in Dauphiné. Zu Connecticut, wo ein räthselhaftes Fossil, wie es scheint eine Verbindung des Tungsteins mit Tellur, gefunden wird (Sillimann americ. Journ. 1. 4. S. 405, daraus Germar in mineral. Taschenb. 15. S. 308), kommt auch zu Huntington der Tungstein rein vor. (Siehe obige Analyse und Schweigger n. Journ. 6. 2. S. 181).

Cronstedt §. 208. p. 221. Eisenkalk mit andern unbekannten Erdarten, uneigentlich sogenannten weissen Zinngraupen. Wallerius 2. gen. 63. spec. 337. p. 253. Ferrum lapidi vitrescibili inhaerens, minera alba vel rubens, facie lapidea, sine nitore in igne et magneti refractoria, gravissima. Minera ferri lapidea gravissima. Rome D'Isle 3. p. 264. Kirvan 2. p. 378. Hauy 4. p. 480. Tabl. comp. p. 118. neue Ausg. 4. p. 372. Reuss 2. 4. p. 534. Mohs 3. p. 623. tabell. Uebers. p. 81. Karsten p. 74. Brochant

2. p. 453. Brongniart 2. p. 93. Hausmann Handb. p. 967. Breithaupt 4. 1. p. 236. Jameson 3. p. 545. Leonhard p. 594. Scheelit.

64.

SILBERHORNERZ Wr. (Argent muriaté H.) *perl*-Gr. ins *veilchen*- und *lavendel*-Bl., andererseits ins *graul.*- *gelbl.*- und *grünl.*-W. und aus diesem ins *zeisig*- *spargel*- *pistazien*- und *lichte lauch*-Grn. — Alle Farben werden, dem Lichte ausgesetzt, *dunkler* und zwar *bräunl.* — *derb*, häufig *dick angeflogen*, *eingespr.* in *eyförmigen*, innwendig *hohlen* Stücken (Geoden), die mit Silberschwärze gefüllt sind und kryſtallis.

1) Primitives (cubique) ein Wrfl. ohne allen Zweifel die primitive Gestalt. De L'Isle.

2) Entkantetes, var. 1, die K. abgest.

3) Dodecaedrisches, das regelmäßige Granatdodecaeder, entsteht aus var. 2, wenn die Abstpfgfl. so wachsen, daß sie die primitiven verdrängen.

Die Krystalle *klein* und *sehr klein*, gewöhnlich *dünne Drusenhäutchen bildend*, die Wrfl. *einzeln aufgewachsen* oder *treppenförmig zusammengehäuft.* — Oberfl. *glatt*, die der Wrfl. oft *der Länge nach gestreift*, auch die Stfl. zuweilen *ausgehöhlt* — äußerl. *glänzend* (der Gl. verliert ſich aber bey der Verdunkelung durch das Licht) — innw. *gl.* und *weniggl.* — *Fettgl.* — Brch. *flachmuſchl.* bis ins *erdige.* — Brchſtk. *unbeſt. eck. ſtmpfk.* — *ſtark drchſchnd.* bis *nur an den K.* — Strich *unverändert*, bey den matten und dunkeln *lichter* und *glänzender* — *weich*, meiſt *ſehr weich* — vollk. *geſchmeidig* — *n. ſndr. ſchw. zrſpr.* — *gemein biegſam* — 4,8 Gellert, 4,738 Briſſon — phosphoreſcirt durch Erwärmung mit einem Scheine.

Schmilzt vor dem Löthrohr, indem es ſalzſaure Dämpfe entwickelt und reducirt ſich zum Theil. Wird auch, gerieben mit feuchtem Zink oder Eiſen reducirt. Salzſ. 14,75, Silber 67,75, Sauerſt. 6,75, Eiſenox. 6, Thon 1,75, Schwefelſ. 0,25 das ſächſiſche. Salzſ. 16,4, Silber 76,0, Sauerſt. 7,6 das aus Peru, beide Analyſen von Kl.

Das Hornerz von Johanngeorgenſtadt war ſchon den ältern Mineralogen bekannt, ward aber zum Glaserz gerechnet. Hauy nennt Fabricius de rebus metallicis (1566) und Matheſius de Sarepta (1682). Henkel nennt es in ſeiner Mineralogie (S. 53) weiſses Glaserz und erwähnt das groſse, würflich geſchnittene Stück von mehrern Pfunden, welches noch in der Dresdner Mineralienſammlung aufbewahrt wird. Kundmann (prompt. rer. natur. et artis, S. 262) beſchreibt die dünnen Druſenhäutchen, und auch Lehmann (Einleit. in d. Bergwerkswiſſenſchaften. S. 120) führt es als ein Glaserz an. Pabſt von Ohain erkannte zuerſt ſeine wahren Beſtandtheile. Es bildet eine ſehr ausgezeichnete Gattung, durch Farbe, Kryſtalliſation, Glanz, Weichheit und Geſchmeidigkeit leicht zu erkennen, auch von dem verwandten Queckſilberhornerz durch Farbe, Kryſtalliſation und Schwere zu unterſcheiden. — Es iſt ein reines ſalzſaures Silber, wie die Analyſe des peruaniſchen von Klaproth beweiſt, und die Beimiſchung von Thon, Eiſenoxyd u. ſ. w. iſt zufällig. — Die lichte berggrünen, bläulich und bräunlich anlaufenden, matten, auf dem Strich glänzenden, äuſserſt weichen Maſſen, die man als Ueberzug auf der verlaſſenen Grube St. Georg zu St. Andreasberg fand (1576 und ſpäter), und die man *Buttermilcherz* nannte, ſind eine Miſchung von Hornerz und Thon (Silber 24,64, Salzſ. 8,28, Thon (mit einer Spur von Kupfer) 67,08 Kl.). Nach Hausmann wurden auch andere Gemenge von weiſsem Thon mit edlen Silbererzen von den alten Mineralogen ſo genannt. (Calvier Nachrichten von den Harzer Bergwerken. S. 77. Karſten neue Schrift. der naturf. Fr. z. Berlin. 1. S. 219, Wallerius glaubte, daſs Arſenik und Schwefel nebſt der Salzſäure weſentliche Beſtandtheile des Hornerzes wären. Die Bildung ist neu, und es ist kein wasserfreies Hornsilber (d. h. kein Chlorine-Silber). Die Möglichkeit einer galvanischen Spannung, die als einleitender Process das Silber, für die Verbindung mit Salzsäure oxydirte, läſst sich wohl nicht leugnen. — Die Erzeugung von Hornsilber an alten Münzen, nach Pallas, an Silber im Meere versunken, nach Proust, können als Beweis dienen. Die Eintheilung dieser beschränkten Gattung in mehrere Arten, von Karsten zuerst, und nach ihm von Hausmann und Jameson, scheint überflüssig. Unter den Krystallen nennen Hausmann, Jameson und Leonhard auch den Würfel mit abgestumpften Ecken und das daraus hervorgehende Octaeder.

Fundort. Auf Silbergängen in Urgebirgen, wohl immer in obern Teufen. Daher die grossen Massen, die zu Johanngeorgenstadt (zu 100 Marken) vorzeiten, als man dem Tage näher arbeitete, gefunden wurden, auch auf Himmelsfürst. In Böhmen zu Joachimsthal. In Oesterreich höchst fein, kaum zu erkennen, in Kalkspath eingesprengt zu Annaberg (Justi's alkalisches Silbererz. chem. Schrift. 1. nach Klaproth). In Norwegen zu Kongsberg ebenfalls nur vorzeiten in oberen Teufen. In Frankreich zu Allemont in Dauphine, ziemlich häufig zu Kolywan am Schlangenberge in Siberien. Jezt noch mit gediegen Gold und edlen Silbererzen am häufigſten in Mexico und Peru, nach Humboldt und Sonneſchmid.

Cronſtedt §. 176. p. 192 Silber mit Kochſalzſäure mineraliſirt. Hornerz. Wallerius 2. p. 332. gen. 57. ſpec. 387 Argentum acido ſalis mineraliſatum, minera ſemipellucida, lamelloſa, cornea, igne candelae liquabilis. Minera argenti cornea. De L'Isle 3. p. 465. Syſt. Natur. XII. 3. p. 148. Argentum (corneum) mineraliſatum, ſubmallabile. Kirvan 2. p. 189. Hauy 3. p. 494. Tabl. comp. p. 76. neue Ausg. 3. p. 292. Reuſs 2. 4. p. 330. Mohs 3. p. 134. tabell. Ueberſ. p. 54. Karſten p. 60. Brochant 2. p. 127. Brongniart 2. p. 256. Hausmann Handb. p. 1011 ſtrahliges, muſchliges, erdiges, thoniges Hornſilber. Breithaupt 3. 2. p. 51. Jameſon 3. p. 60. Leonhard p. 209.

KOHLENSAURES SILBER (Grauſilber Hausmann. Argent carbonaté H.). *Aſch*-Gr. ins *graul.*- und *eiſen*-Schw. — *derb, eingeſpr.* — *matt,* theilweiſe *wenigglänzend.* — Brch. *eben* ins *erdige* — Strich *metalliſch-glänzend.* — Vor dem Löthrohr leicht zu reduciren, brauſt mit den Säuren. Silber 72, Kohlenſ. 12,0, kohlenſ. Spieſsglanzox. mit etwas Kupferox. 15,5 Selb. — Es ſcheint, als wenn dieſes von Selb 1788 in der Wenzeslausgrube zu Altwolfach im Schwarzwalde entdeckte Erz, wie Leonhard bemerkt, nur als ein Gemenge von gediegen Silber, Spiesglanz und Kalkſpath, aber nicht als eine eigene Gattung zu betrachten ſey.

Luftſaures Silber Widenmanns Miner. p. 639. Kohlenſtofſaures Silber Reuſs, 2. 3. p. 376., Hausmann Handb. p. 1008. Leonhard p. 195. Lucas tabl. meth. 2. p. 295. Hauy Tabl. comp. p. 76. neue Ausg. 3. p. 290.

65.

QUECKSILBERHORNERZ Wr. (Mercure muriaté). *Aſch*-Gr., ſelten durchs *gelbl.*-Gr. ins *gräul.*- und *gelbl.*-W. — *angeflogen, eingeſpr. als Druſenhäutchen*, die man als aus ſehr kleinen, ſchwer zu beſtimmenden Kryſtallen beſtehend, findet. Man erkennt

1) das vierſ. zugeſpizte, eine 4ſ. rechtwinkl. S. 4ſ. zgſp., ſo daſs die Zſpgfl. auf die Stfl. aufgeſ. ſind (die Zirkonkryſtalliſation), dann

2) das dodedaedriſche (dodecaedre), dieſelbe S. 4ſ. zgſp., ſo daſs die Zſpgfl. auf die Stk. aufgeſ. (Hyacinthkryſtalliſation) ſind.

Aeuſserl. *glatt, glänzend*, auch innw. *Demantgl.* — Brch. *blättrig*, nicht näher zu beſtimmen — *drchſchnd.*, das dunkle *nur an den K.* — *weich, dem ſehr weichen nahe* — *milde* — *l. zrſpr.* — *ſchwer.*

Verflüchtigt sich vor dem Löthrohr, ohne zerlegt zu werden. Noch nicht analysirt. Es bleibt daher ungewiss, ob es eine Verbindung der Salzsäure mit Quecksilberoxyd oder eine Verbindung des gediegenen Quecksilbers mit Chlorine (versüsstes oder corrosives Sublimat) sey. Doch ist wohl das erste das wahrscheinlichere. Durch einen seltsamen Irrthum wird sowohl bey Jameson als bey Hauy (neue Ausg.) die Analyse von Klaproth von dem peruanischen Silberhornerz hier citirt. Bey dem erstern so, dass Quecksilber statt Silber genannt wird, bey dem leztern unverändert.

Diese sehr seltene Gattung ward zuerst von Woulfe entdeckt (Phil. Trans. 1776. S. 618). Sie ist dem Silberhornerz verwandt, aber durch die characterisirende Farbe und durch geringere Schwere, so wie durch das Vorkommen leicht zu unterscheiden. Ob die Kerngestalt eine rechtwinkliche 4s. Säule oder ein Octaeder mit rechtwinkl. Grundfläche ist, lässt sich nicht ausmachen.

Fundort. Mit gediegenen Quecksilber, Zinnober und Brauneisenocher zu Moschellandsberg in Zweybrücken, wo es Woulfe entdeckte. Angulo fand es mit Zinnober zu Almaden in Spanien. Leonhard nennt Idria und Horzowitz in Böhmen am Giftberge.

Kirvan 2, De L'Isle 3. p. 161. Hauy 3. p. 526. Tabl. comp. 76. Reuſs 2. 1. p. 272. Mohs 3. p. 91. tabell. Ueberſ. p. 52. Karſten p. 60. Brochant 2. p. 101. Brongniart 2. p. 244. Hausmann Handb. p. 1017 Hornqueckſilber. Breithaupt 3. 2. p. 25. Jameſon 3. p. 26. Leonhard p. 192.

66.

WEISSSPIESSGLANZERZ (Antimoine oxydé H.). *Schnee-gelbl.-gräul.*-W., aus dieſem ins *lichte rauch-* und *aſch*-Gr., auch (wahrſcheinlich durch eine leiſe Veränderung des Oxydationsgrades) *wachs-* und *pomeranzen*-Glb., durch einen Anflug von Spieſsglanzocher, *gelbl.*-Br. — Selten *derb, eingeſpr., angeſl.*, am häufigſten kryſtalliſ.

1) Primitives, eine grade rechtwinkl. 4ſ. T.

2) Entſeitetes, var. 1, die Stk. abgeſt.

3) Zugeſchärftes, var. 2, wenn die Abſtgfl. die Endfl. verdrängt haben, daſs eine 4ſ. T. mit zgſchrfr. Endfl. entſteht.

4) Haarförmige und nadelförmige, ſpieſsige Kryſtalle.

Die Kryſtalle *klein*, die T. mit den Endfl. *aufgewachſen*, zuweilen *garbenförmig*, die Nadeln theils *aufgew.*, theils *büſchelförmig* zu *Kugeln* und *Sternen zuſammengehäuft*. — Oberfl.

glatt, zuweilen die Stfl. der T. *der Länge nach gestreift.* — Aeufserl. *starkglänzend* und *gl.*, innw. *gl.* und *weniggl.* — von *Demant-* und *Perlmuttergl.* — Brch. *blättr.*, *einf. Drchg.* parallel mit den Stfl. der T. ausgezeichnet. Queerbr. *kleinmuschl.* ins *ebene* — auch durch Zusammenhäufung der nadel- und haarförmigen Kryftalle, *grad-* *schmal-* und *sehr schmal-strahlig büschelförm. auseinanderlaufend.* Brchft. des tafelartig kryftall. *unbest. eck. scheibenförm.*, des ftrahligen, *splittr.* und *keilförm.* — Das derbe *kleinkörnig*, meift *etwas längl.* abgef. — *drchschnd.* — ritzt den Talk, wird durch Gips geritzt — *wenig milde* — *l. zrspr.* — 5,0 — 5,6 Leonhard.

Schon durch die Flamme des Kerzenlichts fchmelzbar. Vor dem Löthrohr fliefst es leicht, und befchlägt die Kohle weifs, indem es fich verflüchtigt. Spiefsglanzox. 86, Verbindung von Spiefsglanz und Eifenox 3, Kiefel 8 Vql.

Diefe Gattung fteht fehr ifolirt und zeigt kaum eine nahe Verwandtfchaft mit irgend einer andern. Die Annäherung zum Zeolith ift fehr entfernt, eben fo ift fie nicht blofs durch Schwere, fondern auch durch völlige abweichende Kryftallifation von dem Weifsbleierz verfchieden. — Die fafrigen Arragone und Strontiane können kaum mit dem ſtrahligen Weiſsſpiesglanzerz verwechſelt werden. Vorkommen und die leichte Schmelzbarkeit geben auſserdem leichte Kennzeichen. Werner hat zwei Arten dieſer Gattung, die blättrige und ſtrahlige, aber die groſse Beſchränktheit ſcheint mir eine ſolche Eintheilung überflüſſig zu machen. Dem Breithaupt ſcheinen die Nadeln verſchobene vierſeitige Säulen, was, nach der rechtwinkl. Kerngeſtalt zu urtheilen, nicht ſehr wahrſcheinlich iſt. Jameſon nennt 6ſ. Säulen, und Nöggerath (Magaz. der berl. naturf. Freunde. 6. S. 143) 6ſeitige Säulen 6ſeitig zugeſpitzt. — Die von Razumowſky (Excurſion dans les mines de Facigny. S. 15) und Esmark (n. bergmänn. Journ. 2ter B. S. 5) beſchriebenen pomeranzen- und wachsgelben Kryſtalle des ſogenannten Gelbſpieſsglanzerzes ſcheinen ihre Farbe nicht, wie Hauy vermuthet, durch eine fremde Beimiſchung, ſondern eher durch eine leiſe Umänderung des Oxydationsgrades erhalten zu haben. Wenn dieſe bis zur Bildung eines völligen Spieſsglanzochers fortſchreitet, dann wird die Färbung der Oberfläche tiefer und unreiner. Mongez hat (Journ. d. phyſ. 1783. S. 83) zuerſt dieſe Gattung entdeckt. Man hielt ſie früher, und bis auf Vauquelins Analyſe für ſalzſauren Spieſsglanz. Hauy nennt in der neuen Ausgabe epigenetiſche

gelbe

gelbe Kryſtalle des Weiſsſpiesglanzerzes, die er durch Angulo aus Spanien erhalten, und die durch eine Umänderung des Grauſpiesglanzerzes mit Beibehaltung der nadelförmigen Kryſtalliſation des leztern ſich gebildet hatten. Er bemerkt ausdrücklich, daſs man dieſe nicht mit dem Spieſsglanzocker verwechſeln darf.

Fundort. Das Vorkommen dem der übrigen Spieſsglanzerze gleich. In Allemont ward es zuerſt mit gediegenem Spieſsglanz gefunden, ſpäter auch in Nadeln. In Ungarn zu Mito im Sohler Comitat, am ſchönſten zu Malaczka, von Nöggerath zu Horhauſen in Naſſau, man fand es nachher zu Bräunsdorf in der Nähe von Freiberg, die ausgezeichnetſten Kryſtalle aber zu Przibram in Böhmen. Immer auf Gängen in den Urgebirgen mit Bleiglanz, Quarz, Kalkſpath u. ſ. w. — Unter ähnlichen Verhältniſſen zu Malaczka und Facigny. Im Thale Servoz in Savoyen kommt das ſogenannte Gelbſpieſsglanzerz vor.

Kirvan 2. p. 308. Hauy 4. p. 364. Tabl. comp. 113. neue Ausg. 4. p. 308. Reuſs 2. 4. p. 382. Mohs 3. p. 710. tabell. Ueberſ. p. 70. Karſten p. 72. Brochant 2. p. 381. Brongniart 2. p. 128. Hausmann Handb. p. 341 Spieſsglanzweiſs. Breithaupt 4. 1. p. 120 blättriges, p. 123 ſtrahliges Weiſsſpieſsglanzerz. Iameſon 3. p. 487. Leonhard p. 16. Antimonblüthe.

67.

SPIESSGLANZOCHER Wr. (Antimoine oxyde terreux H.). *Schwefel- citronen- ſtroh*-Glb. ins *gelbl.*-W., andererſeits *ocker*.-Glb., *gelbl.*-Gr. und *gelbl.*-Br. Das ſtroh-Glb. zuweilen mit einer ſtarken Beimiſchung von *Grün* — *Derb*, *einſpr.*, meiſt *angeſlogen*, als *Ueberzug* — innw. *matt*, zuweilen *ſchwachſchimmernd* — Brch. *uneben von kleinem Korne*, einerſeits ins *erdige* — *undrchſtg.* — *weich*, *ſehr weich* bis *ins zerreibliche* — ſpr. — *l. zrſprgb.* — *n. ſnd. ſchw.* Hat einen bitterlichen Geruch, der ſich, wenn er lange der Luft ausgeſetzt iſt, zu verlieren ſcheint.

Vor dem Löthrohr ſchmelzbar mit lebhaftem Aufwallen und wird zu einer kleinen Metallkugel, zulezt ſich verflüchtigend unter Entwickelung eines knoblauchartigen Geruchs (Leonhard. Entwickelt ſich dieſer Geruch immer, rührt er etwa nur von einem zufälligen Arſenikgehalt her?), beſchlägt die Kohle weiſs. Spiesglanzox. Spiesgl. 100, Oxygen 22,7. Prouſt.

Dieſer Ocher iſt ſchwer zu erkennen, ja von dem Wismuthocher kaum anders, als durch das Vorkommen und durch das Verhalten vor dem Löthrohr zu unterſcheiden. Die von Werner beſchriebene Abänderung (bei Breithaupt) mit ſchmalſtrahligem Bruch und einigem Glanz ſcheint einen Uebergang in das Weiſsſpieſsglanzerz zu bilden, wenn es nicht eben jene oben, nach Hauy erwähnte epigenetiſche Bildung iſt, was mir wahrſcheinlicher dünkt.

Fundort. Kommt ſtets mit andern Spieſsglanzerzen vor, beſonders häufig als Ueberzug des Grauſpieſsglanzerzes, aus welchem er ſich bildet. Guyton vermuthet, durch eine galvaniſche Waſſerzerſetzung, d. h. wie ſo viele geſchwefelte Metalle durch Verwitterung verändert werden (Gilberts Annal. 27. S. 299). Zu Freiberg auf mehrern Gruben, auf den bei der vorigen Gattung genannten Orten, zu Limoges in Frankreich, in Cornwallis, zu Villapun in Gallizien u. ſ. w.

Reuſs 2. 4. p. 388. Mohs 3. p. 713. tabell. Ueberſ. p. 79. Karſten p. 72. Brochant 2. p. 383. Tabl. comp. p. 113. neue Ausg. 4. p. 310. Hausmann Handb. p. 339. Breithaupt 4. 1. p. 124. Jameſon 3. p. 489. Leonhard p. 159.

68.

KOBOLDBLÜTHE (rother Erdkobold Wr. Cobalt arſeniaté H.).

1) STRAHLIGE KOBOLDBLÜTHE Wr. (Cob. arſ. aciculaire H.). *Karmoiſin* in *pfirſichblüth*- an-

dererseits in *kolombin*- wohl auch ins *kirsch*-R., selten, offenbar durch eine Art angehender Verwitterung in *grünl.*-Gr. und selbst ins *oliven*-Grn. — *derb, eingespr., angefl.*, in *sammtartigen Drusenhäutchen, traubig*, kryſtallis. (Kerngest. unbek.)

1) Nadelförmige. Die Kryſtalle zu undeutlich, um bestimmt zu werden, nicht selten selbst haarförmig. Die deutlichsten scheinen auf breitgedrückte 6s. S. zu deuten.

2) Pyramidale. Breitgedrückte 6s. Dpppyramide. Wr.

Die Kryſtalle *klein* und *sehr klein, aufgew.*, fast immer in *Drusen zusammengehäuft.* — Oberfl. *glatt* — der traubigen *drusig* — die erste *glänzend*, die zweite meist *schimmernd* — innw. *glänzend* und *weniggl.* — *Perlmuttergl.* — Brch. *grad- schmal-* und sehr *schmal-strahlig* ins *fasrige* — *büschel- und sternförm. auseinander laufend*, andererseits ins *blättr. Ein Drchg.* parallel mit den Stfl. d. S. deutlich — Brchst. *splittr.* zum Theil *keilförm.* — der derbe mit Anlage zur *keilförm. stängl.* Absndrg. im Kleinen, vereinigt zur *groſs-* und *grobkörnigen im Grossen* — *drchschnd.*, auch *nur an d. K.*, die Kryſtalle selten *halbdrchsig.* — ritzt den Gips — *etwas milde* — *l. zrspr.* — 4,3—4,0 Leonhard.

In einem ſilbernen Löffel erhitzt, laſurblau. — Vor dem Löthrohr Arſenikdämpfe entwickelnd. Koboldox. 39, Arſenikſ. 37, Waſſer 22 Bucholz.

2) ERDIGE KOBOLDBLÜTHE (Koboldbeſchlag Wr. Cob. arſen. pulverulent H.). *Pſirſichblütlichter* und *dunkler* ins *karmoiſin*-R., aus dem lichten ins *röthl.-W.* — ſelten *derb, eingeſpr.* am häufigſten als *Ueberzug*, zuweilen *kleinnierförmig* und *traubig*, faſt immer *zerreiblich* — dann theils aus *ſchuppigen*, theils aus *ſtaubartigen* Theilen beſtehend — *ſchwach zuſammengebacken* — die feſtere *matt*, oder *ſchwachſchimmernd* — Brch. *feinerdig* — *undrchſig.* — *färbt* zuweilen *wenig ab* — Strich *glänzender, ſehr weich* bis *zerreibl.* — *milde* — ſehr l. zrſpr. — leicht.

Verhält ſich vor dem Löthrohr wie vorige Art. — Nicht analyſirt, ohne allen Zweifel der faſrigen Koboldblüthe an Beſtandtheilen gleich.

Dieſe ſehr ausgezeichnete Gattung war ſchon den ältern Mineralogen bekannt und der Arſenikgehalt entdeckt ſich zu leicht, um unbemerkt zu bleiben. Die zweite Art iſt durch Farbe und das Verhalten vor dem Löthrohr, die erſte auſserdem durch kryſtalliniſche Struktur und Glanz ſehr leicht zu erkennen. Die genauere Beſchaffenheit der Kryſtalle iſt bis jetzt unbekannt. Hauy führt aus Rome D'Isle an, daſs die nadelförmigen Kryſtalle auf eine 6ſ. Säule mit ſchiefen Endfl. deuten, und daſs dieſer auch eine 4ſ. Säule mit zwey oder vier Flächen zugeſpizt gefunden haben will, geſteht jedoch, ſie ſelbſt nie erkannt zu haben. Werner nennt, wie wir in der Beſchreibung geſehen haben, die breitgedrückte 6ſ. Säule als angedeutet und auſserdem eine 6ſ. Doppelpyramide. Die erſtere Kryſtalliſation habe ich, an einigen Kryſtallen ziemlich deutlich erkannt, die zweyte iſt mir völlig unbekannt. Da nun Bournon (Catalogue S. 383) eine ſchiefe rechtwinkliche Säule annimmt, ſo daſs der Durchgang parallel mit den Endfl. der deutlichſte ſey, ſo ſcheint in der That die kryſtalliniſche Struktur der Koboldblüthe, der des Fraueneiſes wenigſtens verwandt zu ſeyn, nur daſs hier eine ſchiefe, dort eine rechtwinkliche Säule die Grundform bildet. Doch iſt dieſe leztere Annähme noch nicht hinlänglich begründet. Es ſcheint aber, als wenn bey der Koboldblüthe wie bey dem Fraueneiſe der Durchgang, der die Endfläche bey der Grundform giebt, als Seitenfläche der breitgedrückten Säule bey den nadelförmigen Kryſtallen ſich zeigt.

Fundort. In den Koboldformationen der Ur- und ältern Flötzgebirge kommen beide Arten mit einander vor. Der Koboldbeſchlag zeigt ſich am häufigſten mit weiſsem Speiſskobold, Kupfernickel und Nickelocher, die Koboldblüthe häufiger einzeln, eingewachſen in Quarz, Eiſenocher u. ſ. w. Beide ſind ſehr neue Bildungen und die zweyte Art erzeugt ſich wohl ſogar in den Sammlungen, wie auf den Halden. In Thüringen ſehr ausgezeichnet zu Saalfeld, Kamsdorf, beide Arten in den ältern Flötzgebirgen, im Erzgebirge zu Freiberg, Schneeberg (die Koboldblüthe ſehr ſchön), im Schwarzwald zu Wittichen, in Heſſen zu Riegelsdorf. — Zu Allemont in Dauphine (der Koboldbeſchlag ſehr ſchön). Jameſon nennt Alva in Stirlingſhire im Flötzgebirge, Lintlichgowſhire in der Kalk- und Kohlenformation, vormals auf ſchmalen Gängen in einem Kohlenſandſtein mit Bleiglanz und Blende zu Broughton bei Edinburg. Zu Modum in Norwegen in Urgebirgen.

Cronſtedt. §. 246. p. 253 Kobold mit Arſenikkalk, Koboldbeſchlag, Koboldblüthe. Wallerius. gen. 84. ſpec. 297. p. 181. Cobaltum arſenico mixtum, colore rubro vel flavo efflorescens, Flos Cobalti. Rome D'Isle 3. p. 145. Kirvan 2. p. 337. u. 338. Hauy 4. p. 287. Tabl. comp. p. 108. neue Ausg. 4. p. 232. Reuſs 2. 4. p. 419. erdiger rother Erdkobolt. p. 420. Koboldblüthe. Mohs 3. p. 671. u. 672. tabell. Ueberſ. p. 77. Karſten p. 72. Brochant 2. p. 403. u. 405. Brongniart 2. p. 119.

Hausmann Handb. p. 1125. Breithaupt 4. 1. p. 201 u. 203. Jameſon 3. p. 510 u. 511. Leonhard p. 304. arſenikſaurer Kobolt.

SCHLACKIGER ERDKOBOLD Hausmann. *Schmutzig karmoiſin-* und *dunkel hyacinth-*R. in das *kaſtanien-*Br., als *dünner* zum Theil *traubiger Ueberzug.* — Oberfl. *glatt, glänzend* — *Fettgl.* — Brch. *muſchl.* — *weich* — *ſpr.* — Kommt zu Wittichen im Fürſtenbergſchen auf Gängen in Urgebirgen mit ſchwarzem Erdkobold und Pharmakolith vor. Es ſcheint allerdings eine eigene Art zu ſeyn. Hausmann fand ſie in der Sammlung des Prof. Pfaff in Kiel. Handb. S. 1126.

Das ſogenannte gänſeköthige Silbererz iſt nur ein Gemenge von Koboldblüthe, ſchwarzem Erdkobold, Nickelocher mit Silbererzen, nachher, beſonders am Harz, auf andere Gemenge von Silber- und Arſenikerze übergetragen.

69.

KOBOLDSCHWÄRZE Hausmann (ſchwarzer Erdkobold Wr. Cobalt oxydé noir H.).

1) ZERREIBLICHE KOBOLDSCHWÄRZE (C. ox. noir maſſif? H.). *Pech-*Schw. ins *ſchwärzl.-*Br. — *zerreibl.* — *matte ſtaubartige Theile* — *ſchwach*

zusammengebacken, meist lose — *wenig abfärbend* — Strich *glänzender* — *weich anzufühlen* — in hohem Grade *leicht*.

2) FESTE KOBOLDSCHWÄRZE (C. ox. noir mammelonné H.). Ausgezeichnet *bläulich*-Schw. — *derb, angefl., kleinnierförm.*, am häufigsten *traubig* und *moosartig, tropfsteinartig*, sehr selten *kolbenförmig, spieglich* und *mit pyramidalen Eindrücken* — Oberfl. meist *glatt*, selten *rauh* — fast immer *schimmernd* — innw. *matt* ins *schimmernde* — Brch. *feinerdig*, im Grossen öfters *muschl.* — Brchst. *unbest. eck. u. sndr. stmpfk.* — Selten zeigt sich eine *dünn- bis sehr dünn-nierförm. gebogen krummschalige* Absndrg. (Anlage zur Glaskopfstruktur) — *undrchsig.* — Strich ausgezeichnet *fettig glänzend* — *färbt wenig ab* — *weich* ins *sehr weiche* — *milde* (weniger, wenn sie eine Zeit lang in der Luft lag) *l. zrspr.* — 2,2 Breithaupt die von Saalfeld.

Unschmelzbar, entwickelt einen schwachen Arsenikdampf. Die von Rengersdorf (vielleicht eine eigne Art) schmolz nach Klaproth zu einer bläulichen Schlacke. Kobold und Manganox. 19,4, reines Manganox. 16, Kupferox. 0,2, Kiesel 24,8, Thon 20,4, Wasser oder flüchtige Th. 17, ausserdem Verl. 2,2. Kl. die von Rengersdorf.

Die Koboldschwärze hat etwas sehr Eigenthümliches und muss auf jede Weise von der nachfolgenden Gattung getrennt werden. Besonders ist die zweite Art durch die höchst beschränkte und sehr bezeichnende Farbe, durch die äussere Gestalt, Strich und Glanz sehr bestimmt ausgezeichnet. Sie ist ohne allen Zweifel durch ein Koboldoxyd mit Sauerstoff im Maximo characterisirt. In der That verdient diese Gattung genauer chemisch untersucht zu werden, da die angeführte Analyse von Klaproth nur als eine vorläufige zu betrachten ist, da die Koboldschwärze aus verschiedenen Gegenden sich vor dem Löthrohr nicht gleich zu verhalten scheint. Es scheint, als wenn man Arsenikoxyd, Manganoxyd u. s. w. nur als zufällige Bestandtheile zu betrachten hat, und ausgezeichnete Exemplare werden gewiss einen weit grössern Gehalt an Koboldoxyd liefern. Man müsste die traubigen und moosartigen Abänderungen von Saalfeld wählen. Die Gattung war schon den ältern Mineralogen bekannt.

Fundort. Beide Arten kommen miteinander vor und theilen das Vorkommen des rothen Erdkobolds. Die erstere Art ist die seltenere, aber auch die oryktognostisch weniger interessante. Da sie oft mit Eisenocher vorkommt, so scheint daher die Veränderung der bläulich-schwarzen Farbe in eine] bräunlich - ſchwarze zu rühren, wie auch Mohs erwähnt, eine Bemerkung, die in Beziehung auf die nachfolgende Gattung von Bedeutung iſt. Obgleich man den ſchwarzen Erdkobold in Urgebirgen findet (ſo erwähnt Hausmann ein Gemenge von Quarz und ſchwarzen Erdkobold, aus dem Siegenſchen, deſſen ſchwarze Farbe durch bloſses Glühen in die ſchmalteblaue übergeht, und Selb (Leonh. Taſchenb. 11. p. 438.) eine Verbindung deſſelben mit einem Silberoxyd von Wittichen), ſo iſt doch das ältere Flötzgebirge, der Kalkſtein, der den bituminöſen Mergelſchiefer bedeckt, als die Stätte der Hauptformation zu betrachten, wo ſie ſchmale Gangwände überzieht, wohl auch die Gänge ganz ausfüllt. Am ausgezeichnetſten zu Saalfeld, Kamsdorf, Glücksbrunn. In Heſſen zu Riegelsdorf. In Irland auf der Halbinsel Howth u. ſ. w.

Cronſtedt §. 245. p. 255. Kobold in Form eines Kalks, ohne Arſenik, weich, Koboldmulm, verhärtet Schlackenkobold. Wallerius 2. gen. 84. Spec. 296. p. 180. Cobaltum mineraliſatum, minera colore nigreſcente vel glauco, ſcoriis ſimile. Minera Cobalti ſcoriformis. Syſt. Nat. XII. 3. p. 123. Cobaltum (ſcorlatum) poroſum glaucescens fuſcum und ſpec. 298. Ochra Cobalti nigra. p. 183. De L'Isle 3. p. 224. Kirvan 2. p. 333. Hauy 4. p. 285. neue Ausg. 4. p. 230. Reuſs

2. 4. p. 411 u. 413. Mohs 3. p. 665. tabell. Uebers. 76. Karsten p. 72. Brochant 2. p. 397. Brongniart 2. p. 118. Hausmann Handb. 333. Jameson 3. 503 u. 504. Leonhard 302.

70.

ERDKOBOLD Hausmann (Brauner und gelber Erdkobold Wr. Cobalt oxydé noir ferrifère H. z. Th.)

1) BRAUNER ERDKOBOLD Wr. *Leber*-Br. (sehr ausgezeichnet) bald, indem er dunkler wird, sich dem *schw.* — bald, heller werdend, sich dem *gelbl.*-Gr., der zweiten Art nähernd — *derb, eingespr.*, zuweilen wie *zerborsten* — innw. *matt* — Brch. *feinerd.*, im Grossen sich dem *muschl.* nähernd — Brchst. *unbest. eck. stmpfk.* — *undrchstg.* — Strich *fettig glänzend* — *sehr weich* bis *weich* — *milde* — *zieml. l. zrspr.* — *leicht.*

2) GELBER ERDKOBOLD Wr. Ausgezeichnet *stroh*-Glb., zuweilen *schmutzig* in *gelbl.*-Gr., sehr selten eine Annäherung zum *isabell* Glb. — Läuft zuweilen *bräunlich an* — *derb, eingespr.*, *zerfressen* und mit einem *viel ausgezeichnetern zerborstenen Ansehen*, als der braune — *sehr l. zrspr.* — Sonst wie die vorige Art.

Beide Arten entwickeln Arſenikdämpfe, beide ſind noch nicht analyſirt.

Werner hat dieſe Arten in zwey verſchiedene Gattungen getrennt, ohne allen Zweifel vorzüglich dazu bewogen durch die ausgezeichnet characteriſtiſch leberbraune Farbe der erſten und ſtrohgelbe der zweiten Art, ſo wie durch das ebenfalls ſehr bezeichnete zerborſtene Anſehen der leztern. Dieſes ſcheint, wie Breithaupt bemerkt, auf eine urſprünglich gallertartige Bildung zu deuten. Es iſt in der That nicht ganz unwahrſcheinlich, daſs die Uebergänge des braunen Erdkobolds in den gelben ſich durch Vermiſchung zweier ſpecifiſch verſchiedenen Koboldoxyde bildet. Hauy will den braunen Erdkobold nicht von dem ſchwarzen trennen, und behauptet, es wäre nur eine Vermiſchung des leztern mit Eiſen, wie man daraus ſehe, daſs der braune Erdkobold geglüht metalliſche Theile zeige, die die Magnetnadel in Bewegnng ſetzen. Aber ohne allen Zweifel würde man einen ähnlichen Verſuch mit mehreren ſchwarzen Erdkobolden anſtellen können und oben bemerkten wir ſchon, daſs die Beimiſchung von Eiſen bey der zerreiblichen Koboldſchwärze nur eine bräunlich-ſchwarze, nicht eine leberbraune Farbe hervorruft. Da alle Erdkobolde bis jezt ſo wenig chemiſch unterſucht ſind, ſo mache ich auf folgende Umstände aufmerksam, die durch genauere Analysen bestätigt oder widerlegt werden können. Bekanntlich nimmt Proust zwey Oxydationsgrade des Kobolds an — ein graues Oxydul und ein schwarzes Oxyd, die beide von ihm, und genauer noch von Rothoff zerlegt sind. Nach dem Leztern enthält das erste: Kobold 78,55 und Sauerstoff 21,45, das zweite: Kobold 70,947, Sauerstoff 29,053. Berzelius glaubt aber ein drittes Oxyd (die grüne Masse die gebildet wird, wenn der durch kaustisches Kali gefällte Kobold der Luft ausgesezt wird) annehmen zu müssen, welches er zwischen die beiden andern stellt. Wenn nun diese drei Oxydationsgrade durch die drei verschieden gefärbten Erdkoboldarten dargestellt würden? In der That läuft das gelbe, welches man ohnehin als das reinste Oxyd betrachten kann, grau an, mit der Farbe des Koboldoxyduls. — Zwar pflegt diese Farbe, wie sie bei dem künstlichen Oxydul sich zeigt, in der Luft sich in eine schwarze des lezten Oxyds zu verwandeln, aber in der Natur können Verbindungen vorkommen, die diese Farbe zu fixiren vermochten. Die mit grün vermischte leberbraune Farbe des braunen Erdkobolds stellte dann das zweite Oxyd, wahrscheinlich mit Eisenocher vermischt, dar; so wie die Koboldschwärze das dritte, und Werner hätte auch hier, wie so oft, richtiger und sicherer gesehen, als man glaubt. Der braune Erdkobold kann mit Umbra, Bol u. s. w. verwechselt werden, doch giebt die leberbraune Farbe, und der Strich, wie bei dem gelben die strohgelbe Farbe und bei beiden das Vorkommen Anhaltungspunkte für die Unterscheidung. Auch diese Gattung war den ältern Mineralogen bekannt.

Fundort. Das Vorkommen theilen beide Arten mit den zwey vorhergehenden Gattungen, doch sind sie seltener. Der braune Erdkobold bricht häufiger mit der Koboldschwärze, als mit dem gelben, in Urgebirgen mit Speiskobold, Koboldbeschlag, gediegen Silber, so zu Allemont in Dauphine, in Flözgebirgen mit Schwerspath, rothem Erdkobold, Kupferkies, eisenschüssigem Kupfergrün, so zu Saalfeld mit der gelben Art unter völlig ähnlichen Umständen, zu Kamsdorf, zu Glücksbrunn. In Hessen zu Riegelsdorf. Da häufig andere erdige Fossilien für braunen Erdkobold angesehen wurden, so darf man oft den angegebenen Fundörtern nicht trauen.

Wallerius a. gen. 84. spec. 298. p. 183 Cobaltum facie et consistentia terrea c) Ochra Cobalti lutea. Nach seiner Meinung rührte die gelbe Farbe von einer Beimischung von Wismuthoxyd her. Syst. Nat. XII. 3. p. 193 Ochra (Cobalt) pulverea fulva. Kirvan 2. p. 331 u. 335. Reuss 2.

4. p. 415 u. 417. Mohs 3. p. 667. tabell. Uebers. 76. Brochant 2. p. 400 u. 401. Brongniart 2. p. 118. Hausmann Handb. p. 334. Breithaupt 4. 1. p. 197 u. 199. Jameson 3. p. 507 u. 508. Leonhard p. 303 als Anhang zum schwarzen.

71.

WISMUTHOCHER Wr. (Bismuth oxydé H.). *Stroh-* selten *pomeranzen-*Glb., ins *gelbl.-* und *asch-* Gr., auch (durch Vermischung mit Nickelocker) in das *zeisig-* und fast *äpfel-*Grn. — sehr selten *derb* (dann mit andern Fossilien durchwachsen) am häufigsten *eingespr.*, *angeflogen*, als *Ueberzug*, sehr *selten gestrickt* — *wenigql.* bis *schimmernd* — von *Fettgl.*, dem *Demantgl.* nahe — Brch. *uneben von kleinem und feinem Korne*, theils ins *feinerd.* und *muschl.* (?) — Brchst. *unbest. eck. stmpfk.* — *weich* und *sehr weich* bis ins *zerreibl.* — Strich *gelbl.-W.* — *wenig spr.* — *l. zrspr.* — 4,361 Brisson.

Vor dem Löthrohr leicht zu reduciren. Wismuthox. 88, Eisenox. 5,2, Kohlens. 4,1, Wasser 3,4 Lampadius. Das kohlensaure Eisenox. wohl als eine zufällige Beimischung zu betrachten.

Zwar ward, wie Breithaupt, Jameson und Leonhard bemerken, der Wismuthocher oft mit der grünen Eisenerde verwechselt, doch verfielen nicht alle ältern Schriftsteller in diesen Irrthum, am wenigsten die berühmten Schweden, die zu sehr auf die Bestandtheile aufmerksam waren. Der Wismuthocker ist durch Farbe, Schwere und Vorkommen, welches überhaupt mit der Farbe bei den Metalloxyden ein Hauptkennzeichen abgiebt, zu unterscheiden. Mohs hält ihn, wie den Spiessglanzocher für ein ursprüngliches, nicht für ein späteres, durch Oxydation entstandenes Erzeugniss. Diese Vermuthung scheint mir keineswegs wahrscheinlich. Werner hat Wismuthocker zweymal angeführt, noch einmahl als Chromocker mit dem Nadelerz (Breithaupt 4. 1. S. 284).

Fundort. Sehr selten. Am ausgezeichnetsten auf einigen Gruben zu Schneeberg und Johanngeorgenstadt. Jameson nennt St. Agnes in Cornwall. Mit Nadelerz zu Beresowsk.

Cronstedt §. 221. p. 231 Wismuth in der Form eines Kalks. Wallerius gen. 51. spec. 312. p. 209 Wismuthum terrestre, pulverulentum, flavescens. Ochra Wismuthi. Syst. Nat. XII. 3. p. 193. Ochra (Wismuthi) pulverea flavescens. Kirvan 2. p. 322. Hauy 4. p. 261. Tabl. comp. p. 106. neue Ausg. 4. p. 214. Reuss 2. 4. p. 318. Mohs 3. p. 662. tabell. Uebers. 77. Karsten p. 70. Brochant 2. p. 348. Brongniart 2. p. 134. Hausmann Handb. p. 337. Breithaupt 4. 1. p. 71. Jameson 3. p. 458. Leonhard p. 216.

KOHLENSAURES WISMUTH *graul.* - Grn., *gelbl.*-Gr., die Farben *schmutzig*, oft *braun*, ritzt das Glas — 4,3 — braust mit Sauren. Wismuthox. 28,8, Eisenox. 2,1, Thon 7,5, Kiesel 6,7, Wasser 3,6, Kohlens. 51,31. Auf Gängen mit Quarz zu St. Agnes in Cornwall (in Verbindung mit Wismuthocker?) von Mitchell entdeckt. (Gregor in Thomson Annal. of Philos. 8. S. 277). Leonhard S. 217.

72.

NICKELSCHWÄRZE Hausmann *Dunkel gräul.* - Schw. in das *bräunl.* - Schw. — *derb, eingespr.*, als *Ueberzug* — *matt* — Brch. *erdig* — *weich* — Strich *fettig glänzend* — *wenig abfärbend*.

Mit Salpetersäure eine apfelgrüne Auflösung bildend, die einen weissen Niederschlag (arsenige Säure?) fallen läſst. Besteht, nach Hausmanns Vermuthung aus Nickel- und Arsenik-Oxyd.

Dieses Fossil scheint mir in der That eine ausgezeichnete eigene Gattung zu bilden. Eine genauere Untersuchung wäre wünschenswerth.

Fundort. Mit Nickelocker und Kupfernickel (aus dem zweyten wahrscheinlich gebildet) in der

Riegelsdorfer Gegend auf dem im Kupferſchiefergebirge auffetzenden Koboldrücken.

Hausmann Handb. p. 331. Jameſon 3. p. 421. Leonhard p. 293.

73.

NICKELOCHER Wr. (Nickel oxydé H.) *äpſel- zeiſig-* Grn. ins *grünl-* W. — *derb, eingeſpr., angefl.,* als *Ueberzug,* meiſt *zerreibl.* — aus *matten, ſtaubartigen* Theilen, die *ſchwach zuſammengebacken* ſind — *färbt wenig ab* — *hängt an der Lippe* — *leicht.*

Entwickelt Arſenikdämpfe — wie alle Handbücher angeben — nach Berthier aber verwandelt er nur ſeine Farbe in eine ſchmutzig gelbe, verliert bedeutend an Gewicht, aber verbreitet durchaus keinen Geruch. — Schon Gmelin fand in dem Nickelocher Arſenikſäure, die ſpäter von Lampadius nicht gefunden ward, nach ihm enthält er: Nickelox. 67,0, Eiſenox. 23,2, Waſſer 1,5, nach Strohmeyer aber: Nickelox. mit Koboldox. 37,35, Arſenikſ. 36,97, Eiſenox. 1,13, Schwefelſ. 0,23, Waſſer 24,32, ſo wie der von Allemont nach Berthier: Nickeloxydul 36,2, Arſenikſ. 36,8, Koboldoxydul 0,25, Waſſer 25,5. — Das ſchwefelſ. Eiſen iſt eine zufällige Beimiſchung und der apfelgrüne Nickelocher als ein arſenikſaures Nickeloxydhydrat zu betrachten. Die groſse Abweichung von der Analyſe des Lampadius iſt ſchwer zu erklären.

Der Nickelocher ward, als eine eigenthümliche Subſtanz entdeckt und erkannt von Cronſtedt, als er das Metall entdeckte. — Bekanntlich bildet der Nickel in dem ſchleſiſchen, Serpentin führenden Schillerfels, das färbende Princip des Chryſopraſes, des apfelgrünen Opals und des Pimelits, wo man ſonſt keine Spur von Nickelmetall entdecken kann. An und für ſich ein merkwürdiges Faktum. Aber bemerkenswerth ſcheint mir doch auch, daſs das Nickeloxydhydrat mit dem Kieſelhydrat ſich auf eine ſo räthſelhafte Weiſe verbunden hat. Farbe und Vorkommen bieten leichte Kennzeichen dar.

Fundort. Kommt mit dem Kupfernickel vor, aus welchem er ſich bildet, ſelbſt auf den Halden, und wenn er der Luft ausgeſetzt wird. Sein Vorkommen fällt alſo mit dem des Kupfernickels zuſammen. Schneeberg und Annaberg im Erzgebirge, Saalfeld in Thüringen, Allemont in Dauphine u. ſ. w. ſind bekannte Fundörter.

Cronſtedt §. 253. p. 262 Nickel in der Form eines Kalks. Wallerius gen. 49. ſpec. 300. p. 191. Niccolum colore viridi effloreſcens. Flos Niccoli Syſt. Nat. XII. 3. p. 193 Ochra (Nickeli) Cupri Nickeli pulverea viridi-flaveſcens. De L'Isle 3.

p. 155. Kirvan 2. p. 342. Hauy 3. p. 602. Tabl. comp. p. 84 neue Ausg. 3. p. 421. Reuſs 2. 4. p. 435. Mohs 3. p. 661. tabell. Ueberſ. p. 77. Karſten p. 72. Brochant 2. p. 411. Brongniart 2. p. 209. Hausmann Handb. p. 1129 Nickelblüthe. Jameſon 3. p. 522. Leonhard p. 296.

74.

URANOCHER Wr. (Urane oxydé terreux H.)

1) FESTER URANOCHER. *Zitronen- pomeranzen-* Glb. ins *morgen* und *hyacinth-* R., aus dieſem bis ins *röthl.* - und *gelbl.* - Br. — *derb* (in kleinen Parthien) *eingeſpr.*, *angeſl.* — innw. *wenigglänzend* bis *ſchimmernd* — *Fettgl.* — Brch. *unvollk. muſchl.* mit einer Anlage *zum auseinander laufend faſrigen* — Brchſt. *unbeſt. eck. n. ſndrl. ſtmpfk.* — *undrchſtg.* — *weich* bis *ſehr weich* — *wenig milde* — *ſchwer im geringen Grade.*

Die lichten Abänderungen reines Uranoxyd, die dunkeln durch Eiſenoxyd gefärbt. Kl.

2) ZERREIBLICHER URANOCHER. *Zitron* - ins *ſtroh* - und *ſchwefel* - andererſeits ins *pomeranzen* - Glb. — Als *Ausblühung* und *Beſchlag*, zuweilen *kleinnierſörmig* — *matte*, *ſtaubartige Theile* — *ſchwach zuſammengebacken* — *nicht abfärbend* — *leicht.*

Chemisch, wie die vorige Art, scheint nur die durchgängig reinere zu seyn.

Werner hat mit Recht den Uranocher von den übrigen Uranerzen getrennt. Es findet kein Uebergang in den Uranglimmer statt, und mit dem Uranpecherz, aus welchem die Gattung durch Zersetzung sich bildet, hat sie keine unmittelbare Verwandtschaft. Die Eintheilung in zwey Arten ist von der Natur angegeben.

Fundort. Mit den übrigen Uranerzen, aber weit seltener, besonders die zweite Art, zu Johanngeorgenstadt im Erzgebirge, und in Böhmen zu Joachimsthal. Leonhard nennt St. Yrieux bei Limoges.

Hauy 4. p. 378 neue Ausg. 4. p. 320 mit dem Uranglimmer. Reuss 2. 4. p. 561. tabell. Uebers. p. 81. Karsten p. 74. Hausmann Handb. p. 328 mit dem Uranglimmer. Breithaupt 4. 1. p. 279. Jameson 3. p. 559. Leonhard p. 308 als Anhang zum Uranglimmer.

75.

MOLYBDÄNOCHER Karsten. *Schwefel-stroh- oranien-* Glb., aus dem erstern in *zeisig-* Grn. — *eingespr.*, als *Anflug* — *matt* — *zerreibl.* — Molybdänoxyd.

Diese Substanz muss als eine eigene Gattung betrachtet werden. Sie ward von Karsten zuerst als Gattung fixirt.

Fundort. Nummedalen in Norwegen, nach Jameson nun auch in Schottland in dem Granit zu Corybuy in Loch Crean und Leonhard nennt Sibirien. Stets, als Anflug auf Wasserblei, obgleich sie sehr selten vorkommt, und das geschwefelte Molybdän sich vielmehr eben durch seine Unveränderlichkeit auszeichnet. Unter welchen, selten sich ereignenden Umständen, sich dieser Ocker bildet, ist schwer zu entscheiden. Ich fand ihn auf norwegischem Molybdän, dessen Fundort mir unbekannt ist.

Karsten 70. Hausmann Handb. p. 336. Jameson 3. p. 424. Leonhard p. 163.

ANAGENIT H. (Chromocker H.). Das Fossil, welches von Hausmann und Leonhard als Chromocker angeführt ward, obgleich es ein sehr merkwürdiges Erzeugniss ist, scheint mir doch von zu zweifelhafter Natur, um als eine Gattung, wenigstens unter diesem Nahmen, fixirt zu werden. Es ward 1810 von Leschevin in dem Departement Saone et Loire in der Gegend von Creusot untersucht und war lange unter dem Nahmen Calcedon von Creusot bekannt (Memoire zur le Chrome oxydé Paris 1810). Hauy hält es für eine Breccie, zusammengesetzt aus Stücken aus einer primitiven Gebirgsart (Granit), welche zusammengefügt sind durch Hülfe des Wassers, theils ohne, theils mit Cement. Diese Breccie (Hauy's Anagenit) ist hin und wieder, bald mehr bald weniger gefärbt durch eine grüne Substanz, die man als Chromoxyd erkennt, und deren Gehalt zwischen 2,5 (nach Descotils) und 13 (nach Drapiez) schwankt. Aber man muss dem Hauy beistimmen, dass dieses Vorkommen nicht hinreicht, um das Chromoxyd als eigene Gattung in den Mineralsystemen aufzuführen. Werners Chromocker ist Wismuthocker (siehe oben).

Hausmann Handb. p. 329. Leonhard p. 172. Hauy neue Ausg. 4. p. 403.

SUP-

MIX
Papier | Fördert gute Waldnutzung
FSC® C083411

Zeitfracht Medien GmbH
Ferdinand-Jühlke-Straße 7
99095 Erfurt, Deutschland
produktsicherheit@kolibri360.de